Mitarbeiter motivieren für Dummies

Mitarbeiter motivieren für Dummies - Schummelseite

Telearbeiter und freiberufliche Mitarbeiter motivieren

Gewusst wie, ist auch die Motivation von freiberuflichen Mitarbeitern und Telearbeitern ein Kinderspiel:

- ✔ **Vereinbaren Sie so oft es geht ein persönliches Gespräch.** Bei mangelndem persönlichen Kontakt kommt es häufig zu Missverständnissen oder Spannungen.
- ✔ **Feedback ist das A und O**. Leistungsbewertungen dürfen keine (bösen) Überraschungen enthalten. Behandeln Sie Ihre freiberuflichen Mitarbeiter wie alle anderen Mitarbeiter und lassen Sie sie immer wissen, woran sie sind.
- ✔ **Informieren Sie sich über die Arbeitseinteilung Ihrer Telearbeiter**. Platzieren Sie den »Stundenplan« so, dass er für jedermann zugänglich ist, damit jeder weiß, wer wann wo zu finden ist.
- ✔ **Unterstützen Sie Ihre Mitarbeiter bei der optimalen Arbeitszeitaufteilung.** Arbeiten am Computer lassen sich gut von zu Hause erledigen, ebenso wie Konferenzschaltungen am Telefon, während bei sich bei anderen Meetings die persönliche Anwesenheit im Unternehmen empfiehlt.
- ✔ **Ohne Planung geht es nicht**! Erkennen Sie Probleme bereits im Vorfeld und achten Sie auf Kleinigkeiten. Sind Sie gut organisiert und verhalten Sie sich proaktiv, können Ihre freiberuflichen Mitarbeiter auch an spontan angesetzten Besprechungen teilnehmen.
- ✔ **Erkundigen Sie sich regelmäßig danach, ob Ihren Telearbeitern die Arbeit von zu Hause aus (noch) gefällt.** Es ist nicht jedermanns Sache, alleine zu Hause zu arbeiten, auch wenn es bei bestimmten Jobs auf den ersten Blick optimal zu sein scheint. Manche Telearbeiter erkennen jedoch nach einiger Zeit, dass sie an einem konventionellen Arbeitsplatz in der Firma am besten arbeiten können. Sie sollten daher jederzeit bereit sein, einen Telearbeiter wieder »aufzunehmen«.

Mehr zu diesem Thema finden Sie in Kapitel 17.

Mit Stress umgehen können

Sie können Stress – Ihren eigenen und den Ihrer Mitarbeiter – besser bewältigen, wenn Sie lernen, auf belastende Situationen anders als bisher zu reagieren. Probieren Sie folgende Methoden einfach einmal aus (und lesen Sie in Kapitel 20 mehr darüber).

- ✔ Helfen Sie Ihren Mitarbeitern dabei, Mammutprojekte in kleinere Aufgaben aufzuteilen und einen Terminplan aufzustellen.
- ✔ Lassen Sie Ihre Mitarbeiter wissen, wofür sie sich einsetzen.
- ✔ Schicken Sie Ihre Mitarbeiter ruhig auch einmal früher nach Hause, wenn es das Arbeitspensum zulässt.
- ✔ Planen Sie Freizeitaktivitäten für das gesamte Personal – quer durch alle Ebenen.
- ✔ Führen Sie einen Gesundheitscheck im Betrieb ein.
- ✔ Bieten Sie Workshops zum Thema Stressabbau und Arbeitsplanung an.
- ✔ Erinnern Sie Ihre Mitarbeiter daran, dass es auch so etwas wie Urlaub gibt.

Mitarbeiter motivieren für Dummies - Schummelseite

Fördern Sie die Kreativität

Jedes Unternehmen braucht immer wieder frischen Wind, um neuen Anforderungen begegnen zu können. Dabei sind auch die Ideen Ihrer Mitarbeiter gefragt. Fördern Sie deren Kreativität, indem Sie sich an diese Tipps halten:

- ✔ Ermutigen Sie andere dazu, ihre Meinungen zu äußern.
- ✔ Lehnen Sie Vorschläge Ihrer Mitarbeiter nicht ab, bevor Sie nicht darüber diskutiert haben.
- ✔ Beleuchten Sie Ideen und Vorschläge von allen Seiten.
- ✔ Stellen Sie Fragen und bitten Sie Ihre Mitarbeiter, dasselbe zu tun.
- ✔ Ermuntern Sie Ihre Mitarbeiter, an Seminaren über innovative Praktiken – auch außerhalb Ihrer Branche – teilzunehmen.
- ✔ Beginnen Sie Routinebesprechungen mit einer neuen Idee, die Sie gemeinsam diskutieren.
- ✔ Schlagen Sie die Gründung eines firmeninternen Buchclubs vor.
- ✔ Üben Sie sich in Geduld.
- ✔ Stellen Sie den Status quo in Frage.
- ✔ Lachen Sie des Öfteren.
- ✔ Schreiben Sie sich Ideen immer sofort auf.
- ✔ Freuen Sie sich auch über Ideen, die nur klitzekleine Veränderungen beinhalten – manchmal sind sie die Grundpfeiler für ganz fantastische und revolutionäre Ideen!

Mehr zum Thema Kreativität finden Sie in Kapitel 8.

Erweisen Sie Ihren Mitarbeitern Anerkennung

Als Manager sind Sie für die Stimmung in Ihrem Team verantwortlich. Halten Sie sich die folgenden Empfehlungen vor Augen (und lesen Sie weitere in Kapitel 14 nach).

- ✔ Erkennen und belohnen Sie dauerhaft überdurchschnittliche Leistungen.
- ✔ Bedanken Sie sich regelmäßig bei Ihren Mitarbeitern.
- ✔ Sorgen Sie dafür, dass Sie jederzeit die Möglichkeit haben, Belohnungen austeilen zu können.
- ✔ Verschreiben Sie sich den Zielen Ihres Teams.
- ✔ Verstärken Sie erwünschtes Verhalten.
- ✔ Loben Sie Ihre Mitarbeiter vor anderen.
- ✔ Feiern Sie Erfolge im Team.

Max Messmer

Mitarbeiter motivieren für Dummies

Übersetzung aus dem Amerikanischen von Birgitt Schöbitz

mitp

Die Deutsche Bibliothek –
CIP-Einheitsaufnahme

Ein Titeldatensatz für diese Publikation ist
bei Der Deutschen Bibliothek erhältlich

ISBN 3-8266-3038-6
1. Auflage 2003

Übersetzung der amerikanischen Originalausgabe:
Max Messmer: Motivating Employees For Dummies

Printed in Germany

Cartoons im Überblick

von Rich Tennant

Seite 27

»Unseren Erfolg verdanken wir größtenteils unserer Fähigkeit, Konflikte zu lösen, bevor wir mit der Arbeit beginnen.«

Seite 75

»Okay, wir vom Seminar für abteilungsübergreifende kreative Ausdrucksformen sind bereit für die nächste Gruppe.«

Seite 111

Seite 153

»Ich habe meinem Chef gesagt, dass ich mich mit einer bloßen Gehaltserhöhung nicht zufrieden gebe ...«

Seite 183

»Ich finde, Dick Foster sollte das neue Projekt leiten. Er hat die richtige Perspektive und steckt voller Energie, und eigentlich ist doch dieser große weiße Hut auch ganz praktisch, oder?«

Seite 205

»Was glaubst Du wohl, was der wahre Grund für diese Poster ist?«

Seite 235

Seite 283

Fax: 001-978-546-7747
Internet: www.the5thwave.com
E-Mail: richtennant@the5thwave.com

Inhaltsverzeichnis

Einführung

Mitarbeitermotivation geht Hand in Hand mit Produktivität und Erfolg. Wenn Ihnen der Erfolg Ihres Unternehmens am Herzen liegt, müssen Sie dafür sorgen, dass Ihre Mitarbeiter mit ihrer Arbeit zufrieden und mit ihrer jeweiligen Aufgabe nicht unterfordert sind und ihren Teil zum Erfolg des Unternehmens beitragen. Es reicht nicht ganz aus, den Mitarbeitern ein angemessenes Gehalt zu bezahlen; das ist zwar unbestritten eine gute Sache, aber zur Motivation gehört weitaus mehr als ein finanzieller Anreiz.

Höchstwahrscheinlich wissen Sie, dass der Erfolg Ihres Unternehmens wesentlich von der Motivation Ihrer Mitarbeiter abhängt. Vielleicht haben Sie in diesem Zusammenhang auch schon den einen oder anderen Schritt eingeleitet, und doch haben Sie das Gefühl, es gäbe noch viel zu lernen und zu tun. Dann war Ihr Entschluss, dieses Buch zu kaufen, goldrichtig. Hier erfahren Sie alles darüber, wie Sie Ihre Mitarbeiter motivieren können. Und glauben Sie mir: Es gibt viel zu tun – also packen wir es an!

Über dieses Buch

In *Mitarbeiter motivieren für Dummies* steckt alles, was Sie über Mitarbeitermotivation wissen müssen – und noch viel mehr. Sie finden darin nicht nur zahlreiche nützliche Tipps und Tools, sondern auch Managementtechniken und Übungen zur praktischen Anwendung.

Dieses Buch bietet also jede Menge Informationen – Sie brauchen es aber trotzdem nicht von vorne bis hinten zu lesen. Wie alle Bücher aus unserer Dummy-Reihe ist es als Nachschlagewerk aufgebaut, das heißt, Sie können zu lesen anfangen, wo immer Sie möchten – und Sie werden trotzdem alles verstehen. Kapitel 5 wird Ihnen auch dann verständlich sein, wenn Sie Kapitel 1 nicht gelesen haben, und es ist auch nicht unbedingt erforderlich, ein bestimmtes Kapitel ganz durchzulesen, um seinen Sinn zu begreifen. Es reicht völlig aus, wenn Sie nur einen Abschnitt – pah, einen Absatz! – lesen, und schon wissen Sie, was Sache ist. Selbstverständlich dürfen Sie auch gerne das ganze Buch lesen, ich wäre der Letzte, der Sie davon abhalten wollte!

Mag sein, dass in Ihrem Betrieb die Kommunikation mit den Mitarbeitern bereits ausgezeichnet klappt, doch mit der Teamarbeit hapert es noch ein wenig. Oder es gibt fantastische Sozialleistungen und flexible Arbeitszeitregelungen, doch Sie möchten sich nun darauf konzentrieren, die berufliche Karriere Ihrer Mitarbeiter zu fördern. Alles kein Problem! In diesem Buch erfahren Sie, wie es geht.

Wie ich Sie mir vorstelle

Als ich dieses Buch geschrieben habe, habe ich mir natürlich auch Gedanken über Sie, meinen werten Leser, gemacht. Ich stelle Sie mir so vor:

- ✔ Sie sind in irgendeiner Firma im mittleren Management tätig.
- ✔ Sie sind sehr an der Motivation Ihrer Mitarbeiter interessiert.
- ✔ Sie kümmern sich um Ihre Mitarbeiter.
- ✔ Sie möchten gute Arbeit leisten.
- ✔ Sie möchten, dass Ihre Mitarbeiter zufrieden sind.
- ✔ Sie wissen, dass Motivation und Produktivität Hand in Hand gehen.

Wie dieses Buch aufgebaut ist

Mitarbeiter motivieren für Dummies ist in acht Teile aufgeteilt. Jeder Teil enthält wiederum zwei bis vier Kapitel. Jeder Teil behandelt ein bestimmtes Motivationstool, das in den einzelnen Kapiteln ausführlich besprochen wird.

Teil I: Andere motivieren - notwendige Grundkenntnisse

In diesem Teil erfahren Sie die Grundlagen der Mitarbeitermotivation. In Kapitel 1 lesen Sie, weshalb der Erfolg eines Unternehmens stark von der Motivation seiner Mitarbeiter abhängt, während in Kapitel 2 erläutert wird, warum der erste Schritt in Sachen Mitarbeitermotivation mit Strategie und Vision zusammenhängt. Kapitel 3 enthält eine Übersicht über die vielen nützlichen Werkzeuge, auf die auch an anderen Stellen dieses Buchs noch eingegangen wird.

Teil II: Eine dynamische Firmenkultur schaffen

Sie machen sich keine Gedanken über das Arbeitsklima in Ihrem Unternehmen? Das sollten Sie aber! Stellen Sie sich vor, Sie gehen zur Arbeit und verspüren dabei nur Widerwillen, weil Sie genau wissen, dass Sie nichts Gutes erwartet. Nun, Ihren Mitarbeitern dürfte es in diesem Fall genauso gehen. In Kapitel 4 erkläre ich Ihnen, was genau mit »Firmenkultur« gemeint ist, und was Sie als Manager tun können, um ein angenehmes Arbeitsklima zu schaffen, in dem die Arbeit Spaß macht. In Kapitel 5 erfahren Sie, wie Sie einen motivierenden Arbeitsplatz einrichten, während in Kapitel 6 steht, welche Arbeitszeitregelungen und sonstige Vereinbarungen machbar sind und wie Sie das (Arbeits-)Leben Ihrer Mitarbeiter verbessern können.

Teil III: Die offene Kommunikation

Kommunikation, Kommunikation und noch mal Kommunikation. In diesem Teil dreht sich alles darum. Wenn Sie möchten, dass Ihre Mitarbeiter offen und ehrlich zu Ihnen sind, müssen Sie mit ihnen kommunizieren. Damit ist nicht gemeint, aneinander hin zu reden, sondern miteinander zu reden. In Kapitel 7 erfahren Sie, wie Sie Ihre Kommunikationsfähigkeiten als Manager verbessern können. In Kapitel 8 lesen Sie, wie sich die Kreativität steigern lässt. (Tipp: Ihre Mitarbeiter müssen wissen, dass Ihnen etwas an ihren Ideen liegt.) Kapitel 9 befasst sich mit der Kommunikation im gesamten Unternehmen.

Teil IV: Talente fördern

Das Wertvollste, was ein Unternehmen hat, sind seine Mitarbeiter. Oder können Sie sich vorstellen, dass ein Unternehmen ohne Mitarbeiter überleben kann? Grund genug, Ihre Mitarbeiter zu fördern! In Kapitel 10 erfahren Sie, wie Sie Ihre Mitarbeiter dabei unterstützen können, ihre Karriere in die Hand zu nehmen und Verantwortung zu übernehmen. In Kapitel 11 geht es um die Karriereplanung, Leistungsbewertungen und Schulungen. In Kapitel 12 erfahren Sie, wie wichtig ein Mentor ist.

Teil V: Mitarbeiter angemessen entlohnen - und ihnen ab und zu auf die Schulter klopfen

Die Tatsache, dass Sie dieses Buch lesen, bedeutet, dass Sie bereits wissen, dass Geld allein keinen einzigen Mitarbeiter zu Höchstleistungen anspornt. Prämien sind sicherlich eine feine Sache, und ein Gehalt in angemessener Höhe versteht sich wohl von selbst, aber Lob und andere Zeichen der Anerkennung sind mindestens ebenso wichtig. In Kapitel 13 erfahren Sie, wie Sie das Lohn- und Gehaltssystem Ihres Unternehmens einschließlich Prämienzahlungen und sonstige finanziellen Anreize wie Aktienoptionen unter die Lupe nehmen können. In Kapitel 14 lernen Sie, noch eins drauf zu setzen, indem Sie eine weitere Art eines Anerkennungssystems entwickeln, das garantiert wirkt.

Teil VI: Teamarbeit: Andere zur Zusammenarbeit motivieren

Stellen Sie sich einen sportlichen Wettkampf vor, an dem zwei Mannschaften gegeneinander antreten. Die Spieler von Team A sind hervorragend aufeinander eingespielt, und die Taktik lässt erkennen, dass alle Spieler nur eines im Sinn haben: als Team zu gewinnen! Bei Team B verfolgt jeder Spieler nur seine eigene Strategie. Klar, dass auch Team B gewinnen will, aber hier möchte jeder Spieler den Erfolg für sich selbst verbuchen können. Mit Team B möchten Sie wahrscheinlich nicht arbeiten müssen. Wenn Sie aber mit dem Problem zu kämpfen haben, dass sich einige Ihrer Leute beharrlich weigern, im Team zu arbeiten, wird Ihnen Kapitel 15 gefallen, denn dort erfahren Sie, wie Sie genau dieses Problem lösen können. In Kapitel 16 und 17 geht es darum, wie Sie auch freiberufliche Mitarbeiter und Telearbeiter in Ihr Team integrieren können.

Teil VII: Motivationshürden überwinden

Sie kämpfen gerade mit einem bestimmten Problem, das sich erschwerend auf die Motivation auswirkt? Dann ist dieser Teil wie für Sie gemacht. In Kapitel 18 geht es darum, wie Sie mit Personalkürzungen, explosionsartigem Wachstum, Fusionen und Firmenübernahmen sowie der Streichung von Ressourcen umgehen können. In Kapitel 19 befassen wir uns mit Schwierigkeiten wie chronischer Unpünktlichkeit oder dem »Blaumachen«, während Kapitel 20 Stress und Erschöpfung zum Thema hat. In Kapitel 21 erfahren Sie, wie Sie mit bürokratischem Verwaltungsaufwand umgehen können beziehungsweise wie Sie ihn verhindern oder auf ein Mindestmaß beschränken.

Teil VIII: Der Top-Ten-Teil

In jedem Kapitel dieses Teils finden Sie bis zu zehn Geschichten, in denen Sie nach Herzenslust schmökern können, bevor Sie sich daran machen, Ihren eigenen Weg in Sachen Mitarbeitermotivation zu gehen. In Kapitel 22 finden Sie Interessantes über sieben großartige Unternehmen, die vielleicht Vorbild für Sie sein können. In Kapitel 23 geht es um Websites. Kapitel 24 befasst sich mit zehn unterschiedlichen Persönlichkeitstypen von Mitarbeitern, bei denen Motivation zu einer echten Herausforderung werden kann. Und in Kapitel 25 erfahren Sie zu guter Letzt, wie sich Ihre Mitarbeiter gegenseitig motivieren können.

Symbole, die in diesem Buch verwendet werden

Natürlich haben Sie mittlerweile auch schon bemerkt, dass sich am linken Seitenrand lauter witzige Symbole befinden. Nur zur Sicherheit möchte ich Ihnen ihre Bedeutung erklären:

Dieses Symbol verweist auf Tipps und Tricks, die Ihre Arbeit erleichtern.

Diese Informationen sollten Sie sich unbedingt merken!

Dieses Symbol weist Sie darauf hin, dass eine Sache schief laufen kann, wenn Sie nicht aufpassen!

Dieses Symbol bedeutet, dass die in diesem Absatz beschriebene Handlung Ihre Mitarbeiter demotiviert.

Hier finden Sie bewährte Methoden zur Steigerung der Motivation.

Teil I

Andere motivieren - das müssen Sie mindestens darüber wissen

The 5th Wave By Rich Tennant

In diesem Teil ...

Mitarbeitermotivation ist nicht damit getan, ab und zu ein »Gut gemacht!« verlauten zu lassen und danach das Thema zu wechseln. Es geht viel mehr darum, Vorbild zu sein, sich mit den Firmenzielen zu identifizieren und die Mitarbeiter kennen zu lernen.

In Teil 1 finden Sie Wissenswertes zu diesem Thema und noch viel mehr. Sie erfahren nicht nur, wie Sie strategische Visionen vermitteln, sondern auch, weshalb die Mitarbeitermotivation so wichtig ist. Das Beste an diesem Teil ist jedoch, dass Sie darin das nötige Rüstzeug finden, mit denen Sie Ihre Mitarbeiter zu Höchstleistungen anspornen können.

Mitarbeiter motivieren – davon hat jeder etwas!

1

In diesem Kapitel

- Was ist Motivation überhaupt?
- Was bringt Motivation Ihrem Unternehmen?
- Wie hoch ist der »Motivationsquotient« in Ihrem Betrieb?
- Der Selbsttest: Können Sie andere motivieren?

Logisch, dass Sie wissen, wie wichtig die Mitarbeitermotivation ist, sonst würden Sie dieses Buch ja nicht lesen. Außerdem ist Ihnen klar, dass die Produktivität Ihres Unternehmens beeinträchtigt wird, wenn es Ihren Mitarbeitern an Motivation mangelt. Im besten Fall führt mangelnde Arbeitsmoral dazu, dass Ihre Firma nicht das erreicht, was sie eigentlich schaffen könnte. Im schlechtesten Fall steht die Zukunft des Unternehmens auf dem Spiel. Als Manager sind Sie zumindest zum Teil für den Erfolg Ihres Unternehmens verantwortlich, weshalb Sie sich unmotivierte Mitarbeiter einfach nicht leisten können, da diese in jedem Fall weniger produktiv sind als motivierte Arbeitskräfte. In diesem Kapitel erfahren Sie, warum viele Manager sich um die Motivation ihrer Mitarbeiter sorgen. Außerdem lernen Sie, in welchen Bereichen Sie in Ihrem Unternehmen Verbesserungen hinsichtlich der Motivation umsetzen können.

Was genau ist eigentlich Motivation?

Motivation ist schon eine seltsame Sache. Manchen Managern fällt es ziemlich schwer, diesen Begriff genau zu definieren, obwohl es ihnen sofort auffällt, wenn die Motivation fehlt – die Produktivität sinkt, die Kreativität macht einen Sturzflug, die Arbeit wird langweilig, die Fehlerquote steigt und auch die Qualität der Produkte und Dienstleistungen lässt zu wünschen übrig.

Doch was genau ist Motivation nun? Nachfolgende Auflistung zeigt, was alles dazu gehört.

- ✔ **Ergebnisorientiertheit und Verantwortungsbewusstsein**. Jedem Mitarbeiter liegt das Wohl des gesamten Unternehmens am Herzen und alle möchten ihren Teil dazu beitragen. Allen Mitarbeitern ist bewusst, wie sich ihre Arbeit auf das gesamte Unternehmen auswirkt, und sie sind befugt, Entscheidungen zu treffen und Verantwortung für ihr Handeln zu übernehmen.
- ✔ **Offene Kommunikation**. Herrscht ein motivierendes Arbeitsklima, gibt es keine Heimlichtuereien oder Hintergedanken. Alle wissen genau, woran sie sind. Mitarbeiter müssen

nicht mit bösen Überraschungen rechnen und halten ihrerseits keine Informationen zurück oder täuschen gar ihre Vorgesetzten. Beide Seiten geben sich regelmäßig Feedback und hören einander zu. Ein weiterer Vorteil der offenen Kommunikation ist, dass die Gerüchteküche versiegt – schließlich gibt es bessere und zuverlässigere Informationsquellen.

- **Niedrige Mitarbeiterfluktuation.** Motivierte Mitarbeiter sind ihrem Arbeitgeber gegenüber sehr loyal, da sie ihren Job und das Unternehmen mögen. Sie halten nicht ständig Ausschau nach besseren Möglichkeiten und verlassen auch in Krisenzeiten das sinkende Schiff nicht sofort.
- **Kreativität und Einfallsreichtum, vor allem bei der Problemlösung.** Es steigert die Motivation, wenn Mitarbeiter wissen, dass sie aktiv zur Problemlösung beitragen und dabei auch einmal ungewöhnliche Ansätze wagen dürfen. Diese Eigenverantwortung führt zu einem dynamischen und kreativen Arbeitsklima, in dem es den Mitarbeiter leicht fällt, die Initiative zu ergreifen und eigenständig Problemlösungen zu erarbeiten.
- **Zusammenarbeit.** Ein lebendiges und produktives Miteinander der Mitarbeiter ist ein untrügliches Zeichen dafür, dass diese Leute hoch motiviert sind. Keiner verschanzt sich in seinem Büro oder versucht auf Biegen und Brechen, Kollegen zu übertrumpfen. Motivierte Mitarbeiter arbeiten gerne im Team und unterstützen sich gegenseitig.
- **Ausgezeichneter Kundenservice.** Motivierte Mitarbeiter geben ihr Bestes und kümmern sich sowohl um die Firmenkunden als auch um ihre Kollegen. Selbst wenn sich nicht in direktem Kontakt zu den Kunden stehen, wissen hochmotivierte Mitarbeiter, dass sich ihre Arbeit auf die Zufriedenheit der Kunden auswirkt.

Motivation lässt sich natürlich auch dadurch definieren, indem man beschreibt, was sie nicht bedeutet. Nachfolgend räumen wir mit einigen Fehldefinitionen über Motivation auf.

- **Alle sind einer Meinung.** Motivierte Mitarbeiter müssen nicht zwangsläufig denselben Standpunkt vertreten – ganz im Gegenteil, die Motivation sinkt, wenn verlangt wird, dass alle dasselbe denken und tun.
- **Motivierte Mitarbeiter machen jede Menge Überstunden.** Wer zehn oder zwölf Stunden am Tag arbeitet, muss nicht unbedingt verrückt nach seiner Arbeit sein. Ein Zuviel an Überstunden weist eher auf Personalmangel oder schlechte Arbeitsorganisation hin. Oder der Betreffende hat Schwierigkeiten, sich seine Zeit einzuteilen.
- **Bei motivierten Mitarbeitern läuft der Laden auch ohne großes Zutun des Vorgesetzten.** Hüten Sie sich vor diesem Irrglauben. Feedback und klare Anweisungen motiviert Mitarbeiter, zuverlässig und gut zu arbeiten. Werden ihre Bestleistungen auch noch entsprechend gewürdigt, erhöht sich die Motivation noch mehr.
- **Die Planung der Mitarbeitermotivation kann man sich getrost schenken.** Erfolgt die Motivation der Mitarbeiter nur halbherzig, sporadisch und unregelmäßig, braucht man sich

über mangelnden Erfolg nicht zu wundern. Eine solche Vorgehensweise wirkt vielleicht bei manchen Mitarbeitern, die Frage ist nur, wie lange.

✔ **Motivation hängt einzig und allein von der Bezahlung ab.** Natürlich trifft es zu, dass ein gutes Gehalt motiviert, aber Geld allein ist wirklich nicht alles. Immaterielle Vergünstigungen oder ein ehrlich gemeintes Lob motivieren auf eine Weise, die sich mit schnödem Mammon nicht erreichen lässt.

Warum Sie Ihre Mitarbeiter motivieren müssen

Heutzutage hat man es in aller Regel mit *qualifiziertem Personal* zu tun, das heißt, Ihre Mitarbeiter verfügen über spezielle Fähigkeiten, branchenspezifische Fachkenntnisse und langjährige Erfahrungen, die äußerst wertvoll sind. Der moderne Arbeitnehmer will mehr als morgens pünktlich an der Stechuhr zu stehen, seine Pflicht zu tun und möglichst pünktlich wieder nach Hause zu gehen. Er betrachtet seine Arbeit als persönlichen Beitrag zum Wohl des Unternehmens. Somit sind unsere Angestellten die Quelle neuer Geschäftsideen und beeinflussen in höchstem Maße, welchen Ruf das Unternehmen genießt. Als Arbeitgeber verlassen Sie sich darauf, dass Ihre Mitarbeiter das optimale Produkt herstellen oder einen erstklassigen Dienst am Kunden leisten. Gewinn und Erfolg Ihres Unternehmens hängen davon ab, ob Ihre Mitarbeiter motiviert sind (sprich: ob ihnen wirklich etwas daran liegt), effizient, sorgfältig und kompetent zu sein.

Der Preis einer hohen Mitarbeiterfluktuation

Stellen Sie sich einmal folgende Situation vor, die im Übrigen in vielen Unternehmen häufiger auftritt als man glaubt: John leitet eine Abteilung mit 20 Mitarbeitern. Einer davon, Karl, fühlt sich zu wenig anerkannt und beklagt sich bei seinen Kollegen darüber, dass John kein guter Manager sei. Urplötzlich befällt auch andere das Gefühl der Unzufriedenheit und die schlechte Stimmung breitet sich langsam in der ganzen Abteilung aus. Die Arbeitsmoral sinkt, die Stimmung wird noch schlechter und die Produktivität lässt stark nach. John spricht sein Team nicht darauf an, da er glaubt, er würde das Problem dadurch nur noch schlimmer machen.

Einer der Mitarbeiter hat genug und kündigt. Während sich John um einen geeigneten Nachfolger bemüht – und dabei viel Geld für das Stellenangebot und die Personalvermittlungsagentur ausgibt – muss sein Team zusätzliche Arbeit leisten. John hat noch weniger Zeit, um sich um die Bedürfnisse seiner Mitarbeiter zu kümmern. Es fallen zahlreiche Überstunden an, die Arbeitsmoral sinkt weiter, das Verantwortungsbewusstsein schwindet und Fehler schleichen sich ein. Kein Zweifel: Die Produktivität der gesamten Abteilung lässt spürbar nach.

Nach monatelanger Suche und unzähligen Vorstellungsgesprächen stellt John endlich eine Bewerberin ein. Natürlich dauert es eine gewisse Zeit, bis sie eingearbeitet ist, was bedeutet, dass ihren Teamkollegen weiterhin zusätzliche Arbeit aufgehalst wird und das Murren kein Ende nimmt. John konzentriert sich jetzt vor allem auf die Einarbeitung der neuen Mitarbeiterin, schließlich soll sie ja bald zur allgemeinen Entlastung in der Abteilung eingesetzt werden. Leider vernachlässigt er darüber, der schlechten Stimmung im Team entgegen zu wirken. So kündigt bald der nächste Mitarbeiter, und der Teufelskreis beginnt von vorne.

Unzufriedene Mitarbeiter werden früher oder später ihre Kündigung einreichen – oder ihre Kollegen dazu bewegen. Die daraus entstehende Mitarbeiterfluktuation trägt zur sinkenden Produktivität bei, da Sie als Manager kaum noch aus der Einarbeitungsphase heraus kommen. Außerdem ist die Suche nach neuen Mitarbeitern alles andere als billig. Das kann in einen kostspieligen Teufelskreis ausarten – zum einen finanziell gesehen und zum anderen im Hinblick auf die sinkende Arbeitsmoral.

Wenn Sie die Kosten eines Stellenwechsels einmal grob ausrechnen möchten, führen Sie die von John Sumser von der Firma interbiznet (`www.interbiznet.com`) vorgeschlagene Kalkulation durch:

- ✔ Sie nehmen den Jahreserlös Ihres Unternehmens (beziehungsweise Ihrer Abteilung) und teilen diesen Wert durch die Anzahl der Angestellten. Nun kennen Sie den Jahresgewinn pro Mitarbeiter.
- ✔ Nun teilen Sie diese Zahl durch 250 und erhalten den Tageserlös je Mitarbeiter.
- ✔ Nun multiplizieren Sie diesen Wert mit der Anzahl an Tagen, die Sie für die Suche nach einem neuen Mitarbeiter benötigen.
- ✔ Addieren Sie zu dieser Summe noch die Kosten, die der Personalabteilung entstanden sind (was allerdings nur ein Bruchteil der Gesamtkosten sein dürfte).

Somit erhalten Sie die Kosten, die entstehen, wenn ein neuer Mitarbeiter eingestellt wird; in der Regel sind diese Ausgaben etwa fünf bis zehn Mal so hoch wie die Kosten für den Verwaltungsaufwand.

Die Gefährdung Ihres Wettbewerbsvorteils

Sind Ihre Angestellten unzufrieden, ist es nicht deren Problem sondern Ihres. Unzufriedene Mitarbeiter können zur Folge haben, dass Ihr Unternehmen seinen Wettbewerbsvorteil verliert.

Sie werden es mit Sicherheit merken, wenn Ihre Mitarbeiter unzufrieden oder unglücklich sind. Vielleicht sagt es Ihnen niemand ins Gesicht, aber ihre Leistungen sprechen eine deutliche Sprache. Zu den Warnsignalen gehören unter anderem deutlich mehr Fehltage als bislang, Unpünktlichkeit, verpasste Termine, mehr Fehler als gewöhnlich und ganz allgemein eine nachlassende Begeisterung für die Arbeit. Sicher wissen Sie, wie ansteckend schlechte Laune sein kann, und ganz sicher möchten Sie nicht, dass der Unmut Ihrer Mitarbeiter sich im ganzen Betrieb ausbreitet und über die Telefonleitungen sogar Ihre Kunden »infiziert«.

Denken Sie daran, dass alle Angestellten eines Betriebs letzten Endes für den Kunden arbeiten, auch wenn sie keinen direkten Kontakt mit ihnen haben. Ich möchte Ihnen anhand eines

Beispiels verdeutlichen, welche verheerenden Auswirkungen ein einziger unmotivierter Mitarbeiter auf den Kundendienst haben kann.

Roger arbeitet seit drei Jahren in der Versandabteilung eines großen Softwareherstellers und hat noch kein einziges Mal ein lobendes Wort für seine Leistungen zu hören bekommen. Sein Abteilungsleiter, der für 50 Angestellte zuständig ist, kennt zwar nicht einmal Rogers Namen, beklagt sich jedoch über seinen Mangel an Motivation. Die Kommunikation mit Kollegen aus anderen Abteilungen beschränkt sich auf recht unfreundliche Anweisungen bezüglich Verpackung und Versand der Produkte.

Mit der Zeit verliert Roger die Lust daran, seine Arbeit ordentlich zu erledigen. Er verwechselt Adressaufkleber, verschickt Lieferungen nicht rechtzeitig oder vergisst sie komplett. Ein aufgebrachter Kunde beschwert sich bei der Firma, andere wechseln sofort den Hersteller. Noch ehe Sie bis drei zählen können, hat die mangelnde Motivation von Roger zu mehreren Tausend Euro Umsatzeinbußen – wenn nicht mehr – geführt, und Sie müssen sich zur Schadensbegrenzung mächtig ins Zeug legen.

Expertenaussagen zufolge verlieren amerikanische Unternehmen alle fünf Jahre die Hälfte ihrer Kunden. Zu einem Großteil ist dies auf schlechten Kundenservice zurück zu führen. Sie sollten Ihrer Konkurrenz nicht die Gelegenheit bieten, Ihnen Ihre Kunden wegzuschnappen. Sorgen Sie dafür, dass Ihre Mitarbeiter zufrieden sind, dann haben Sie zufriedene Kunden und Ihrer Firma geht's gut.

Die Arbeitswelt im Wandel

Die Entscheidung, Mitarbeiter zu motivieren, hat nichts mit der jeweiligen Wirtschaftslage zu tun. Manche Manager kümmern sich erst dann um die Motivation ihrer Mitarbeiter, wenn der Arbeitsmarkt knapp wird und Spitzenkräfte kündigen, während sie die Zügel wieder schleifen lassen, sobald sich der Markt erholt hat und wieder ausreichend Arbeitskräfte zur Verfügung stehen.

Völlig unabhängig von der aktuellen Wirtschaftslage muss die Mitarbeitermotivation oberste Priorität genießen. Blüht die Wirtschaft, kündigen unmotivierte Mitarbeiter ganz einfach, während sie in Krisenzeiten ihre Zeit mehr oder weniger absitzen, bis sich die Lage wieder ändert.

Aufgrund der jüngsten Entwicklungen des Arbeitsmarkts – Massenentlassungen, Stellenabbau und Umstrukturierungen – ist die Mitarbeiterloyalität drastisch gesunken. Im Grunde spielt es keine Rolle, wie Ihre Firma derzeit da steht, jetzt ist der richtige Moment, Ihre Mitarbeiter zu motivieren – und dafür zu sorgen, dass das auch so bleibt.

Wodurch zeichnet sich der Arbeitnehmer von heute eigentlich aus?

In der heutigen Arbeitswelt wird dem Mitarbeiter nicht mehr vorgeschrieben, was er wie zu tun hat, obwohl er natürlich allgemeine Zuständigkeitsbereiche zugewiesen bekommt und die langfristigen Ziele kennt. Er muss selbst wissen, was wie zu erledigen ist. Was zählt ist, dass die Arbeit getan wird.

Unternehmen setzen heute auf Teamarbeit, und dabei am liebsten auf *selbstverantwortliche Arbeitsteams*, die bestimmte Projekt in Eigenverantwortung abwickeln. In einer von Robert Half International durchgeführten Studie gaben 79 Prozent der befragten Führungskräfte an, dass selbstverantwortliche Teams die Produktivität erhöhen. Natürlich nur, wenn die Mitglieder des Teams auch motiviert sind. (Mehr zum Thema Teamarbeit finden Sie in Teil VI.)

Der moderne Arbeitnehmer bleibt, anders als noch vor 30 Jahren, in den seltensten Fällen sein ganzes Arbeitsleben lang bei derselben Firma, sondern sucht aktiv nach Möglichkeiten, sich weiter zu entwickeln und Karriere zu machen. Ein häufiger Wechsel des Arbeitsplatzes gilt heutzutage als durchaus normal.

Viele Unternehmen greifen tief in die Tasche, um neue Mitarbeiter mit schwer zu findenden Kenntnissen für sich zu gewinnen. So wird die erste Prämie oft schon bei Unterzeichnung des Arbeitsvertrags fällig, Mitarbeiter, die den geeigneten Kandidaten vermitteln, erhalten dafür eine »Vermittlungsprovisionen« und selbst der Transport eines geliebten Haustiers beim Umzug wird gerne vom Arbeitgeber bezahlt.

Selbst wenn Sie die Schlacht um einen neuen Mitarbeiter gewonnen haben, ist der Krieg noch lange nicht vorbei. Jetzt muss es Ihnen nämlich noch gelingen, ihn oder sie zu halten. Am besten, indem Sie zeigen, dass Mitarbeiter Ihre Wertschätzung genießen. Angemessene Gehälter und Prämien, Anerkennung, Kommunikationsprogramme und Schuldungen sind ein guter Anfang. Flexible Arbeitszeiten, Jobsharing und Telearbeit – einst eindeutiger Beweis für die Fortschrittlichkeit eines Unternehmens – gehören mittlerweile in fast jeder Branche zum Alltag. Achten Sie unbedingt darauf, Ihren Mitarbeitern Anreize zu bieten und dabei mit der Konkurrenz mitzuhalten.

Wie sieht der Arbeitsplatz der Zukunft aus?

Einer von OfficeTeam durchgeführten Befragung von 700 männlichen und weiblichen Angestellten zufolge werden die Arbeitnehmer der Zukunft selbstständiger arbeiten, mobiler und flexibler ihrer Tätigkeit nachgehen und über umfassende technologische Kenntnisse verfügen. Ihre Hauptsorge ist, ein ausgewogenes Verhältnis zwischen Berufs- und Privatleben schaffen zu können. Die Arbeitnehmer gehen davon aus, dass ihnen in Zukunft mehr Befugnisse eingeräumt werden, um eigenständig Entscheidungen treffen zu können, womit sie wohl richtig liegen. Selbstständig arbeitende Teams werden der Normalfall in den Büros sein, und traditionelle Berufsbezeichnungen und Titel spielen eine immer geringere Rolle. Die Entwicklung, dass Mitarbeiter sich selbstständig um ihre Projekte kümmern und sich mit ihnen identifizieren, setzt sich fort, da sie über immer umfangreichere und spezielle Kenntnisse verfügen, wie bereits erwähnt.

Warum Mitarbeiter kündigen

Wer sich nicht um seine Mitarbeiter bemüht, muss damit rechnen, dass sie kündigen. Mangelnder Respekt, verspätete Leistungsbewertungen und eine mangelhafte Kommunikation zwischen der Belegschaft und dem Management haben schon viele Angestellten zu diesem letzten Schritt bewogen. Auch private Gründe spielen dabei eine Rolle: Stellt sich Nachwuchs ein, möchten die Eltern oft ihre Arbeitsstunden reduzieren und suchen nach einer Arbeitsstelle, bei der dies möglich ist. Was können Sie dagegen unternehmen?

Wenn Sie als Manager die Kündigungsgründe Ihrer Mitarbeiter kennen, können Sie zumindest in Zukunft etwas dagegen unternehmen. Planen Sie zum Beispiel ein letztes Gespräch mit jedem Angestellten, der Ihr Unternehmen verlässt, um seine Beweggründe für diesen Schritt herauszufinden. Vielleicht bekommen Sie dann etwas zu hören, mit dem Sie überhaupt nicht gerechnet haben. Laut einer von Robert Half durchgeführten Umfrage, bestätigten 25 Prozent der befragten Personalmanager, dass für kompetente Angestellte mangelnde Anerkennung der häufigste Grund ist, die Kündigung einzureichen.

Und wenn Sie eine Kündigung auf dem Tisch liegen haben, sollten Sie dem betreffenden Mitarbeiter dennoch Respekt erweisen. Trennen sich Ihre Wege im Guten, wird sich dies positiv auf den Ruf Ihres Unternehmens auswirken und Bewerber werden Ihnen nicht bereits während des Vorstellungsgesprächs mit Misstrauen begegnen. Behandeln Sie einen ausscheidenden Mitarbeiter dagegen unfair, wird das schnell die Runde machen – bei Kollegen, Jobsuchenden und möglicherweise sogar Ihren Geschäftskunden.

Die heutige Arbeitswelt und auch die Arbeitnehmer unterliegen einem raschen Wandel – was man unbedingt berücksichtigen sollte, wenn man sich mit dem Thema Motivation auseinandersetzt. Die ältere Generation aus der Zeit vor dem »Pillenknick« stellt mittlerweile einen großen Teil des Arbeitsmarkts, und in einigen Branchen – wie zum Beispiel der High-Tech-Industrie – ist die Generation der jungen Yuppies in den Führungsetagen stark vertreten.

Wie können Sie Mitarbeiter im Alter von 21 bis 65 Jahren motivieren? Funktionieren dieselben Techniken gleichermaßen bei einem schon ergrauten Mitarbeiter, einer dreißigjährigen Frau mit Kinderwunsch und einem Berufsanfänger, der gerade frisch von der Uni kommt? Jede dieser Personen steht an einem ganz unterschiedlichen Punkt ihrer Karriere und lässt sich somit durch etwas völlig anderes motivieren. Die folgenden rein hypothetischen Angestelltenprofile dienen der Veranschaulichung.

Mitarbeiter 1: Thomas ist 52 Jahre alt und möchte innerhalb der nächsten zehn Jahre in den Ruhestand gehen. Im Laufe seines Arbeitslebens wurde er aufgrund der schlechten Wirtschaftslage schon so oft entlassen, dass er aufgehört hat mitzuzählen. Sein größter Wunsch ist es, sich niemals mehr einen neuen Job suchen zu müssen.

Mitarbeiter 2: Jill, 34, ist im siebten Monat schwanger. Nach der Geburt ihres Kindes möchte sie sich für drei Monate beurlauben lassen, um anschließend wieder Vollzeit zu arbeiten. Sie arbeitet seit sechs Jahren für dieselbe Firma und hat mittlerweile einen untrüglichen Instinkt für alles, was in ihrer Branche läuft, entwickelt.

Mitarbeiter 3: Bill, der letztes Jahr sein Studium abgeschlossen hat. Mit seinen 23 Jahren kann er sich eine Welt ohne PCs überhaupt nicht mehr vorstellen. Die Hälfte seines Lebens hat er damit verbracht, im Internet zu surfen. Sein Ziel ist es, in kurzer Zeit möglichst viel Geld zu verdienen, damit er seine BAFöG-Schulden zurückzahlen kann. Außerdem soll ihm die Arbeit Spaß machen, und er möchte dort neue Freunde kennen lernen.

Nun, wie würden Sie diese drei Kandidaten motivieren? Eines steht fest: Mit dem üblichen Gehalt, Urlaubs- und Weihnachtsgeld und dem gesetzlichen Mindesturlaubsanspruch werden Sie mit Sicherheit keinen Blumentopf gewinnen. Auch die derzeit gängigen Extras wie Zuschüsse zur privaten Altersvorsorge dürften Thomas oder Bill herzlich wenig interessieren. Jill wird vermutlich nach Feierabend keine Zeit für Mitarbeiterfeiern haben, nachdem ihr Baby auf die Welt gekommen ist.

Vermutlich sind Sie schon von selbst darauf gekommen, dass Sie jedem dieser Kandidaten einen besonderen Anreiz bieten müssen. In Thomas Fall empfiehlt es sich, ihm eine optimale Vorruhestandsregelung auszuarbeiten, höhere Beiträge in seine Rentenversicherung einzuzahlen oder ein steuerfreies Sparkonto für ihn zu errichten, damit er bis zur Rente für Ihr Unternehmen arbeitet. Jill wäre mit Sicherheit geholfen, wenn Sie das Mutterschaftsgeld erhöhen oder ihr bei der Suche nach Kindertagesstätten behilflich sind. Bill könnten Sie mit Sonderprämien und einer Gewinnbeteiligung überzeugen und ihm außerdem die kostenlose Verpflegung in der Kantine sowie einen Teamarbeitsplatz anbieten, was sowohl seinen finanziellen als auch sozialen Bedürfnissen entgegen kommt.

Was können Sie außer diesen finanziellen Anreizen noch tun? Denken Sie doch einmal darüber nach, inwiefern sich die Personen unterscheiden. Thomas war längere Zeit unverschuldet arbeitslos. Jill ist schon seit langem für dasselbe Unternehmen tätig und verfügt über die entsprechenden Kenntnisse und Erfahrungen – ein alter Hase eben. Bill gehört zur Generation der Computerkids und kennt sich perfekt mit dem Internet aus.

Als Manager müssten Sie diese Fakten in Ihrem für jeden individuell zugeschnittenen Motivationsplan berücksichtigen. Sie sollten Thomas klar machen, dass das Stammpersonal durch die entsprechende Personalpolitik vor wirtschaftlichen Flauten bestmöglich geschützt ist, was seinem Bedürfnis nach einem sicheren Arbeitsplatz entsprechen dürfte. Jill könnten Sie fragen, ob Sie die Rolle eines Mentors für Berufseinsteiger (wie Bill) übernehmen möchte – und zeigen ihr damit, dass Sie ihre Erfahrung anerkennen. Bill könnten Sie als Ansprechpartner für technische Fragen seiner Kollegen einsetzen und damit zeigen, dass Sie seine

Computerkenntnisse zu schätzen wissen und ihm eine weitere Gelegenheit bieten, soziale Kontakte zu knüpfen.

Es gibt kein Patentrezept, womit sich alle Arbeitnehmer gleichermaßen motivieren lassen. Dazu bestehen einfach viel zu große Unterschiede zwischen ihnen. Als Manager müssen Sie die individuellen Bedürfnisse kennen und darauf eingehen.

Was bietet Ihr Unternehmen?

Kein Unternehmen ist wie das andere. Deshalb arbeiten in einer Firma lauter zufriedene, motivierte und glückliche Angestellte und in der anderen bedauernswerte Menschen, auf die das Gegenteil zutrifft. In welche Kategorie gehört Ihr Unternehmen? Lesen Sie die folgenden Seiten, dann werden Sie es wissen. Für all diejenigen, die mehr über ein bestimmtes Thema wissen möchten, habe ich den entsprechenden Teil bzw. das entsprechende Kapitel angegeben.

Herrscht ein positives Arbeitsklima?

Die Firmenkultur und die Motivation der Belegschaft stehen in einem direkten Zusammenhang. Ihr Unternehmen ist mit Sicherheit nicht für jeden die richtige Adresse – aber das muss auch gar nicht sein. Andererseits sollte Ihre Firma ein Ort sein, an dem man *gerne* arbeiten möchte. Die Mitarbeiter sollten sich gegenseitig unterstützen und nicht gegenseitig fertig machen. Sie sollten deutlich spüren, dass man sie schätzt, ihnen vertraut und dass sie etwas Besonderes für das Unternehmen sind. Es sollte niemals vorkommen, dass ein Mitarbeiter vernichtend kritisiert oder lächerlich gemacht wird oder ihm das Gefühl vermittelt wird, er wäre inkompetent.

Was empfinden Sie, wenn Sie an Ihre Firma denken – und wie behandeln Sie Ihre Mitarbeiter? Wie werden Sie Ihrerseits von Vorgesetzten behandelt? Wenn Sie glauben, dass das Arbeitsklima in Ihrem Betrieb zu wünschen übrig lässt, sollten Sie sich ausführlich mit Teil II dieses Buchs befassen.

Eine großartige Firmenkultur bedeutet mehr als Vertrauen zu seinen Mitarbeitern zu haben und ihnen einen ergonomischen Arbeitsplatz zur Verfügung zu stellen. Es geht darum, ihnen zu zeigen, dass Sie sie als Menschen zu schätzen wissen und sich um sie kümmern. Schließlich handelt es sich um individuelle Persönlichkeiten, die neben der Arbeit auch ein Privatleben haben. Denken Sie daher auch an Programme, die ein ausgewogenes Verhältnis zwischen Privat- und Berufsleben sichern, zum Beispiel die Einführung flexibler Arbeitszeiten oder vergünstigte Dienstleistungen, die Angestellte über die Firma in Anspruch nehmen können, je nachdem was in Ihrer Branche machbar ist.

Wenn Mitarbeiter nicht mehr dazu kommen, sich ihrer Familie zu widmen oder ihren Freizeitvergnügungen nachzugehen, werden sie mit der Arbeit unzufrieden. Aus diesem Grund ist ein ausgewogenes Verhältnis zwischen Berufs- und Privatleben unerlässlich.

Klappt die Kommunikation?

Es geht nichts über eine gute Kommunikation. Selbst wenn Sie als Manager alles andere richtig machen, stehen Sie auf verlorenem Posten, wenn es an der Kommunikation mit Ihren Mitarbeitern hapert. Kommunikation bedeutet übrigens nicht nur, ihnen das zu sagen, was sie wissen müssen. Die Kommunikation muss vor allem in beiden Richtungen statt finden. Es geht darum herauszufinden, welche beruflichen Ziele Ihre Mitarbeiter verfolgen, ihnen Informationen zu liefern, bevor es jemand anderes tut und sie zu ermutigen, auch mal ein Risiko einzugehen. Als Manager können Sie es sich nicht leisten, sich gemütlich zurückzulehnen und die Rolle des stillen Beobachters einzunehmen. Sie müssen für Einigkeit sorgen, wissen, was Ihre Mitarbeiter bewegt und ihnen dabei helfen, aus ihren Erfolgen und Misserfolgen zu lernen. Wenn Sie hierzu weitere Informationen benötigen, schlagen Sie in Teil III nach.

Denken Sie beim Thema Kommunikation auch an alle externen Mitarbeiter, Telearbeiter und Vertragspartner. Gerade hier sollten Sie Ihre Ziele, Erwartungen und Termine klar und eindeutig formulieren.

Gibt es Aufstiegsmöglichkeiten?

Empfanden Sie Ihre Arbeit jemals als langweilig? Es macht keinen großen Spaß, tagein, tagaus dieselbe Arbeit zu erledigen. Aus gelangweilten Mitarbeitern werden im Handumdrehen unmotivierte Mitarbeiter, die schon bald bei einem anderen Arbeitgeber beschäftigt sein werden. Sorgen Sie also rechtzeitig dafür, dass die Arbeit für Ihre Mitarbeiter interessant bleibt. Schauen Sie ihnen nicht bei jeder Kleinigkeit über die Schulter, sondern räumen Sie ihnen statt dessen weitergehende Befugnisse ein. Bieten Sie Kurse und Schulungen an und geben Sie regelmäßig Feedback. Regen Sie zur Teilnahme an firmeninternen Seminaren oder Online-Kursen an. Denken Sie auch daran, dass ein Mitarbeiter seine Aufgabe aus einer ganz anderen Perspektive betrachten kann, wenn er als Mentor für einen Berufsanfänger eingesetzt wird. Mehr zu diesem Thema finden Sie in Teil IV.

Zahlen Sie faire Gehälter?

Mit Geld allein können Sie einen permanent überarbeiteten und unmotivierten (sprich lustlosen) Mitarbeiter bestimmt nicht halten. Andererseits hebt eine gute Bezahlung die Laune der Mitarbeiter erheblich. Betrachten Sie eine angemessene Bezahlung als eine Art Präventivmaßnahme. Stellen Sie sicher, dass Ihre Mitarbeiter fair bezahlt werden und bieten Sie weitere finanzielle Vergünstigungen und Aufstiegsmöglichkeiten an. Mehr Informationen zu diesem Thema finden Sie in Kapitel 13.

Erkennen und belohnen Sie die Leistung Ihrer Mitarbeiter?

Als Manager müssen Sie Ihren Mitarbeitern zeigen, dass Sie sie schätzen. Außerdem müssen Sie wissen, was sie als Team und als Einzelpersonen motiviert. Eine gute Führungskraft zeichnet sich dadurch aus, dass sich die Mitarbeiter anerkannt fühlen, was sie wiederum dazu motiviert, ihr Bestes zu geben. Mehr darüber steht in Kapitel 14.

Fördern Sie Teamarbeit?

In einem guten Unternehmen gibt es mehrere Teams, die gemeinsam auf ein großes Ziel hinarbeiten. Es gehört zu Ihren Aufgaben als Manager, die Arbeit im Team zu fördern. Ihr Team sollte von *wir* und *uns* reden und zusammenarbeiten, anstatt sich als eine Gruppe von Einzelkämpfern zu profilieren suchen. Weitere Informationen zur Teamarbeit können Sie in Teil VI nachlesen.

Haben Sie Motivationsgeschick?

Nicht alle Unternehmen sind in gleichem Maße inspirierend und nicht alle Führungskräfte würden den Eignungstest für die Mitarbeitermotivation bestehen. Manchen Managern ist dieses Talent scheinbar angeboren und sie sind in der Lage, ihre Mitarbeiter zu fantastischen Leistungen anzuspornen. Andere hingegen haben bereits Schwierigkeiten sich selbst, geschweige denn den Rest ihrer Mannschaft zu motivieren. Und dann gibt es da noch den Typ Manager, der sich in Punkto Motivation zwar die größte Mühe gibt, dabei aber nicht immer erfolgreich ist.

Zu welcher Kategorie gehören Sie? Finden Sie anhand des folgenden Tests heraus, wie es um Ihr Motivationsgeschick bestellt ist. Die »richtige« Antwort ist meist offensichtlich, daher sollten Sie ehrlich antworten und sich nicht in die eigene Tasche lügen. Was immer Sie verbessern möchten, es steht irgendwo in diesem Buch. Damit Sie nicht ewig danach suchen müssen, habe ich bei der Auflösung auf das entsprechende Kapitel verwiesen.

1. Welche dieser Aussagen beschreibt Ihren Managementstil am besten?

   a) Ich mische mich kaum in die Arbeit meiner Mitarbeiter ein und warte lieber ab, welche Ideen oder Problemlösungen sie selbst entwickeln.

   b) Ein Manager muss sich aktiv um die Karriere seiner Mitarbeiter kümmern. Aus diesem Grund rede ich ständig mit meinen Leuten – ob nun über ihre Karrieremöglichkeiten oder darüber, dass die Berichte noch erstellt werden müssen.

   c) Ich sehe mich als eine Art Trainer, der anderen dabei hilft, ihre Stärken richtig einzusetzen und wertvolle Beiträge für das ganze Team zu leisten. Ich spare nicht mit Lob und halte mich mit Kritik zurück. Ich belohne besondere Leistungen und gute Ideen. Gibt es Änderungen oder Probleme, sorge ich dafür, dass jeder weiß, was passiert und was erwartet wird.

2. Wie sieht üblicherweise Ihr Feedback aus?

   a) Ich sage erst dann etwas, wenn jemand einen Fehler gemacht hat. Wenn meine Mitarbeiter gute Arbeit leisten, besteht kein Grund für Feedback, denn sie werden ja schließlich dafür bezahlt.

   b) Ich erzähle meinen Mitarbeitern immer ganz genau, wie sich ein Produkt oder eine Arbeit verbessern lässt. Ich sage ihnen bis ins letzte Detail, was sie wie zu tun haben. Das verstehe ich nämlich unter einer klaren Linie.

   c) Mein Feedback beginnt immer mit einer positiven Aussage (»Sie haben gute Arbeit geleistet.«). Muss etwas verbessert werden, achte ich strikt darauf, die Arbeit und nicht den Menschen zu kritisieren. Zusätzlich zu meinem üblichen täglichen Feedback führe ich für jeden einzelnen Mitarbeiter einmal jährlich eine Leistungsbewertung durch.

3. Wie sorgen Sie für ein angenehmes Arbeitsklima?

   a) Ich bemühe mich sehr, niemanden anzuschreien.

   b) Ich frage meine Mitarbeiter immer wieder, was ich tun kann, um ihre Arbeit so angenehm wie möglich für sie zu machen. Meistens kümmere ich mich zwar anschließend nicht mehr um ihre Bitten oder Beschwerden, aber ich frage zumindest danach.

   c) Ich versuche immer, freundlich und optimistisch zu sein, auch wenn ich mich manchmal nicht danach fühle. Ich fördere den Gemeinschaftssinn durch einen monatlichen »Tag der Anerkennung« und regelmäßigen Arbeitsessen. Ich erkundige mich nach ihren Familien, Kindern, Haustieren und Hobbys und natürlich ihrer Arbeit. Ich ermutige meine Leute dazu, kreativ zu sein und auch einmal etwas Neues auszuprobieren.

4. Wie helfen Sie Ihren Mitarbeitern dabei, ein ausgewogenes Verhältnis zwischen Berufs- und Privatleben zu schaffen?

   a) Na, ich gehe doch davon aus, dass sie ihr Privatleben auch ohne meine Hilfe führen können. Für alle Fälle steht die Nummer der Telefonseelsorge für jeden sichtbar am Schwarzen Brett.

   b) Wenn meine Mitarbeiter in Schwierigkeiten stecken, sage ich ihnen, was sie meiner Meinung nach tun sollten und wo sie Unterstützung finden können. Außerdem frage ich dann später nach, ob sie meinen Rat beherzigt haben und zeige somit, dass ich mir Gedanken um sie mache.

   c) Ich versuche herauszufinden, was ich zu ihrer Entlastung tun kann (so biete ich zum Beispiel an, einen Teil der Arbeiten jemand anderem zu übertragen).

5. Was tun Sie, um die Teamarbeit zu fördern?

   a) Ich mische mich nicht ein!

b) Ich fordere einen Tagesbericht von allen Teammitgliedern an, um sämtliche Probleme, die sich abzeichnen, im Keim zu ersticken. Außerdem bin ich bei jedem Teammeeting dabei.

c) Ich sorge dafür, dass ihnen das nötige Handwerkszeug und die erforderlichen Mittel zur Verfügung stehen und räume ihnen die entsprechenden Befugnisse ein (damit ich mich nicht selbst um jede Kleinigkeit kümmern muss). Außerdem versuche ich, ihnen zu erklären, wie sich ihr Projekt in das Unternehmensziel einfügt, damit sie den Sinn ihrer Arbeit besser verstehen. Ein oder zwei Mal im Jahr veranstalte ich Teamübungen zur Konsensbildung, um ihre Fähigkeiten zu vertiefen.

6. Wie verhalten Sie sich, wenn Sie merken, dass zwei Ihrer Mitarbeiter nicht miteinander arbeiten können?

   a) Ich warte erst einmal ab – entweder schaffen sie es, sich zusammen zu raufen oder einer von ihnen kündigt.

   b) Ich setze mich mit den beiden zusammen und mache ihnen klar, dass ich ein professionelles Verhalten von ihnen erwarte und dass sie sich gefälligst am Riemen reißen sollen, da ihnen sonst ernsthafte Schwierigkeiten drohen.

   c) Als erstes spreche ich mit beiden unter vier Augen. Die weiteren Schritte hängen davon ab, wo das Problem liegt. Mein oberstes Ziel in solchen Situationen lautet, die Lage zu entspannen, ohne einen wertvollen Mitarbeiter zu verlieren oder die Arbeit der restlichen Teammitglieder zu beeinträchtigen.

7. Ihr Unternehmen wurde kürzlich von einer größeren Firma aufgekauft, was natürlich die Streichung von Stellen zur Folge hat. Keiner weiß, was auf ihn zukommt, und Ihre Mitarbeiter sind verängstigt und verunsichert. Wie stehen Sie ihnen in diesen schweren Zeiten bei?

   a) Ich mache gar nichts – schließlich steckt mein Kopf vielleicht auch schon in der Schlinge.

   b) Ich verspreche ihnen hoch und heilig, dass ich alles tun werde, um ihre Arbeitsplätze zu sichern, auch wenn ich eigentlich nicht den nötigen Einfluss habe, das zu verhindern.

   c) Ich mache ihnen bei einer Besprechung klar, dass ich ihre Sorgen durchaus nachvollziehen kann und selbst beunruhigt bin. Ich versichere ihnen, sie über die jüngsten Entwicklungen auf dem Laufenden zu halten und teile ihnen mit, dass sie mit ihren Sorgen und Nöten jederzeit zu mir kommen können. Ich danke ihnen für ihre Arbeit und ihren Einsatz in den letzten Jahren und mache ihnen klar, dass wir gemeinsam auch diese Krise meistern werden.

8. Eine Ihrer Mitarbeiterinnen kommt jeden Tag eine halbe Stunde zu spät und geht freitags immer eine halbe Stunde früher. Sie führt mindestens zwei Mal täglich Privatgespräche mit ihrem Ehemann und spricht dabei so laut, dass das ganze Büro mithören kann.

Manchmal versäumt sie wichtige Termine, was viel Extraarbeit für ihre Kollegen bedeutet, weshalb sich diese schon mal über sie beschweren. Wie gehen Sie mit diesem Problem um?

a) Ich kopiere den Abschnitt über Arbeitszeiten und Telefongespräche aus dem Regelwerk meines Unternehmens und lege ihr die Kopien auf den Tisch. Um künftige Terminverzögerungen zu vermeiden, bitte ich ihre Kollegen, bei der Zuweisung von Projekten künftig gleich eine Woche mehr einzuplanen.

b) Ich spreche sie vor allen anderen auf ihre Unpünktlichkeit an. Dann versetze ich sie an einen Arbeitsplatz, den ich von meinem Büro aus gut einsehen kann, so dass ich mitbekomme, mit wem sie gerade telefoniert. Außerdem drohe ich ihr mit der Kündigung, wenn sie noch einmal zu spät kommt.

c) Ich erkläre ihr unter vier Augen, dass ich mit ihr gerne über ihr leider problematisches Verhalten reden möchte. Als erstes spreche ich über die versäumten Termine und Abgabefristen, da es ihre Kollegen belastet. Ich versuche mit ihr gemeinsam herauszufinden, woran es liegt und helfe ihr beim Erstellen eines Plans, wie sich das in Zukunft vermeiden lässt. Anschließend erläutere ich ihr, was die Firmenpolitik über Arbeitszeiten und Privatgespräche sagt und bitte sie, sich entsprechend zu verhalten, da ich weiß, dass ich auf ihren Sinn für Gerechtigkeit gegenüber den Kollegen zählen kann.

9. Zwei Ihrer Teammitglieder sind im Urlaub und einer ist schon seit längerer Zeit krank. Der Rest des Teams strengt sich mächtig an, um die zusätzliche Arbeit zu erledigen, aber so nach und nach machen sich erste Zeichen der Erschöpfung breit. Ausgerechnet jetzt landet ein größeres Projekt mit der Bitte um rasche Erledigung auf Ihrem Schreibtisch, und Sie wissen genau, dass dadurch jeder an seine persönlichen Grenzen stößt. Wie reagieren Sie?

   a) Ich nehme ein paar Tage frei, um einen klaren Kopf zu gewinnen.

   b) Ich bereite meine Leute darauf vor, dass eine harte Zeit auf sie zukommt und stelle ihnen eine besondere Belohnung in Aussicht, sobald das Projekt abgeschlossen ist.

   c) Ich frage jeden einzelnen Mitarbeiter, wie ausgelastet er zurzeit ist und welche Termine er einhalten muss. Wenn ich dann zu dem Schluss komme, dass wirklich jeder bis über beide Ohren in Arbeit steckt und ein weiteres Projekt einfach nicht zu schaffen ist, hole ich einen Berater und Zeitarbeiter dazu, um meine Leute zu entlasten.

10. Meiner Meinung nach kann ein Manager seine Mitarbeiter motivieren, indem er

   a) sie nicht herumkommandiert und nicht von oben herab behandelt.

   b) in sämtliche Betriebsabläufe einbezogen wird und über sämtliche Einzelheiten informiert ist.

   c) ehrlich begeistert von der Arbeit seiner Mitarbeiter und stolz auf sie ist.

Die Auflösung

Wenn Sie überwiegend Antwort »c« angekreuzt haben, sind Sie im Allgemeinen durchaus in der Lage, Ihre Mitarbeiter zu motivieren. Sie setzen dabei unterschiedliche Methoden sehr effizient und flexibel ein. Wenn Sie bei einigen Fragen mit »a« oder »b« geantwortet haben, sehen Sie einfach im Motivationsindex unten nach, welche Kapitel Sie besonders sorgfältig lesen sollten, um Ihre Fähigkeiten zu optimieren.

Wenn Sie überwiegend mit »b« geantwortet haben, könnte man Sie durchaus als übereifrigen Manager bezeichnen. Sie geben zwar Ihr Bestes, um Ihre Mitarbeiter zu motivieren, aber in manchen Fällen geht der Schuss nach hinten los. Sie verwechseln des Öfteren Mikromanagement mit Motivation und Sie neigen dazu, zu viel des Guten zu tun und über das Ziel hinauszuschießen, indem Sie Versprechen geben, die Sie nicht halten können. Vielleicht liegt es daran, dass Sie nicht genau wissen, was Motivation eigentlich ist und wie sie funktioniert. Lesen Sie bitte unten im Motivationsindex nach, auf welche Kapitel Sie sich konzentrieren sollten.

Sie haben fast ausschließlich mit »a« geantwortet? Nun, dann sind Sie wohl eher ein passiver Typ. Durch Ihre generell abwartende Haltung machen Sie auch den Fehler, in Sachen Motivation die Zügel zu sehr schleifen zu lassen. Vielleicht haben Sie ja das Gefühl, als könnten Sie nichts tun, um Ihre Mitarbeiter zu motivieren. Das mag daher rühren, dass Sie glauben, dass Motivation aus einem selbst, also von innen, kommt – ein weit verbreiteter Irrglaube. Sehen Sie im Motivationsindex nach, was Sie verbessern können.

Motivationsindex

Was Sie tun können, wenn Sie des Öfteren mit »a« oder »b« auf meine Fragen geantwortet haben:

Frage 1: Lesen Sie Kapitel 2 und 10.

Frage 2: Konzentrieren Sie sich auf Kapitel 7 und 11.

Frage 3: Ich lege Ihnen besonders Kapitel 4 und 5 ans Herz.

Frage 4: In Kapitel 6 erfahren Sie Näheres.

Frage 5: Kapitel 10 und 11 bieten neue Ideen.

Frage 6: In Kapitel 19 steht, was Sie wissen müssen.

Frage 7: In Kapitel 18 finden Sie nützliche Strategien.

Frage 8: Für Sie ist vor allem Kapitel 19 interessant.

Frage 9: Halten Sie sich an die Vorschläge aus Kapitel 18 und 20.

Frage 10: Meine Empfehlung für Sie: Kapitel 2 und 7.

Ich sehe was, was du nicht siehst ... – Strategische Visionen

2

In diesem Kapitel

- Vorbild sein
- Sich selbst motivieren
- Den Weg vorgeben
- Anderen die eigene Vision nahe bringen

Andere zu motivieren ist alles andere als einfach, vor allem dann, wenn jemand gar nicht motiviert werden will. Andererseits sollten Sie sich mal fragen, wie Sie andere motivieren wollen, wenn Sie es selbst nicht sind.

In diesem Kapitel zeige ich Ihnen nicht nur, wie Sie sich selbst dauerhaft motivieren, sondern auch, wie Sie anderen ein Vorbild sein können. Außerdem erfahren Sie, wie Sie Ihren Mitarbeitern die Firmenvision – das Bild vom großen Ganzen – vermitteln können.

Nur wer selbst motiviert ist, kann auch andere motivieren

Andere zu motivieren heißt, sie dazu zu bringen, aktiv zu werden. Befugnisse, Kommunikation, Training und eine gute Bezahlung – darüber erfahren Sie in Teil II mehr – tragen dazu bei, andere zu motivieren, zu inspirieren und aufzubauen. Sie dürfen jedoch auch Ihre Rolle als Führungskraft nicht unterschätzen, denn Sie geben den Ton an. Ihre Kollegen und Mitarbeiter werden Ihrem Beispiel folgen. Das gilt auch im negativen Sinn. Stellen wir uns einmal vor, Sie sind schlecht gelaunt, weil nichts klappt und schnauzen einen Ihrer Mitarbeiter an. Vermutlich ist seine gute Laune nun auch dahin und er wird seinen Frust an jemand anderem auslassen – ein Teufelskreis.

Eine Führungskraft kann jeder sein, doch eine gute Führungskraft schafft eine positive Grundhaltung und somit auch positive Ergebnisse.

Wenn Sie Ihre Leute bitten, trotz gekürzter Mittel und Personalmangel noch produktiver zu arbeiten – und genau das passiert derzeit in vielen Unternehmen – benötigen Sie die Fähigkeit, Ihre Mitarbeiter für Ihre Arbeit begeistern zu können. Gelingt Ihnen das nicht, können Sie nicht erwarten, dass Sie es mit motivierten Mitarbeitern zu tun haben. (Damit ist jedoch nicht gemeint, dass Sie Ihre Mannschaft wie ein Fußballtrainer in der Halbzeitpause anfeuern).

In einer kürzlich von Accountempts durchgeführten Studie gab über ein Drittel der befragten Führungskräfte an, dass eine positive Grundeinstellung zu den Eigenschaften gehört, die sie am meisten an ihren Angestellten schätzen. Die Unternehmen sind auf der Suche nach Managern, die ihre Mitarbeiter motivieren und halten können – was bei einem Mangel an qualifizierten Kräften auf dem Arbeitsmarkt besonders wichtig ist. Die Fähigkeit, sich selbst und andere für eine Aufgabe zu begeistern gewinnt immer mehr an Bedeutung, da es immer weniger Arbeitsplätze gibt, die dem traditionellen Muster entsprechen, sondern die Aufgaben unserer Arbeitnehmer immer vielschichtiger und verantwortungsvoller werden.

Die richtige Einstellung entwickeln

Es ist richtig, dass Sie nicht beeinflussen können, was Ihnen widerfährt. Richtig ist aber auch, dass es ganz alleine an Ihnen liegt, wie Sie darauf reagieren. Die Erkenntnis, dass Sie sich für eine optimistische Einstellung entscheiden können, selbst wenn Ihr wichtigstes Projekt gerade den Bach heruntergeht, ist zwar nicht unbedingt sehr tröstlich, langfristig gesehen ist eine positive Grundhaltung aber das Beste, was es gibt.

Anders ausgedrückt, wenn Sie sich nicht motiviert fühlen, liegt es daran, dass Sie sich dafür entschieden haben. Natürlich gibt es noch viele weitere Faktoren wie gesundheitliche Probleme oder schlechte Bezahlung, aber letzten Endes sind Sie alleine dafür verantwortlich, was Sie tun und was nicht – und wie Sie sich fühlen. Sie können sich dazu entscheiden, motiviert zu sein.

Begeisterung und Optimismus sind ansteckend. Wenn Sie sich für eine optimistische und positive Grundeinstellung entscheiden, werden Sie bald viele Nachahmer haben.

Nehmen wir einmal an, ein brandeiliger Termin rückt immer näher, und zu allem Übel stürzt das Firmennetzwerk ab. Gerade in so einer brenzligen Situation ist eine positive Grundeinstellung noch viel wichtiger als wenn alles wie am Schnürchen läuft. Dadurch reduziert sich nämlich Ihr Stress, und Sie können sich auf Ihre Aufgaben konzentrieren, anstatt in Panik oder Agonie zu verfallen. Außerdem wirkt Ihr Verhalten ansteckend auf andere, und gemeinsam können Sie den Karren bestimmt aus dem Dreck ziehen.

Natürlich klingt das in der Theorie viel einfacher als es in Wirklichkeit ist. Nichtsdestotrotz hier ein paar Tipps, wie Sie Ihren Optimismus auch in kritischen Situationen behalten können:

- **Lachen Sie darüber.** Humor baut nicht nur Spannungen ab, sondern schafft auch eine lockere Stimmung. Managern aus der Werbebranche wurde von The Creative Group folgende Frage gestellt: »Wie wichtig ist es, Sinn für Humor zu haben, um in das obere Management aufzusteigen?« Für 51 Prozent der Befragten ist Humor ein sehr wichtiger Faktor, und für 46 Prozent zumindest ein wichtiger. (Mehr zum Thema Humor finden Sie im nächsten grau hinterlegten Kästchen.)

- ✔ **Seien Sie kooperativ und zugänglich.** Zeigen Sie Teamgeist, halten Sie sich an Termine, leisten Sie hervorragende Arbeit und stellen Sie anderen Ihre Erfahrung und Ihr Wissen zur Verfügung, um ihnen den Erfolg zu ermöglichen. Bieten Sie an, dass Sie in dringenden Fällen einspringen. Ihre Hilfsbereitschaft wird garantiert bemerkt und anerkannt werden, und steckt vermutlich Ihre Kollegen und Mitarbeiter an. Außerdem macht die Arbeit doch viel mehr Spaß, wenn man gegenseitig nett zueinander ist, oder?
- ✔ **Sorgen Sie für eine offene Kommunikation.** Viele Probleme treten erst gar nicht auf, wenn man offen und ehrlich miteinander umgeht. Bereits vorhandene Probleme lassen sich viel einfacher lösen, wenn die Kommunikation stimmt. Stellen Sie Fragen, anstatt einseitige Reden zu schwingen – damit vermeiden Sie, dass Sie von falschen Voraussetzungen ausgehen und stellen sicher, dass jeder weiß, was läuft.
- ✔ **Bleiben Sie ruhig.** Auch in schwierigen Situationen dürfen Sie nicht zulassen, dass Sie aufgrund des Stresses und Ihrer Emotionen den Kopf verlieren. Atmen Sie tief durch und schalten Sie Ihr Gehirn ein, bevor Sie den Mund aufmachen.
- ✔ **Tragen Sie aktiv zur Problemlösung bei.** Es genügt nicht, dass Sie ein Problem erkannt haben – schlagen Sie Lösungen vor. Und bitten Sie Ihre Mitarbeiter, das auch zu tun.
- ✔ **Suchen Sie sich Ihre Freunde gut aus.** Missmut und Pessimismus sind genauso ansteckend wie Optimismus. Wenn Sie dauernd mit schlecht gelaunten und pessimistischen Geschäftspartnern und Mitarbeitern zu tun haben, werden Sie sich über kurz oder lang von deren negativer Einstellung anstecken lassen.
- ✔ **Ziehen Sie sich zurück.** Wenn Sie mal einen schlechten Tag haben oder in einer Krise stecken, ist es vielleicht besser, wenn Sie sich für einige Zeit zurückziehen. Auf diese Weise verhindern Sie, dass Sie Dinge sagen oder tun, die Ihnen anschließend Leid tun.
- ✔ **Verbreiten Sie gute Nachrichten.** Sobald etwas Angenehmes passiert, sollten Sie das anderen mitteilen und die dafür Verantwortlichen loben. Hat zum Beispiel eine neue Firmenpolitik dazu beigetragen, dass Sie Ihre Arbeitsbelastung besser verteilen konnten, sollten Sie das Ihren Vorgesetzten wissen lassen. Hält ein Kollege eine ausgezeichnete Präsentation, dann sagen Sie das auch! Anerkennung sorgt im Nu dafür, dass Sie und Ihre Mitarbeiter sich gut fühlen.

Sich selbst motivieren

Motivation ohne ein bestimmtes Maß an Leidenschaft ist ein Ding der Unmöglichkeit. Haben Sie jemals feststellen können, dass sich die Leute selbst übertreffen, wenn sie aus vollem Herzen bei der Sache sind? Na also! Wenn Sie voll und ganz hinter Ihrer Arbeit stehen, ist Ihnen der Erfolg so gut wie sicher.

Trifft das jedoch nicht auf Sie zu, werden Sie auch nicht Ihr Bestes geben. Doch kein Grund zur Panik: Sie können lernen, sich selbst zu inspirieren, sich für Ihre Arbeit zu begeistern und zur Höchstform aufzulaufen.

Warum Humor funktioniert

Niemand hat es gerne mit einem Spielverderber zu tun – also mit jemanden, der ständig nur das Negative sieht und sich andauernd beschwert. Egal, wie sehr Sie sich bemühen und ihn mit Ihrer guten Laune und Ihrem Optimismus anstecken wollen, meist enden Gespräche mit einem solchen Menschen damit, dass Sie ebenfalls schlechte Laune bekommen.

Humor kann Ihrer Karriere echten Auftrieb geben. Sind Sie guten Mutes und optimistisch gestimmt, können Sie über Dinge lachen, die Sie oder andere sonst an den Rand des Zusammenbruchs treiben würden. Außerdem fällt es Ihnen dann einfacher, eine Beziehung zu Ihren Mitarbeitern aufzubauen, was wiederum die Kommunikation erleichtert und ein angenehmes Arbeitsklima schafft.

Was können Sie jedoch tun, wenn die Dinge anders laufen als erhofft? Versuchen Sie, auch Krisensituationen etwas Positives abzugewinnen. Wenn nichts Ihre gute Laune beeinträchtigen kann, ist der Stress durch enge Termine und Konkurrenzverhalten nur halb so schlimm (Näheres zum Umgang mit Stress finden Sie in Kapitel 20).

Hier noch eine Warnung: Humor ist natürlich nicht in jeder Situation angebracht. Machen Sie außerdem niemals einen Kollegen oder Mitarbeiter zum Gegenstand Ihrer Witze. Ebenfalls zu vermeiden sind rassistische, frauen- oder männerfeindliche Witze oder menschenverachtende Anspielungen.

Was immer Sie tun, es genügt nicht, sich zu wünschen, dass alles anders wäre. Tun Sie etwas dafür!

Sie sollten stolz auf Ihre Arbeit sein

Stolz ist schon eine merkwürdige Sache – immerhin kann er darüber entscheiden, ob Sie sich gut oder schlecht fühlen. Sicherlich haben auch Sie schon einmal ein Projekt mit Volldampf durchgezogen, um den Abgabetermin nicht zu versäumen. Wenn Sie mehr Zeit gehabt hätten, hätten Sie den ein oder anderen Absatz Ihrer Empfehlung, der so alles andere als flüssig klang, bestimmt noch umgeschrieben oder zumindest eine Rechtschreibprüfung gemacht. Oder zusammen mit einem Mitarbeiter über ein paar Punkte gesprochen, die Ihnen unklar waren. Doch leider war dazu keine Zeit, was – unweigerlich – zu größeren oder kleineren Fehlern führte. Mit Sicherheit waren Sie alles andere als stolz auf Ihre Leistung.

Schlimmer noch ist es bei heikleren Angelegenheiten, die über den Alltagskram hinausgehen. Sagen wir einmal, Ihr Unternehmen möchte, dass Sie und Ihr Team ein prestigeträchtiges Projekt bearbeiten, mit dem sich Millionen verdienen lassen. Ärgerlicherweise läuft nichts wie geplant. Nun haben Sie nicht nur einen erheblichen Gewinn in den Sand gesetzt, sondern auch Ihr Stolz und Ihre Selbstachtung haben einen herben Tiefschlag erlitten.

Doch wenn alles bestens läuft – weil Sie sich um die Details kümmern und Ihr Team um den Rest... Wie fühlen Sie sich dann? Genau, fantastisch. Sie könnten vor Freude in die Luft springen, Ihr Vorgesetzter liebt Ihr Projekt und Ihre Mitarbeiter spüren deutlich Ihre Superstimmung. Möchten Sie nicht auch, dass sich Ihre Mitarbeiter genauso fühlen und verhalten?

Wenn Sie das Gefühl haben, dass Sie alles andere als stolz auf die geleistete Arbeit sein können, sollten Sie sofort etwas unternehmen. Es nützt Ihnen gar nichts, hinterher zu jammern – reißen Sie das Ruder herum, solange noch Zeit dafür ist. Wenn Sie schlampige Arbeit leisten, bringen Sie sich nicht nur um ein Erfolgserlebnis, sondern brauchen anschließend wahrscheinlich länger, um Fehler wieder auszubügeln als wenn Sie gleich ordentliche Arbeit geleistet hätten.

Was, wenn Sie Ihr Bestes gegeben und trotzdem versagt haben? Rücken Sie die Dinge ins rechte Licht! Sie haben alles gegeben, und das ist es, was zählt. Nun sollten Sie sich fragen, was Sie aus Ihren Fehlern lernen können. Woran ist Ihr Projekt letztendlich gescheitert? Was können Sie beim nächsten Mal anders machen? Und dann schließen Sie die Angelegenheit ab und arbeiten weiter. Es hilft niemanden, wenn Sie sich Ihren Fehler wieder und wieder vorwerfen.

Geben Sie immer Ihr Bestes, egal, was Sie gerade tun. Sie werden sehen, dass andere das bemerken und es Ihnen gleich tun.

Üben Sie sich im Zeitmanagement

Der Faktor Zeit spielt bei jedem Projekt eine große Rolle. Wenn Sie ständig unter Termindruck stehen und sich überlastet fühlen, ist es sehr schwer, gute Arbeit zu leisten.

Ein effektives Zeitmanagement ist absolut notwendig. Sehen wir uns kurz an, welchen Unterschied es zum Beispiel bei Herb und Elisabeth macht. Beide haben denselben Job, sind für dieselbe Anzahl an Projekten verantwortlich und müssen denselben Arbeitsaufwand bewältigen. Elisabeth arbeitet 40 Stunden in der Woche, leistet hervorragende Arbeit, ist positiv, voller Energie und optimistisch. Herb dagegen arbeitet 60 Stunden in der Woche, arbeitet schlampig, ist gestresst und steht kurz vor dem Zusammenbruch. Wenn nicht der Arbeitsaufwand das Problem ist, was dann? Exakt, das Zeitmanagement. Elisabeth beherrscht es, Herb muss es noch lernen.

Ihr Zeitmanagementgeschick entscheidet über Ihren Erfolg! Ordnen Sie Ihre Aufgaben nach Prioritäten und planen Sie Ihren Tagesablauf. (Mehr dazu finden Sie auf den nächsten Seiten.)

Klopfen Sie sich ruhig mal selbst auf die Schulter

Wenn alles nicht so läuft wie erhofft, verliert man schnell den Mut. Dasselbe gilt natürlich auch für Ihre Mitarbeiter. Doch gerade in schwierigen Zeiten ist Zuversicht besonders wichtig. Legen Sie sich doch einfach einen »Wohlfühl-Ordner« an, der Sie in schlechten Zeiten aufmuntert.

In einem »Wohlfühl-Ordner« steckt alles, was Ihnen und Ihrem Team gut tut. Sie haben doch sicherlich schon einige Mails erhalten, in denen Sie für ausgezeichnete Arbeit gelobt werden? Na fein, drucken Sie sie aus und legen Sie sie in diesem Ordner ab. Das gleiche machen Sie mit dem Foto vom letzten Betriebsausflug, auf dem deutlich zu sehen ist, wie viel Spaß Sie alle hatten.

Wenn etwas schief läuft – Ihr Team kommt nicht in die Gänge oder ein unvorhergesehenes Hindernis tritt auf – nehmen Sie Ihren Wohlfühl-Ordner zur Hand und feiern gedanklich vergangene Erfolge.

Denken Sie an Dinge, die Spaß machen – auch wenn es nicht die Arbeit ist

Sicherlich haben Sie es auch schon unzählige Male gehört: Machen Sie Ihr Hobby zum Beruf, dann rollt der Rubel. Leider haben nur wenige Menschen diese Möglichkeit. Ich persönlich kenne nur einen, der sich sein Geld mit etwas verdient, was ihm wirklich Spaß macht, wobei es sich dabei auch nicht um sein Hobby handelt. Aber immerhin ist er damit so erfolgreich, dass er seiner Leidenschaft in der Freizeit nachgehen kann.

Wenn es Ihnen nicht gelingen mag, ein leidenschaftliches Gefühl für Ihre Arbeit zu entwickeln, suchen Sie sich ein Hobby, das Sie wirklich begeistert. Gleitschirmfliegen, Kochen, Radfahren, was auch immer. Der Trick ist, das Gefühl der Leidenschaft verspüren zu können, ob nun während der Arbeit oder danach.

Planung ist das A und O

Bestimmen Sie Ihren Tagesablauf oder bestimmt Ihr Tagesablauf Sie? Suchen Sie häufig eine Viertelstunde nach einer bestimmten Notiz? Kommen Sie oft zu spät zu Besprechungen? Haben Sie schon mal ein wichtiges Projekt vergessen? Dann ist Planung für Sie ein Muss – und zwar gleich!

Wie bitte? Sie haben keine Zeit dafür? Nein, nein! Ganz im Gegenteil, Sie können es sich gar nicht leisten, dafür *keine* Zeit zu haben. Mit folgenden Tipps können Sie Ihr Arbeitsleben besser organisieren:

- ✔ **Schaffen Sie sich einen guten Terminplaner an.** Das Wichtigste zuerst: Die Betonung liegt auf »gut«. Wenn Sie ihn dann auch noch richtig nutzen, wird er schon bald absolut unverzichtbar sein. Tragen Sie alles ein – Termine, To-do-Listen, wichtige Adressen, Telefonnummern und auch private Angelegenheiten. (Sicherlich möchten Sie nicht aus Versehen eine abendliche Besprechung an Ihrem Hochzeitstag eintragen, oder?) Womit wir bei Punkt 2 angelangt wären: Verwenden Sie immer nur einen Planer.
- ✔ **Stellen Sie eine To-do-Liste auf.** Denken Sie über jedes Projekt nach, an dem Sie gerade arbeiten. Was können Sie tun, um es erfolgreich abzuschließen? Wenn Sie dafür jemanden anrufen müssen, notieren Sie das. Wenn Sie dafür etwas bestellen

müssen, tragen Sie diese Aufgabe ebenfalls ein. Sie müssen einige Recherchen anstellen? Korrekt – auch das gehört in Ihre Liste.

✔ **Setzen Sie Prioritäten.** Nachdem Ihre To-do-Liste fertig ist, müssen Sie die einzelnen Punkte nach Dringlichkeit sortieren. Fragen Sie sich, wann jeder einzelne Punkt erledigt sein muss. Ist ein Punkt die Voraussetzung für den nächsten? Dinge, die sofort erledigt werden müssen, genießen oberste Priorität, ebenso wie Dinge, auf denen andere aufbauen. Markieren Sie diese mit »A«. (Sie brauchen zum Beispiel Informationen von Ihrer Kollegin, damit Sie Ihren Bericht bis 1. Mai fertig stellen können. Sie hat in der letzten Aprilwoche Urlaub, und heute haben wir schon den 18. April. Sie müssen also schnell handeln!) Diese und ähnliche Dinge sollten Sie möglichst noch am selben Tag erledigen. Am zweitwichtigsten (also mit »B« markierte Aufgaben) ist alles, was Sie zwar nicht unbedingt brauchen, was aber ganz gut wäre. Und zu guter Letzt kommt alles, was zwar erledigt werden muss, aber Zeit hat.

Nachdem Sie jeder Aufgabe einen Buchstaben zugewiesen haben, lesen Sie alle mit »A« gekennzeichneten Punkte durch und bringen sie in eine Rangfolge. Das heißt, die wichtigste Aufgabe wird mit »A1« gekennzeichnet, die zweitwichtigste mit »A2«, und so weiter.

✔ **Was aufgeschrieben ist, können Sie getrost vergessen.** Okay, okay, so ganz wörtlich ist das natürlich nicht gemeint. Vergessen dürfen Sie es nicht, aber Sie brauchen auch nicht ständig daran zu denken. Sagen wir einmal, Sie müssen sich so bald wie möglich mit Mike aus der Buchhaltung treffen, doch diese Woche hat er Urlaub. Notieren Sie also zum Datum seiner Rückkehr »Treffen mit Mike vereinbaren«, und bis Sie dieses Datum im Planer aufschlagen, brauchen Sie nicht mehr an diese Aufgabe zu denken.

Ebenso verfahren Sie mit ähnlichen Angelegenheiten. Sagen wir einmal, Sie benötigen wichtige Informationen von Stella, die sie Ihnen in zwei Wochen geben will. Nun blättern Sie in Ihrem Terminplaner auf diesen Termin vor und tragen »Stella wegen Informationen kontaktieren« ein. Damit stellen Sie sicher, dass Sie das nicht vergessen.

✔ **Nehmen Sie Post nur einmal in die Hand.** Wenn Sie Ihre Geschäftspost durchsehen, sollten Sie jedes Anschreiben nur einmal in die Hand nehmen. (Das empfiehlt sich übrigens auch für Ihre Privatpost.) Lassen Sie Briefe nicht auf Ihrem Schreibtisch liegen, bis Sie sich entschieden haben, was Sie damit tun sollen. So viele Möglichkeiten gibt es ja schließlich nicht: Entweder gleich wegschmeißen, weiterleiten, abheften oder in einen Aktenordner mit dem Aufdruck »Lesen« ablegen. Sehen Sie, so einfach ist das.

✔ **Hinterlassen Sie eindeutige Nachrichten auf dem Anrufbeantworter.** Unklare Aussagen auf dem Anrufbeantworter sind eine enorme Zeitverschwendung. Auf Nachrichten wie »Hallo, hier ist Barbara, ruf mich bitte zurück« können Sie doch auch verzichten, nicht wahr? Sie kennen das sicher. Sie rufen zurück, und nun ist sie nicht zu sprechen. Dann ruft sie wieder zurück, und Sie sind wieder unterwegs ... dieses Spielchen lässt sich unendlich fortsetzen. Schluss damit! Sprechen Sie eine detaillierte

Nachricht aufs Band, zum Beispiel dass Sie mehr über die Marktforschungsergebnisse wissen möchten. Auf diese Weise ist auch schnell geklärt, wenn Barbara gar nicht der richtige Ansprechpartner ist.

- ✔ **Rechnen Sie mit unerwarteten Ereignissen.** Verplanen Sie keinesfalls acht Stunden Ihres achtstündigen Arbeitstages. Was machen Sie dann, wenn einer Ihrer Mitarbeiter dringend Ihre Hilfe braucht? Oder urplötzlich eine wichtige Besprechung einberufen wird? Planen Sie Zeit für das Unvorhergesehene und verplanen Sie höchstens sechs Stunden je Arbeitstag. Sollte einmal wirklich nichts dazwischen kommen, machen Sie einfach einmal zwei Stunden eher Schluss, schließlich sind Sie Ihrem Plan zwei Stunden voraus.
- ✔ **Räumen Sie auf, bevor Sie nach Hause gehen.** Keiner arbeitet gerne in einem unordentlichen, schlampigen Büro. Räumen Sie also auf, bevor Sie nach Hause gehen oder wollen Sie am nächsten Morgen dasselbe Chaos wie kurz vor Feierabend vorfinden? (Wenn Sie sich an die Tipps zum Zeitmanagement halten, sollte damit allerdings endgültig Schluss sein!)

Noch viel mehr Tipps zu diesem Thema finden Sie in *Zeitmanagement für Dummies*, Jeffrey J. Mayer, 2. Auflage 1999.

Besuchen Sie Kurse

Sie sind Buchhalter und stehen auf Innenarchitektur? Dann leben Sie Ihre Kreativität doch einfach aus! Besuchen Sie zum Beispiel einen Kurs an der Volkshochschule. Sie kochen gerne? Dann spricht doch nichts dagegen, einmal ein Wochenende bei einem Meisterkoch zu verbringen und seine Tricks zu lernen. Was dahinter steckt? Ganz einfach: Wenn Sie sich mit etwas beschäftigen, das Sie wirklich sehr sehr gerne tun, hebt das Ihre Stimmung gewaltig, verleiht Ihnen Energie und – besonders wichtig – steckt Ihre Kollegen und Mitarbeiter an.

Hier ein paar Vorschläge, wo Sie nach Kursen und Veranstaltungen suchen können:

- ✔ Surfen Sie im Internet.
- ✔ Lesen Sie in der Tageszeitung die Veranstaltungstipps nach.
- ✔ Rufen Sie in der Volkshochschule an und fragen Sie nach Kursen.
- ✔ Schauen Sie im Branchenverzeichnis nach, ob Sie etwas Passendes finden.
- ✔ Fragen Sie Ihre Freunde, ob Sie sich ihnen anschließen können.

Treffen Sie sich mit Freunden

Sie fühlen sich niedergeschlagen? Überarbeitet? Lustlos? Dann verabreden Sie sich einmal wieder mit Freunden zum Essen. Es geht doch nichts über einen geselligen Abend, an dem man seine Sorgen und Nöte vergisst. Außerdem tut Ablenkung ganz gut – Sie werden sehen, dass Ihnen genau dann eine tolle Lösung für Ihr Problem einfällt, wenn Sie sich eine Zeit lang mit etwas völlig anderem beschäftigt und abgelenkt haben.

Gute Freunde helfen Ihnen nicht nur dabei, Stress abzubauen, sondern erinnern Sie daran, dass das Leben aus weit mehr besteht als aus der Arbeit. Wenn Sie den Abend mit Ihren Arbeitskollegen verbringen, sollten Sie über andere Dinge und nicht die Arbeit reden!

Machen Sie mal etwas ganz anderes

Haben Sie manchmal das Gefühl, dass Sie Abwechslung bräuchten? Natürlich können Sie mal einen anderen Weg zur Arbeit einschlagen, aber vielleicht braucht es ja doch mehr, um Sie zu motivieren. Brechen Sie doch einmal aus Ihrem Alltag aus! Besser, als neue Wegstrecken auszuprobieren, ist es auf jeden Fall, wenn Sie sich mal zwischendurch einen Tag frei nehmen.

Was halten Sie davon, mal wieder ein gutes Buch zu lesen oder etwas ganz Außergewöhnliches zu tun, zum Beispiel Drachenfliegen? Sie sind zufällig Chefkoch? Na, dann wäre es doch eine schöne Abwechslung, wenn Sie sich mal im besten Restaurant Ihrer Stadt bekochen lassen, oder?

Entspannen Sie sich am Wochenende

Wochenende sollten ganz der Entspannung dienen. Es scheint, als würde das immer mehr in Vergessenheit geraten, denn viele Leute nutzen das Wochenende dafür, die Dinge zu erledigen, zu denen sie unter der Woche nicht gekommen sind.

Wenn Sie tagein, tagaus arbeiten und kein Ende in Sicht ist, zehrt das ganz schön an Ihren Kräften. Nehmen Sie sich bitte keine Arbeit über das Wochenende mit nach Hause, außer in ganz dringenden Fällen, wenn es sich gar nicht vermeiden lässt (das sollte aber die Ausnahme, und nicht die Regel sein).

Übrigens, sich am Wochenende zu entspannen gilt natürlich auch für den privaten Bereich. Ja, ja, ich weiß, da muss Wäsche gewaschen, gebügelt werden, der Kühlschrank ist gähnend leer, und so weiter. Nichtsdestotrotz sollten Sie sich mal ein faules Wochenende gönnen. Bringen Sie Ihre Wäsche unter der Woche zur Reinigung und gehen Sie nach Feierabend einkaufen – dann können Sie ein unbeschwertes freies Wochenende in vollen Zügen genießen.

Machen Sie mal Urlaub

Gehören Sie auch zu denjenigen, die jedes Jahr noch Resturlaub haben? Schluss damit! Sie brauchen Urlaub, um wieder zu neuen Kräften zu kommen.

Sie müssen ja nicht unbedingt weg fahren, um Spaß zu haben. Man kann sich durchaus auch zu Hause erholen. Hängen Sie das aber nicht an die große Glocke! Sonst klingelt andauern das Telefon, weil Ihren Kollegen noch etwas ganz Wichtiges eingefallen ist – und Sie wollten doch ausspannen, oder?

Wenn Sie doch lieber verreisen möchten, sollten Sie Ihren Urlaub *planen*, egal wie beschäftigt Sie auch sein mögen. Durch eine sorgfältige Planung schützen Sie sich vor unliebsamen Überraschungen und können Ihren Urlaub so richtig genießen. Oder finden Sie es entspannend, am Urlaubsort anzukommen, um vor Ort zu erfahren, dass wegen der stattfindenden Messe sämtliche Hotels ausgebucht sind?

Brechen Sie aus dem Alltagstrott aus

Manchmal können Sie sich auch dadurch einen Motivationsschub verschaffen, indem Sie einfach Ihren Alltagstrott durchbrechen. Ein kleiner Bruch in der üblichen Routine ist vielleicht alles, was Sie benötigen, um die Dinge in einem anderen Licht zu sehen.

Besorgen Sie sich Ihren Nachmittagssnack doch einmal in einer anderen Bäckerei oder denken Sie sich ein neues Ablagesystem aus. Mal etwas anderes auszuprobieren verleiht ungeahnten Schwung.

Achten Sie auf Ihre Gesundheit

Ihr körperliches Befinden beeinflusst in hohem Maße, wie es Ihnen psychisch geht. Bei Sport und körperlicher Bewegung werden Endorphine frei gesetzt, was dazu führt, dass es Ihnen einfach nur gut geht. Und wer sich gut fühlt, ist auch motiviert, oder?

Sport sollte auch in Ihrem Leben eine Rolle spielen. Achten Sie auf eine gesunde Ernährung. (Ein schweres Mittagessen erhöht vermutlich nur Ihr Bedürfnis nach einem Nickerchen.) Vermeiden Sie Stress (Stress führt erwiesenermaßen zu einer Beeinträchtigung des Kurzzeitgedächtnisses). Wenn Sie diese Tipps befolgen, werden Sie sich nicht nur besser fühlen, sondern können klarer denken und haben mehr Energie. Vielleicht sehen Sie dann sogar auch längerfristige Probleme in einem anderen Licht.

Mehr Informationen zur Stressbewältigung finden Sie in Kapitel 20.

Mit gutem Beispiel vorangehen: moralische Maßstäbe setzen

Sobald Sie in einer leitenden Position tätig sind, dienen Sie anderen als Vorbild – ob Ihnen das passt oder nicht. Als Manager oder Abteilungsleiter setzen Sie mit Ihrem Verhalten und Ihrer Einstellung Maßstäbe, und Ihre Mitarbeiter werden sich an Ihrem Vorbild orientieren.

Sie wissen ja, dass schlechte Laune ansteckt, oder? Stellen Sie sich vor, Ihr Chef kommt mies gelaunt ins Büro. Wie lange dauert es, bis Sie »infiziert« sind? Und ehe Sie sich versehen, hat es auch Ihre Mitarbeiter »befallen« (obwohl es eigentlich Ihr Job ist, gerade das zu verhindern!).

Ein Vorbild zu sein, bedeutet mehr, als eine Einstellung zur Schau zu tragen, die man sich auch von seinen Mitarbeitern wünscht. Es geht vielmehr darum, sich als Vorbild zu verhalten, dem andere nacheifern. Wenn Sie wollen, dass alle Mitarbeiter um Punkt acht Uhr morgens mit der Arbeit beginnen, macht es keinen Sinn, wenn Sie selbst erst um acht auftauchen und dann erst einmal zehn Minuten in der Kaffeeküche plaudern. Wenn Sie wollen, dass jeder pünktlich zur Besprechung kommt und dass der Besprechungsleiter eine Tagesordnung aufstellt, müssen *Sie* genau das vorleben.

Achten Sie auf Ihre Wortwahl!

Ihre Worte haben große Bedeutung, vor allem dann, wenn Sie Ihren Worten auch wirklich Taten folgen lassen. Vielleicht ist es Ihnen aber noch nicht in den Sinn gekommen, dass die Wortwahl beeinflusst, wie das Gesagte bei Ihrem Gegenüber ankommt.

Nehmen wir einmal an, Ihr neuer Mitarbeiter kommt gerade frisch von der Universität. Hüten Sie sich davor, ihn als »unser Kleiner« zu bezeichnen, auch wenn Sie es überhaupt nicht herabsetzend meinen. Auch Spitznamen wie »faules Lieschen« sind fehl am Platz, vor allem, wenn sich Lieschen wirklich alle Mühe gibt und gerne auch mal Überstunden leistet.

Das Gleiche gilt natürlich auch für Ihr Feedback. Wenn Sie einen Mitarbeiter nur auf seine Fehler hinweisen, wird sich derjenige über kurz oder lang fragen, ob er Ihnen überhaupt irgendetwas recht machen kann. Wenn Sie aber gleichzeitig aufführen, was er gut gemacht hat, dürfte eine konstruktive Kritik am richtigen Platz keine negativen Gefühle aufkommen lassen.

Es wäre zum Beispiel völlig verkehrt, wenn Sie zu Holly, die sonst immer pünktlich zur Arbeit kam, sich diese Woche aber zweimal verspätet hat, sagen: »Ihre Unpünktlichkeit ist inakzeptabel. Noch einmal, und Sie sind gefeuert.«

Schalten Sie stattdessen einen Gang herunter und überlegen Sie sich Ihre Worte genau: »Holly, seit Sie für mich arbeiten, war Unpünktlichkeit noch nie ein Thema zwischen uns. Doch mir ist aufgefallen, dass Sie letzte Woche zwei Mal zu spät gekommen sind. Gibt es da ein Problem?« Geben Sie Holly die Möglichkeit, ihre Unpünktlichkeit zu erklären. Vielleicht ist sie erkältet, oder ihr Auto springt nicht an. Es gibt Tausende von Gründen für eine Verspätung. Ihr Ziel ist schließlich, dass Holly in Zukunft wieder pünktlich kommt, und nicht, dass sie gar nicht mehr kommt, oder?

Ihren Worten müssen Taten folgen

Insbesondere in der Geschäftswelt hat dieses Sprichwort nichts an Bedeutung verloren: »Taten zählen mehr als Tausend Worte«. Angestellte möchten, dass ihr Vorgesetzter auch wirklich tut, was er sagt. Selbstverständlich hört man Ihnen zu, wenn Sie etwas sagen, aber wenn Ihre Taten in krassem Widerspruch zu Ihren Worten stehen, hätten Sie sich Ihre Worte gleich sparen können.

Angestellte schließen aus Ihrem Verhalten darauf, was in Ihrer Abteilung akzeptabel ist. Sie sind sozusagen das Maß der Dinge. Das bedeutet, dass Sie sich so verhalten müssen, wie Sie es von anderen erwarten. Bei bloßen Lippenbekenntnissen Ihrerseits dürfte der Schuss nach hinten losgehen. Widerspricht sich das, was Sie sagen, mit dem, was Sie tun, breiten sich Zynismus und Misstrauen unter Ihren Mitarbeitern aus – also genau das Gegenteil von Motivation.

Hier ein paar Tipps, wie es Ihnen gelingt, Vorbild zu sein:

- ✔ Wenn Sie möchten, dass Ihre Mitarbeiter pünktlich aus der Mittagspause zurückkehren, sollten Sie das auch tun.
- ✔ Wenn Sie möchten, dass Termine und Vorschriften eingehalten werden, gilt das auch für Sie.
- ✔ Wenn etwas dazwischen kommt, und Sie deshalb nicht an einer Besprechung teilnehmen können, sollten Sie sich um einen Vertreter kümmern.
- ✔ Gilt in Ihrer Firma strikte Anwesenheitspflicht, erscheinen Sie jeden Tag zur Arbeit.
- ✔ Wenn Sie möchten, dass sich Ihre Leute gegenseitig unterstützen, sollten auch Sie so oft wie möglich Ihre Hilfe anbieten.
- ✔ Wenn Sie behaupten, dass Ihnen Ihre Mitarbeiter am Herzen liegen, müssen Sie das auch zeigen. Denken Sie zum Beispiel an Geburtstage, laden Sie sie gelegentlich zum Mittagessen ein und bedanken Sie sich regelmäßig für gute Arbeit.
- ✔ Wenn sich Ihre Mitarbeiter um neue Kollegen kümmern sollen, sollten Sie sie ebenfalls unter Ihre Fittiche nehmen.

Es sollte kein Problem für Sie sein, Ihren Worten Taten folgen zu lassen, wenn Sie Ihre Entscheidungen auf Grundlage der Unternehmensphilosophie treffen.

Treffen Sie Ihre Entscheidungen auf der Basis der Unternehmensphilosophie

Jede Ihrer strategischen Entscheidungen sollte in Übereinstimmung mit der Unternehmensphilosophie getroffen werden. Ihre Mitarbeiter sollten die im Unternehmen gültigen Wertvorstellungen in Ihren Entscheidungen erkennen können. Dient die Firmenphilosophie als Richtlinie für Ihr Verhalten und das Ihrer Mitarbeitern, gehen Sie garantiert in die richtige Richtung.

Wertvorstellungen und Prinzipien sind der erste Schritt in Richtung Befugnisse und Teamarbeit. Teilen alle Mitarbeiter eines Unternehmen dieselben Wertvorstellungen, ist das eine gute Voraussetzung für Spitzenleistungen, da dies das Wir-Gefühl erhöht und die Teamarbeit fördert. Und die Nebenwirkungen? Vertrauen, Loyalität, Stolz, Optimismus und gegenseitige Unterstützung sowie Stressabbau.

Hüten Sie sich davor, Ihre Entscheidungen nach dem Zufallsprinzip zu treffen. Wenn Sie sich nicht aufgrund Ihrer Überzeugungen für etwas entscheiden, können Sie ganz leicht ins Schwanken geraten ... und schon ist Ihre Glaubwürdigkeit dahin. Wenn Sie hingegen auf der Basis Ihrer Firmenphilosophie Entscheidungen treffen, verfolgen Sie immer denselben Zweck, und es wird Ihnen leichter fallen, eine Entscheidung zu treffen (und konsequent zu bleiben). Außerdem können sich Ihre Mitarbeiter an Ihrer Vorgehensweise orientieren, da sich ein eindeutiges Muster abzeichnet, wie Sie zu einer Entscheidung kommen.)

Nehmen wir einmal an, Ihre Firmenphilosophie besagt, nur Produkte höchster Qualität zu fertigen. Sie stehen vor der Entscheidung zwischen Produkt A von erstklassiger Qualität und Produkt B, das nicht ganz so gut ist, dafür aber schneller herzustellen ist. Da Sie Ihre Entscheidungen auf der Grundlage der Firmenphilosophie treffen, entscheiden Sie sich natürlich für Produkt A.

Ergebnisse sind nicht das Einzige, was zählt. Es geht vor allem um Wertvorstellungen. Wenn Sie danach handeln, lassen die gewünschten Ergebnisse bestimmt nicht lange auf sich warten.

Sie müssen Ihren Mitarbeitern klar machen, wofür Ihr Unternehmen eintritt und was seine Ziele sind. Und: Sie müssen danach handeln!

Noch ein Wort zum Thema Moral

Hier ein Schnelltest, mit dem Sie prüfen können, ob Sie moralisch vertretbare Entscheidungen treffen. Fragen Sie sich ganz einfach, ob Sie das, was Sie gesagt oder getan haben, bedenkenlos und voller Stolz Ihrer Familie und Ihren Freunden erzählen könnten. Sagen wir einmal, Ihr Mitarbeiter kommt mit einer brillanten Idee zu Ihnen, und Sie geben sie als Ihre aus, schmücken sich also mit fremden Federn. Das wäre bestimmt kein Verhalten, auf das Sie stolz sein können, oder?

Halten Sie Ihre Versprechen

Ein Versprechen in dem Bewusstsein zu geben, es eh nicht zu halten, ist ein sehr bequemer Weg, aus unangenehmen Situationen herauszukommen. Ich kann Ihnen von dieser Taktik allerdings nur abraten. Vielleicht geht es ja nur um eine Kleinigkeit, wie dass Alicia am Freitag ohne die ihr von Ihnen zugesicherten Daten da steht oder um etwas Wichtigeres, wie dass Sie sich vor einer Besprechung drücken (weil Sie sich nicht darauf vorbereitet haben), bei der Sie eine Rede versprochen hatten.

Wenn Sie sich nach dem Motto »schnell versprochen und genauso schnell gebrochen« verhalten, brauchen Sie sich nicht zu wundern, wenn Sie die Konsequenzen tragen müssen. Zunächst leidet Ihre Glaubhaftigkeit darunter – und es dauert eine ganze Weile, bis man Ihnen wieder vertraut. Denken Sie nicht einmal im Traum daran, dass Sie langfristig gesehen damit durchkommen. Man wird über Sie reden, und Ihr guter Ruf wird dahin sein. Außerdem überträgt sich dieses Verhalten irgendwann auch auf Ihre Mitarbeiter. Vielleicht kommen sie dann auch zu spät oder gar nicht zu Besprechungen.

Denken Sie daher gut darüber nach, was Sie sich gerade aufhalsen, bevor Sie eine Zusage machen. Und dann halten Sie sich daran! Schließlich ist ein Versprechen eine Verpflichtung, die Sie eingegangen sind. Es gibt keine akzeptable Ausrede dafür, ein Versprechen zu brechen. Außerdem werden sich Ihre Mitarbeiter noch lange nach dem eigentlichen Vorfall daran erinnern, dass man sich auf Sie nicht unbedingt verlassen kann. Und wenn eine Zusage Ihrerseits mit Unannehmlichkeiten verbunden ist, beißen Sie eben die Zähne zusammen und tun, was Sie versprochen haben.

Das Bild vom großen Ganzen: Visionen teilen

Niemand will das Gefühl haben, seine Arbeit sei unbedeutend und unwichtig. Ganz im Gegenteil, jeder möchte gerne wissen, welchen Beitrag er mit seiner Arbeit für das Firmenwohl leistet. Und genau das ist die Aufgabe guter Führungskräfte: Mitarbeitern die Firmenvision zu vermitteln und in ihnen eine Begeisterung dafür zu wecken, sie zu erfüllen.

Ein gutes Beispiel dafür ist die Geschichte von Odetics, einem Hersteller von Software zur Datenverwaltung mit Sitz in Kalifornien. Odetics erlitt Umsatzeinbußen von etwa 40 Prozent, als sein Hauptkunde einen Konkurrenten aufkaufte. Dem Unternehmen blieb gar nichts anderes übrig, als einigen seiner Mitarbeitern die Kündigung auszusprechen. Trotzdem gelang es ihm, die Arbeitsmoral der restlichen Belegschaft auf hohem Niveau zu halten, weil sämtliche Mitarbeiter in Diskussionen um die weitere Vorgehensweise einbezogen wurden. Die Firma traf anschließend alle Entscheidungen auf der Basis des bei diesen Gesprächen erstellten Plans und ließ niemanden über den weiteren Verlauf im Unklaren. Auf diese Weise wusste die gesamte Belegschaft, wohin der Hase läuft, und konnte sich über die erreichten Teilerfolge freuen.

Odetics hätte sich auch in Schweigen hüllen und massenweise Mitarbeiter entlassen können. Doch das Unternehmen wusste ganz genau, dass Angst und Unsicherheit die Arbeitsmoral erheblich beeinträchtigen.

Außerdem war sich Odetics bewusst, dass es seine Ziele nur mit Hilfe seiner Mitarbeiter erreichen konnte. Dafür mussten die Mitarbeiter logischerweise die Ziele kennen und wissen, welchen Beitrag sie leisten können.

Die Firmenphilosophie kann Ihre Mitarbeiter in hohem Maß motivieren, denn dann ist allen Mitarbeitern klar, warum das Unternehmen gegründet wurde, was es erreichen möchte und wie diese Ziele erreicht werden sollen. Eine Firma ohne Philosophie ist wie ein Schiff ohne Ziel und Kurs.

Die Firmenphilosophie verfassen

Eigentlich handelt dieses Buch nicht davon, wie man eine Firmenphilosophie ausarbeitet, aber ich denke, dass Sie wenigstens die wichtigsten Regeln kennen sollten. Wahrscheinlich gibt es in Ihrem Unternehmen ja bereits eine schriftliche ausgearbeitete Philosophie. Schließlich müssen Führungskräfte ja wissen, wohin sie das Unternehmen führen sollen.

Eine Firmenphilosophie ist natürlich nichts, was Sie mal eben in einer ruhigen Minute notieren und dann Ihren Mitarbeitern aushändigen. Das ist absolute Chefsache, sprich sollte vom Vorstand erledigt werden!

Eine Firmenphilosophie muss mehr beinhalten als das erklärte Ziel, Profit zu machen. Die Grundlage der Geschäftstätigkeit müssen Wertvorstellungen sein, die Ihre Mitarbeiter auch dann motivieren, wenn schwierige Zeiten durchzustehen sind. In der Firmenphilosophie muss stehen, in welcher Branche das Unternehmen tätig ist, wen es zu seinen Kunden zählt, und welche Produkte und Dienstleistungen es anbietet. Außerdem sollte daraus hervorgehen, inwieweit sich Ihre Firma von ihren Mitbewerbern unterscheidet. Es empfiehlt sich, die Firmenstrategien für die kommende Jahre mit aufzunehmen.

Bei der Firmenphilosophie kommt es neben dem Inhalt vor allem auf die Formulierung an – klare und eindeutige Botschaften, am besten in weniger als 50 Wörtern auf den Punkt gebracht.

Die Werkzeugkiste füllen

3

In diesem Kapitel

- Herausfinden, was Ihre Mitarbeiter motiviert
- Den Inhalt der Werkzeugkiste kennen lernen
- Sich mit den Grundlagen vertraut machen

Es gibt kein allgemein gültiges Motivationsmittel. Den einen motiviert ein höheres Gehalt, den anderen ein Firmenwagen oder die Betriebsrente. Wieder anderen ist der schnöde Mammon relativ unwichtig, denn sie legen Wert darauf, in einer Firma zu arbeiten, die zeigt, dass sie ihre Mitarbeiter zu schätzen weiß – durch tolle Schulungen, eine positive Firmenkultur und eine offene Kommunikation.

Wenn Sie das Gefühl haben, dass es an der Motivation Ihrer Mitarbeiter hapert, müssen Sie deren individuellen Bedürfnisse und Wünsche kennen und berücksichtigen. Dann sehen Sie in Ihrer Motivationswerkzeugkiste nach, ob da etwas Passendes zu finden ist. So wenig sich ein Schraubenschlüssel zum Dosenöffnen eignet, so wenig eignet sich ein einziges Motivationswerkzeug für jeden Mitarbeiter. Sie benötigen daher für jeden Mitarbeiter das geeignete Werkzeug, um ihn zu motivieren. Wenn Sie Ihre Werkzeugkiste mit verschiedenen Utensilien füllen, können Sie sicher sein, dass für jeden etwas dabei ist und eine dauerhaft motivierende Atmosphäre schaffen.

In diesem Kapitel erfahren Sie alles über die Grundlagen der Motivation; die Einzelheiten finden Sie in Teil II und III.

Was motiviert wen?

Claire wachte eines Montag morgens mit dem dumpfen Gefühl auf, dass sie keinesfalls die Kraft hätte, aufzustehen und in die Arbeit zu gehen. (Sicherlich schaffte sie es letzten Endes, aber sie trödelte unnötig lang herum und kam zehn Minuten zu spät.) Das hatte aber rein gar nichts damit zu tun, dass ein ausschweifendes Wochenende hinter ihr lag, sondern lag schlicht und einfach an mangelnder Motivation.

Nun, Motivation schwindet nicht einfach über Nacht. Mangelnde Motivation ist das Ergebnis eines längeren Prozesses und kann in völliger Apathie enden. Natürlich hat jeder einmal einen schlechten Tag und überhaupt keine Lust zu arbeiten, aber das ist völlig normal. Mangelnde Motivation wird erst dann zum Problem, wenn dieser Zustand zum Normalfall wird, es sich also nicht um den allseits bekannten schlechten Tag auf der Arbeit handelt. Bei manchen Menschen erfolgt der Motivationsverlust ziemlich schnell, doch meist ist es ein langsamer, schleichender Prozess. Eines steht jedoch fest: Um das Ruder wieder herumzureißen, muss man die jeweilige Ursache kennen. Doch bevor wir uns mit den Ursachen des Motivationsverlusts befassen, müssen wir herausfinden, wie Motivation überhaupt entsteht.

In den meisten Fällen motiviert uns das Gefühl, etwas Lohnendes und Wertvolles zu leisten. Wir möchten unsere Talente, Fähigkeiten und unser Wissen so gut es geht einsetzen. Auf die Arbeitswelt angewendet bedeutet das, dass wir unseren Beitrag zum Wohl des Unternehmens leisten möchten – der natürlich entsprechend gewürdigt werden sollte. Wie dieser Beitrag und die entsprechende Anerkennung jedoch aussehen soll, ist von Mitarbeiter zu Mitarbeiter unterschiedlich. Manchen Mitarbeitern macht es zum Beispiel Spaß, im Team zu arbeiten und sie freuen sich über ein Lob, das an das gesamte Team gerichtet ist. Andere wiederum ziehen es vor, alleine zu arbeiten. Wenn dann ein Lob dem ganzen Team gilt, fühlen sie sich leicht missachtet, was ihre Motivation schnell sinken lässt.

Unterschiedliche Menschen lassen sich durch unterschiedliche Dinge motivieren. Geld spielt natürlich eine Rolle, keine Frage. Wer kann es sich schon leisten, umsonst zu arbeiten. (Schließlich müssen wir ja von irgendetwas leben, oder?) Doch Geld allein reicht auch nicht aus. Mindestens ebenso wichtig ist, dass sich Mitarbeiter an ihrem Arbeitsplatz wohl fühlen, denn dann ist auch der Erfolg für das Unternehmen vorprogrammiert.

Nachfolgend finden Sie eine Zusammenstellung von »Werkzeugen«, mit deren Hilfe Sie Ihre Mitarbeiter motivieren können. Detaillierte Informationen zu den einzelnen Werkzeugen finden Sie in den in Klammern aufgeführten Kapiteln.

- **Ausgewogenheit:** Artet die Arbeit zu einem Dauerstress aus, kann das keinen Spaß machen. Sogar Workaholics brauchen ab und zu mal ruhigere Zeiten. Sie sollten Ihre Mitarbeiter deutlich spüren lassen, dass Sie wissen, dass es auch noch ein Leben außerhalb der Firma gibt. (Kapitel 6)

- **Sondervergütungen:** Selbst mit einem guten Verdienst werden manche Mitarbeiter nicht restlos zufrieden sein – und das aus gutem Grund. Sie müssen mit anderen Arbeitgebern mithalten und Ihren Angestellten finanzielle Anreize wie Weihnachts- und Urlaubsgeld oder Gewinnbeteiligungen und eine Betriebsrente offerieren. (Kapitel 13)

- **Kommunikation:** Die offene Kommunikation ist ein absolutes Muss. Ihre Mitarbeiter müssen wissen, dass Sie jederzeit als Ansprechpartner für sie zur Verfügung stehen und dass sie ehrliches Feedback von Ihnen erhalten. (Kapitel 7)

- **Bezahlung:** Geld ist für die meisten Menschen nicht das Einzige, was sie motiviert – vorausgesetzt, sie werden fair bezahlt. Andererseits spielt Geld natürlich eine wichtige Rolle. (Kapitel 13)

- **Firmenkultur:** Wie ist es, in Ihrem Unternehmen zu arbeiten? Beschreiben Mitarbeiter ihr Arbeitsumfeld – das Verhalten der Manager, Arbeitszeiten und ähnliches, beschreiben sie nichts anderes als die *Firmenkultur*. Es zeugt nicht gerade von einer tollen Firmenkultur, wenn Mitarbeiter keine Erfolg versprechenden Risiken eingehen dürfen, abgekanzelt werden oder ihre Kreativität bereits im Keim erstickt wird. (Kapitel 4)

- **Belohnung und Anerkennung:** Manchen Menschen ist es sehr wichtig, auch in der Öffentlichkeit gelobt und ausgezeichnet zu werden. Sie möchten für ihre Leistungen neben dem Gehaltsscheck auch Anerkennung, und zwar so, dass auch andere davon erfahren. Feiern Sie außergewöhnliche Leistungen! (Kapitel 14)
- **Verantwortung:** Mitarbeiter möchten ihren Beitrag zum Wohl des Unternehmens leisten. Räumen Sie ihnen also entsprechende Befugnisse ein, damit sie sich verantwortlich fühlen. Sie werden sehen, dass sich Ihr Vertrauen auszahlt. (Kapitel 10)
- **Teamarbeit:** Vielen macht es einen Riesenspaß, im Team zu arbeiten, da ihnen das Einzelkämpfertum so ganz und gar nicht liegt. Wer Teil eines erfolgreichen Teams ist, für den wird die Arbeit zum reinen Vergnügen. Soll Ihr Unternehmen Erfolg haben, muss die Teamarbeit eine große Rolle spielen – und es ist Ihr Job, sie zu fördern. (Kapitel 15)
- **Schulungen und Beförderungen:** Besteht keine Möglichkeit, Karriere zu machen oder sich beruflich weiterzuentwickeln, verkommt die Arbeit zur unbefriedigenden Routine. Unterstützen Sie Ihre Mitarbeiter in ihrem beruflichen Werdegang und sichern Sie damit gleichzeitig dem Unternehmen immer wertvollerer Beiträge. (Kapitel 11)

Nicht alles, was Sie motiviert, motiviert auch Ihre Mitarbeiter.

Was andere Unternehmen tun

Fällt Ihnen auf, dass Ihre Mitarbeiter ihre Arbeit nur noch rein mechanisch erledigen, was sich darin äußert, dass sie nur noch mit knapper Not pünktlich erscheinen, zu lange Pausen machen und fehlerhafte Arbeit leisten, müssen Sie etwas dagegen tun. Aber was? Bei den nachfolgend aufgeführten Firmen finden Sie nützliche Anregungen, um die Motivation der Mitarbeiter zu steigern. Weitere Ideen können Sie übrigens in Kapitel 22 nachlesen.

- Bei der Firma Tom's aus Maine (einem Hersteller von Zahnpasta) dürfen sich die Mitarbeiter fünf Prozent ihrer (bezahlten) Arbeitszeit, also zwei Stunden die Woche, einer ehrenamtlichen Tätigkeit widmen. Die Folge? Bessere Leistungen und Mitarbeiter, die sich für etwas Sinnvolles engagieren.
- Netscape und Autodesk, beide mit Firmensitz im Norden Kaliforniens, haben erkannt, dass eine innerbetriebliche Kindertagesstätte zwar eine durchaus sinnvolle Einrichtung für Eltern ist, aber auch kinderlose Mitarbeiter einen Anreiz brauchen. Aus diesem Grund dürfen diese Mitarbeiter ihre Haustiere mit zur Arbeit nehmen.

Schreiten Sie bei Motivationsverlust sofort ein!

Pandora war eine begabte Mitarbeiterin, die gute Arbeit leistete. Das einzige Problem war, dass sie eine echte »Nörglerin« war. Sie beschwerte sich eigentlich ständig – über das Wetter, das Management, die letzte Besprechung, einfach über alles. Bei jedem Gespräch mit ihr konnte man darauf warten, dass sie irgendetwas auszusetzen hatte. Sie störte ihre Kollegen bei der Arbeit und jammerte, was das Zeug hielt. Selbst geschlossene Türen hielten sie nicht davon ab, in die Büros zu platzen und sich über dieses und jenes zu beschweren.

Sie wissen, wie es weiter geht, oder? Genau, schon bald ließen sich ihre Kollegen von ihrer Nörgelei anstecken und sahen das Unternehmen plötzlich mit Pandoras Augen. Keiner hatte mehr Lust auf seine Arbeit, einige kündigten sogar. Dabei wäre das alles gar nicht passiert, wenn das Management sofort etwas gegen Pandoras mangelnde Motivation unternommen hätte.

Pandora war mit Sicherheit das, was als »schwierige« Mitarbeiterin bezeichnet werden kann. (Lesen Sie in Kapitel 19 nach, was Sie bei solchen Problemfällen, äh Herausforderungen, tun können.

Andere zu motivieren braucht seine Zeit. Sie können weder über Nacht Erfolge erwarten, noch diese Aufgabe einem anderen übertragen. Wie bei den meisten Verbesserungsprogrammen ist es ein hartes Stück Arbeit, eine unmotivierte Truppe in ein motiviertes Arbeitsteam zu wandeln, das sich gegenseitig unterstützt und ergänzt.

Sie spielen eine wichtige Rolle bei der Motivation Ihres Teams. Damit Sie Ihre Mitarbeiter motivieren können, müssen Sie selbst motiviert sein. (Trifft das nicht auf Sie zu, lesen Sie bitte Kapitel 2.) Außerdem brauchen Sie Führungsqualitäten und müssen in der Lage sein, auf die Bedürfnisse Ihrer Mitarbeiter einzugehen. Die Art und Weise Ihrer Kommunikation, Ihre Liebe zum Detail und der Stolz auf Ihre Arbeit wirken sich auf Ihr gesamtes Team aus – hoffentlich zum Guten!

Mission

Kennen Sie die alte amerikanische Fernsehserie beziehungsweise den Kinofilm *Mission Impossible*? Der Held kennt seine Mission ganz genau und verfügt glücklicherweise auch immer über alle Mittel, um selbige zu erfüllen.

Ebenso wie dieser Held sollten alle Mitarbeiter die Mission Ihres Unternehmens kennen und sich nach ihr richten. (Jede Firma hat ihre eigene Mission – zumindest sollte das so sein. Wenn nicht, lesen Sie bitte in Kapitel 2 nach, was unter *Firmenphilosophie* steht.)

Es ist wichtig, eine Mission zu formulieren, denn schließlich müssen Ihre Mitarbeiter wissen, in welche Richtung es gehen soll. Außerdem muss klar für sie sein, welches Verhalten akzeptabel ist und welches nicht. Hat sich Ihre Firma beispielsweise einem exzellenten Kundenservice verschrieben, wissen alle Mitarbeiter, dass von ihnen erwartet wird, sich für die Kunden ein Bein auszureißen. Wenn nicht, werden Extrawünsche eines Kunden womöglich als unnötige Zeitverschwendung betrachtet, und dafür zuständig fühlt sich sowieso niemand.

Begnügen Sie sich bitte nicht damit, Anweisungen zu erteilen und Projekte zu vergeben. Schildern Sie Ihren Mitarbeitern, inwieweit ihre Arbeit dazu beiträgt, die Mission Ihrer Firma zu erfüllen. Vermeiden Sie Aussagen wie »Durch Ihr Projekt können wir den Gewinn um 20 Prozent steigern«. Sagen Sie statt dessen »Sie arbeiten an einem Projekt, das die Einstellung unserer Kunden zum Thema Lernen nachhaltig verändern wird.«

Teamarbeit

Man spricht von *Teamarbeit*, wenn eine Gruppe von Leuten ein gemeinsames Ziel hat und zusammenarbeitet, um ein bestimmtes Projekt zu vollenden. Ist das Team aufeinander abgestimmt, ist es produktiver als wenn alle Mitglieder alleine für sich arbeiten würden. Der Erfolg des Teams an sich zählt mehr als die Einzelleistungen. Mit effizienter Teamarbeit lassen sich nicht nur die Firmenziele besser und schneller erreichen, sondern es bereitet den einzelnen Mitglieder mehr Spaß bei der Arbeit und lässt sie stolz auf ihre Leistungen sein.

Gelingt es Ihnen, eine gute Teamarbeit in Ihrer Abteilung zu etablieren, verringern sich Probleme wie gegenseitige Schuldzuweisungen, erbitterte Konkurrenzkämpfe oder persönliche Streitereien. Sicherlich mag es hin und wieder einmal zu Schwierigkeiten unter den Teammitgliedern kommen, aber das ist völlig normal, wenn eine Gruppe von Individuen eng zusammenarbeitet, und dürfte eher die Ausnahme sein. Bei einem gut aufeinander eingespielten Team kommt es einfach nicht vor, dass die einzelnen Mitglieder aufeinander einhacken oder über alles und nichts im Dauerstreit liegen.

Vergütung

Geld spielt eine große Rolle – zumindest für manche Menschen. Sie können natürlich nicht erwarten, dass irgend jemand unentgeltlich für Sie arbeiten möchte. Wenn Geld die Motivation schlechthin ist, steht es außer Frage, dass sich ein Arbeitssuchender für Unternehmen B entscheidet, wenn der einzige Unterschied zu Firma A darin liegt, dass Unternehmen B einfach besser bezahlt. Und das ist ja auch völlig verständlich, oder?

Bei unterdurchschnittlicher Bezahlung können Sie nicht erwarten, dass Ihre Mitarbeiter bei Ihrem Unternehmen bleiben. Sie müssen ein in Ihrer Branche übliches Gehalt zahlen, auch wenn Ihre Firmenkultur ideal ist und den Angestellten weitere Annehmlichkeiten winken. Eine Unterbezahlung vermittelt einem Angestellten die Botschaft, er wäre sein Geld nicht wert. (Mehr zum Thema Vergütung steht in Kapitel 13.)

Termine richtig planen!

Ein Team muss sich an Terminen und Richtlinien orientieren können. Einer von Robert Half International durchgeführten Umfrage zufolge geben 37 Prozent der befragten Führungskräfte an, dass sie die besten Teammitglieder darüber definieren, dass diese Termine einhalten. Manager legen größten Wert auf zuverlässige Mitarbeiter, die ihre Projekte termingerecht abliefern. Doch wenn nur ein Teammitglied zu langsam arbeitet, steht der Erfolg des gesamten Teams auf dem Spiel.

Die Vorgabe realistischer Abgabetermine erleichtert es den Mitarbeitern, ihre Zeit zu planen und die Ziele zu erreichen. Es empfiehlt sich, dass Sie als Manager bei größeren Projekten mehrere Zwischentermine vereinbaren und nachfragen, ob einer dieser Termine verlängert werden sollte. So tragen Sie dazu bei, Ihren Mitarbeitern Krisensituationen, unnötigen Stress oder gar die völlige Erschöpfung zu ersparen. Mehr über Teamarbeit erfahren Sie in Teil IV.

Firmenkultur

Für manche Leute genießt die Firmenkultur einen höheren Stellenwert als die Bezahlung. Übrigens, unter Firmenkultur versteht man vereinfacht ausgedrückt all die ungeschriebenen Gesetze, die für die Erledigung der Arbeit gelten. Hewlett-Packard gilt aufgrund seiner Firmenkultur mit seinen Wertvorstellungen und Visionen als Pionier auf diesem Gebiet (mehr über HP erfahren Sie in Kapitel 22).

Jedes Jahr veröffentlicht das *Fortune* Magazin eine Liste der 100 von Arbeitnehmern beliebtesten Unternehmen Amerikas. In der Ausgabe vom Dezember 2000 war zu lesen, dass attraktive Gehälter und Zusatzvergütungen zwar bei der Mitarbeiterrekrutierung von Vorteil sind, doch wenn es darum geht, Mitarbeiter zu halten, ist eine Firmenkultur ausschlaggebend, in der ein respektvoller Umgang mit und das Interesse an den Mitarbeitern zum Ausdruck kommt.

Kommunikation

Hüten Sie sich davor, die Kommunikation zu unterschätzen. Hier liegt nämlich der Schlüssel zum Erfolg, egal, was Sie tun. Wenn Ihre Mitarbeiter zum Beispiel das Gefühl haben, jederzeit offen und ehrlich mit Ihnen reden zu können, bindet sie das stärker an Ihr Unternehmen. Außerdem werden Sie dann vermutlich der Erste sein, der von einer Kündigungsabsicht erfährt. Die Art Ihrer Kommunikation bestimmt letzten Endes den Erfolg oder Misserfolg jedes geschäftlichen Plans, den Sie verfolgen.

Hier nun ein paar Tipps für eine effiziente Kommunikation (mehr darüber steht in Kapitel 7).

- ✔ **Öffnen Sie Türen - im wörtlichen und übertragenen Sinn.** Ihre Mitarbeiter sollten wissen, dass sie jederzeit zu Ihnen kommen können, um über Berufliches oder Privates zu reden.

Schließlich sind Sie nicht nur daran interessiert, wie produktiv Ihre Leute arbeiten, sondern möchten ihnen auch zeigen, dass Sie sie als Menschen schätzen. Wer sich persönlich anerkannt fühlt, leistet bessere Arbeit. Verschanzen Sie sich also nicht in Ihrem Büro.

- ✔ **Entwickeln Sie eine Beziehung zu Ihren Mitarbeitern.** Informieren Sie sich über deren Arbeit und lernen Sie sie auch persönlich kennen. Sie wissen ja selbst, dass man Freunde nicht im Stich lässt – bauen Sie daher freundschaftliche Beziehungen auf.
- ✔ **Geizen Sie nicht mit Lob für herausragende Leistungen.** Was spricht dagegen, den »Mitarbeiter des Monats« zu küren? (Weitere Tipps dazu finden Sie in Kapitel 14.)
- ✔ **Erstellen Sie einen Newsletter.** Mitarbeiter wollen wissen, was sich gerade in ihrer Firma tut. Ein Newsletter ist eine von vielen Möglichkeiten, die Belegschaft auf dem Laufenden zu halten. Außerdem bietet es sich geradezu an, hier den Mitarbeiter des Monats vorzustellen.
- ✔ **Informieren Sie Ihre Mitarbeiter über die laufenden Geschäfte.** Nichts ist ärgerlicher als von einem Außenstehenden von den großen Plänen seiner Firma zu erfahren.
- ✔ **Müssen Sie eine Bitte eines Angestellten (um Urlaub, Terminverlängerung, Gehaltserhöhung) ablehnen, erklären Sie bitte, warum.** Möglicherweise können Sie ihm ja eine Alternative anbieten oder ihm sagen, dass Sie seiner Bitte zu einem späteren Zeitpunkt nachkommen.
- ✔ **Feedback geben, auch wenn es manchmal unangenehm ist.** Konstruktive Kritik sollte immer nur unter vier Augen stattfinden. Formulieren Sie Ihre Kritik so, wie Sie sie selbst gerne hören würden. Bringen Sie Ihre Leute niemals in eine peinliche Lage oder deuten Sie gar mit dem Finger auf sie. Und denken Sie daran, Ihre Mitarbeiter für gute Arbeit immer zu loben!

Anerkennung

Lassen Sie es Ihre Mitarbeiter unbedingt wissen, wenn sie ihre Sache gut machen. Schließlich sollen sie wissen, dass Ihnen ihre Leistungen am Herzen liegen. Wenn Sie Ihren Mitarbeitern kein Feedback geben, wissen sie nicht einmal, ob ihre Arbeit überhaupt von Bedeutung ist. Eine kürzlich von OfficeTeam durchgeführte Studie hat gezeigt, dass mangelnde Anerkennung einer der Hauptgründe dafür ist, dass Mitarbeiter die Kündigung einreichen.

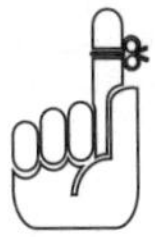

Anerkennung spielt eine große Rolle bei der Mitarbeitermotivation. Es ist ja auch tatsächlich frustrierend, sich die größte Mühe zu geben und dann feststellen zu müssen, dass es niemanden interessiert. Kapitel 14 ausschließlich dem Thema Anerkennung gewidmet.

Nutzen Sie jede sich bietenden Gelegenheit, um einen Mitarbeiter vor Kollegen zu loben. So schlagen Sie zwei Fliegen mit einer Klappe: Ihr Mitarbeiter fühlt sich gut, und die anderen können sich ein Beispiel an seinem Verhalten nehmen.

Supervision

Supervision bedeutet in der Regel, dass ein langjähriger oder besonders guter Mitarbeiter einen Berufsanfänger unter seine Fittiche nimmt und ihm mit Rat und Tat zur Seite steht. Andererseits muss es sich nicht immer um eine Beziehung zwischen Berufsanfänger und erfahrener Arbeitskraft handeln. Eine »Symbiose« dieser Art kann sich für alle Beteiligten unabhängig von der jeweiligen beruflichen Position als äußerst hilfreich erweisen.

Supervision ist eine hervorragendes Motivationswerkzeug. Weshalb das so ist? Hier steht's:

- ✔ Die Einarbeitungszeit neuer Mitarbeiter verkürzt sich erheblich.
- ✔ Sie lernen die Firmenkultur von Anfang an kennen und können sich schneller anpassen
- ✔ Sie fühlen sich gleich zugehörig und können sich schneller ins Team einfügen.

Die Folge ist, dass sie in kurzer Zeit produktiv arbeiten, was für alle ein schönes Gefühl ist.

Die Supervisoren wiederum genießen es meist, wenn sie ihr Wissen weitergeben können. Sie stehen ihren Kollegen nicht nur zur Seite und fördern das kameradschaftliche Verhältnis zueinander, sondern sie trainieren auch ihre zwischenmenschlichen Fähigkeiten und Führungsqualitäten.

Noch mehr zum Thema Supervision finden Sie in Kapitel 12.

Schulungen

Ausnahmslos jeder profitiert von Schulungen: Der Arbeitgeber, weil er über qualifizierte Mitarbeiter verfügt, die wissen, wie sie ihre Arbeit zu erledigen haben und die Arbeitnehmer, weil Fortbildung sich durchweg positiv auf die Motivation auswirkt. Je besser die Schulung, desto besser die Leistung Ihrer Mitarbeiter. Und Sie stehen dank der Spitzenleistungen Ihrer Mitarbeiter als Starmanager da.

Vielleicht kann es sich Ihre Firma nicht leisten, eine eigene Bildungsstätte (siehe nächster Kasten) zu gründen, aber es gibt ja noch andere und kostengünstigere Möglichkeiten der Fortbildung:

- ✔ Lassen Sie bestimmte Mitarbeiter an Kursen oder Workshops teilnehmen und bitten Sie diese, das Gelernte an ihre Kollegen weiterzugeben.
- ✔ Fragen Sie mal in der Personalabteilung nach, ob die Möglichkeit firmeninterner Kurse zu allgemeinen Themen wie Stressbewältigung, Zeitmanagement und E-Mailkorrespondenz besteht.
- ✔ Stellen Sie fest, welche Schulungen für Ihre Mitarbeiter besonders nützlich wären, zum Beispiel in den Bereichen Kundenservice, Preisverhandlungen

oder Softwareprogramme. Anschließend fragen Sie jemanden, der sich gut mit dem Thema auskennt, ob er nicht einmal Lust und Zeit hätte, ganz zwanglos bei einem gemeinsamen Essen darüber zu sprechen.

Mehr zum Thema Schulungen steht in Kapitel 11.

Noch einmal die Schulbank drücken

Schulen, die sich auf bestimmte Fachrichtungen wie Kosmetik, Betriebswesen, Fotografie und so weiter spezialisieren, sind ja nichts Neues. Nicht allgemein bekannt hingegen ist das Konzept eines großen Elektro-Konzerns aus dem Mittleren Westen Amerikas, der eine Art Universität gegründet hat, die sich auf ihr Unternehmen spezialisiert hat. Die gesamte Belegschaft ist gefordert, an den dort stattfindenden Kursen teilzunehmen. Insgesamt verbringt jeder Angestellte im Jahr rund 40 Stunden seiner Arbeitszeit mit dem Besuch von Kursen über technische und betriebliche Fähigkeiten, Teamarbeit und Qualitätssicherung. Das Unternehmen schätzt, dass es für jeden Dollar, den es für Schulungen ausgibt, 30 Dollar zurück erhält – aufgrund der Produktivitätssteigerung seiner Mitarbeiter. Außerdem wurde errechnet, dass in einem Zeitraum von vierzehn Jahren etwa 3,3 Milliarden Dollar eingespart wurden – und zwar nicht durch Entlassungen von Mitarbeitern, sondern durch deren Schulung im Hinblick auf Prozessvereinfachung und Abfallreduzierung. Die meisten Kursleiter sind keine professionellen Ausbilder, sondern Mitarbeiter, die ein Talent dafür haben, anderen etwas beizubringen.

Andere Unternehmen wie zum Beispiel Robert Half International und Oracle haben ebenfalls eigenen Universitäten, die genau auf ihre Geschäftsinteressen zugeschnittene Kurse für die Belegschaft anbieten. All dies ist Teil des Konzepts, ein lernendes Unternehmen zu sein, das die berufliche Entwicklung seiner Mitarbeiter fördert.

Managementtechniken

Taten zählen mehr als Tausend Worte. Wenn Sie Ihren Mitarbeitern sagen, dass Sie ihnen vertrauen, müssen Sie ihnen auch genügend Entscheidungsfreiheit bezüglich der Arbeitsaufteilung und Zeitplanung überlassen, anstatt Sie mit Argusaugen zu überwachen. Bitten Sie Ihr Team, Sie auf dem Laufenden zu halten, aber mischen Sie sich bitte nicht in jede Kleinigkeit ein!

Wenn Sie Aufgaben delegieren, sollten Sie auf Ihre Wortwahl achten, Sie wissen ja, wie wichtig der richtige Ton für die Motivation Ihrer Mitarbeiter ist. Machen Sie Ihr Vertrauen in sie deutlich. Vermeiden Sie Anweisungen wie »Hier ist Ihr nächstes Projekt – ich verlasse mich da ganz auf Sie! Enttäuschen Sie mich also nicht!« Wen soll das motivieren? Sagen Sie statt dessen »Dieses Projekt ist eine große Herausforderung und läge vermutlich auch erfahreneren Mitarbeitern schwer im Magen. Aber Sie haben ja schon des Öfteren bewiesen, dass Sie mehr können als so mancher alter Hase. Ich weiß, dass Sie das schaffen werden.« Wetten, dass sich Ihr so angesprochener Mitarbeiter nicht nur gut fühlt, sondern auch weiß, dass Sie ihm vertrauen?

Zeigen Sie, dass Sie davon überzeugt sind, dass Ihre Mitarbeiter ihre Zeit sinnvoll einteilen und nutzen. Wenn Sie unter Termindruck stehen, können Sie sicher sein, dass Ihre Leute das auch wissen und sich entsprechend anstrengen, auch ohne dass Sie permanent darauf hinweisen, dass es wirklich eilig ist und sie diesen Bericht unbedingt fertig stellen oder noch ein paar Telefonate erledigen müssen.

Vertrauen basiert auf einer offenen Kommunikation. Halten Sie regelmäßig Besprechungen über bestimmte Projekte, Pläne und die Finanzlage Ihres Unternehmens ab. Auf diese Weise stellen Sie sicher, dass jeder das Gesamtziel der Firma kennt und seinen Beitrag leisten kann.

Damit sich Mitarbeiter beruflich weiter entwickeln, müssen sie manchmal ein Risiko eingehen dürfen. Dabei sind Fehler zwar vorprogrammiert, doch das ist völlig in Ordnung und kein Grund, jemanden zum Sündenbock zu stempeln. Finden Sie lieber heraus, woran es lag und entwickeln Sie einen Plan, wie der Fehler in Zukunft vermieden werden kann. Achten Sie auch darauf, alle Angestellten einzubeziehen, damit keiner denselben Fehler zwei Mal macht.

Der ultimative Vertrauensbeweis

Bei Nordstrom, dem bekannten Bekleidungsunternehmen aus Seattle, das dem Begriff *Kundenservice* eine völlig neue Bedeutung verlieh, erhält jeder Mitarbeiter ein Merkblatt über die Richtlinie des Unternehmens. Diese Richtlinie besteht aus einer einzigen Regel, die den ultimativen Vertrauensbeweis in die Belegschaft darstellt: »Regel Nr. 1: Nutzen Sie in allen Situationen Ihren gesunden Menschenverstand. Es gibt keine weiteren Regeln.«

Strategische Stellenbesetzung

Damit ist gemeint, dass im Fall einer Arbeitsüberlastung aufgrund von besonderen Projekten oder erwarteten beziehungsweise unerwarteten Stresssituationen externe Mitarbeiter hinzugezogen werden. Auf diese Weise ersparen Sie Ihren Angestellten unzumutbare Überstunden, was die Produktivität deutlich erhöht (vergessen Sie die Theorie, dass dadurch die Gewinne geschmälert werden!). Außerdem treiben Sie Ihr Team so nicht an den Rand des Zusammenbruchs und erhöhen die Mitarbeiterloyalität, da sie in einer solchen Situation deutlich spüren, dass Ihnen an ihrem Wohl liegt und Sie im Bedarfsfall Ihr Team durch freie Mitarbeiter verstärken. (Mehr darüber finden Sie in Kapitel 18.)

Das nächste Mal, wenn Ihre Abteilung arbeitsreichen Zeiten entgegensieht (zum Beispiel kurz vor Ende des Steuerjahrs oder der Jahresversammlung), sollten Sie sich schon im Vorfeld überlegen, ob Sie zur Verstärkung Ihres Teams externe Kräfte hinzuziehen können.

Was Mitarbeiter bestimmt nicht motiviert

Fast jeder hat eine Vorstellung darüber, wie man Mitarbeiter motiviert. Andererseits gibt es bestimmte Dinge, die dafür absolut ungeeignet sind oder sogar demotivierend wirken. Nachfolgend finden Sie eine Aufzählung der Dinge, die Sie tunlichst unterlassen sollten:

- ✔ **Persönliche Angriffe auf einen Mitarbeiter.** Ja, äußern Sie konstruktive Kritik, Feedback ist wichtig. Kritisieren Sie aber ausschließlich das Verhalten, nicht die Person. Wenn Sie sich dabei ertappen, dass Sie zu jemanden sagen, dass er nie etwas richtig macht, müssen Sie das sofort zurücknehmen. (Mehr zum Thema Feedback steht in Kapitel 7).
- ✔ **Jemanden in Verlegenheit bringen.** Die Selbstachtung spielt für die Motivation des Einzelnen eine große Rolle. Kritisieren Sie Ihre Mitarbeiter grundsätzlich nur bei einem Gespräch unter vier Augen. Wenn Kollegen mit anhören, wie Sie jemanden auf Fehler hinweisen, verschlimmern Sie die Lage für den Betreffenden nur.
- ✔ **Angst und Schrecken verbreiten.** Aus Angst leistet kein Mensch bessere Arbeit – zumindest nicht auf Dauer. Wenn Sie Ihren Mitarbeiter Angst einjagen, brauchen Sie sich nicht zu wundern, wenn es über kurz oder lang Kündigungen hagelt. Außerdem verhindern Sie auf diese Weise Teamarbeit und eine offene Kommunikation – beides Schlüsselelemente der Mitarbeitermotivation.
- ✔ **Alles selbst erledigen wollen.** Sie werden dafür bezahlt, Arbeiten zu delegieren und Ihre Mitarbeiter anzuleiten. Wenn Sie alle Arbeiten selbst erledigen und Ihre eigentlichen Managementaufgaben vernachlässigen, sollten Sie Ihre Prioritäten überdenken. Geben Sie anderen doch auch mal die Möglichkeit, dazu zu lernen. Das erleichtert zum einen Ihr Leben, und führt zum anderen dazu, dass sich Ihre Mitarbeiter geschätzt und respektiert fühlen. (mehr darüber in Kapitel 10).
- ✔ **Ihre Mitarbeiter überfordern.** Überlegen Sie sich, wann viel Arbeit anfällt und kümmern Sie sich rechtzeitig um Aushilfskräfte oder Zeitarbeiter. Auch unter dem Zeitpersonal sind Topleute zu finden. Muten Sie Ihren Mitarbeitern keinesfalls permanent Überstunden zu, sonst treiben Sie sie geradezu in die Arme eines anderen Arbeitgebers, bei dem es weniger hektisch zugeht. (Siehe Kapitel 20).

Ich hoffe doch sehr, dass Sie beim Lesen dieser Aufzählung nur den Kopf schütteln, da Sie selbst nie auf die Idee kämen, sich so zu verhalten haben.

Wer oder was ist eigentlich Myers-Briggs?

Nun, ich gehe davon aus, dass Sie zumindest ansatzweise ein Interesse daran haben, Wissenswertes zum Thema Motivation zu erfahren – schließlich haben Sie sich ja dieses Buch gekauft. Sicherlich sagt Ihnen auch Myers-Briggs etwas, oder? Es mag sein, dass Sie nicht ganz genau wissen, worum es da geht oder wer Myers und Briggs sind, aber Sie wissen doch bestimmt, dass es um einen Persönlichkeitstest geht. Nun wollen wir Ihr Wissen mal vertiefen.

Ein Manager zum »Anfassen«

Um eine persönliche Beziehung zu seinen Mitarbeitern aufzubauen, braucht es kein umständliches Regelwerk. Schon vor Jahrzehnten führte Hewlett-Packard das Konzept ein, dass Manager sich regelmäßig »unter das Volk mischen«. Managementguru Tom Peters verhalf diesem Ansatz zu allgemeiner Anerkennung. Trotz des erwiesenen Erfolgs halten sich heutzutage leider nur wenige Manager daran.

Dabei ist diese Managementtaktik so einfach und wirkungsvoll. Es geht schließlich nur um den persönlichen Kontakt des Managers zu seinen Untergebenen. Manager sollten sich weder den ganzen Tag in ihrem Büro verschanzen noch ständig unerreichbar für jedermann in Besprechungen sitzen, sondern mit ihren Leuten reden, wann immer sich die Möglichkeit bietet.

Was versteht man unter Myers-Briggs?

Die offizielle Bezeichnung dieses Persönlichkeitstests lautet Myers-Briggs-Typenindikator (MBTI). Anhand einiger Fragen können Sie Ihren Persönlichkeitstyp herausfinden. Alles, was Sie tun müssen, ist die Antworten anzukreuzen, die am ehesten auf Sie zutreffen. Nach Myers und Briggs gibt es 16 verschiedene Persönlichkeitstypen.

Die amerikanischen Psychologinnen Katherine Briggs und Isabel Myers entwickelten diesen Fragebogen, der bestimmte Muster und Züge menschlichen Grundverhaltens transparent macht. Der MBTI darf nur von Psychologen/innen oder geschulten und lizenzierten Trainern/innen eingesetzt werden.

Wie MPTI Ihnen helfen kann

Wenn Sie Ihren Persönlichkeitstyp kennen, wissen Sie mehr über Ihre Schwächen und Stärken und können Ihr Potenzial besser nutzen. Wenn Sie dann noch die Persönlichkeitstypen Ihrer Mitarbeiter kennen, dürfte es ein Leichtes sein, sie individuell zu motivieren. Anders ausgedrückt können Sie mithilfe dieses Tests herausfinden, ob und inwieweit Ihre Persönlichkeit zu Ihren Mitarbeitern passt.

Die 16 Persönlichkeitstypen

Die 16 Persönlichkeitstypen werden in Kürzeln angegeben, wie zum Beispiel ESFP oder INTJ. Jede der Buchstaben steht für eine bestimmte Charaktereigenschaft:

- ✔ **Extroversion (E) oder Introversion (I):** Anders als im herkömmlichen Sinn ist damit gemeint, wie Sie Informationen verarbeiten, und nicht, ob Sie eher redselig oder reserviert sind. Ein E bedeutet, dass Sie eher ein Mensch sind, der lieber zur Tat schreitet anstatt Stunden über etwas nachzugrübeln. Ein I steht dafür, dass Sie erst gründlich nachdenken, bevor Sie etwas tun.
- ✔ **Sinnliche Wahrnehmung (S) oder intuitive Wahrnehmung (N).** Ein S bedeutet, dass Sie Informationen mit all Ihren Sinnen aufnehmen und sich auf die Gegenwart konzentrieren. Ein N bedeutet, dass Sie sich auf Ihr Gefühl verlassen und sich mehr auf die Zukunft konzentrieren.
- ✔ **Gefühlsmäßige Beurteilung (F) oder analytische Beurteilung (T):** Ein F bedeutet, dass Sie Ihre Wertvorstellungen in Ihre Entscheidungen einfließen lassen, während ein T dafür steht, dass Sie Entscheidungen aufgrund von objektiven logischen Gedankengängen treffen.
- ✔ **Wahrnehmung (P) oder Beurteilung (J):** Ein P bedeutet, dass Sie ein ziemlich spontaner und freier Mensch sind, während ein J bedeutet, dass Sie alles im Voraus planen und strukturieren, um keine bösen Überraschungen zu erleben.

Weitere Informationen zu MBTI

Wenn Sie mehr zum Thema MBTI erfahren möchten, sollten Sie dieses Buch lesen: Der M.B.T.I von Richard Bents und Reiner Blank, Claudius, München, 1992 oder besuchen Sie diese Homepage: `www.mbti.de`.

Teil II

Eine dynamische Firmenkultur schaffen

The 5th Wave By Rich Tennant

»Unseren Erfolg verdanken wir größtenteils unserer Fähigkeit, Konflikte zu lösen, bevor wir mit der Arbeit beginnen.«

In diesem Teil ...

Haben Sie auch schon einmal die Energie gespürt, die in einer Arbeitsumgebung vorhanden sein kann, wenn jeder gute Laune mitbringt und eine positive Einstellung zur Arbeit hat, kurz gesagt, sich über seine Arbeit freut? In diesem Teil erfahren Sie, wie Sie eine dynamische Firmenkultur schaffen und Ihr Unternehmen zu einem Ort machen können, an dem man gerne arbeitet. Außerdem erhalten Sie nützliche Tipps zur Gestaltung von Arbeitsplätzen, damit Ihre Mitarbeiter so produktiv und motiviert wie möglich ans Werk gehen, und wie Sie mithilfe flexibler Arbeitszeiten am besten auf die Wünsche und Bedürfnisse Ihrer Mitarbeiter eingehen.

Eine Atmosphäre schaffen, in der die Arbeit wirklich Spaß macht

4

In diesem Kapitel

- Was ist Firmenkultur?
- Was macht Mitarbeiter glücklich?
- Die Vorteile einer angenehmen Atmosphäre genießen
- Den Arbeitsplatz neu gestalten

Wachen Sie manchmal auch mit dem Gedanken an eine unangenehme Aufgabe auf, die Sie heute unbedingt hinter sich bringen müssen? Vielleicht schaudert es Sie ja bei dem Gedanken an Ihre bevorstehende Präsentation vor dem Vorstand, weil Sie es hassen, vor einem Publikum eine Rede halten zu müssen. Oder es erwartet Sie ein riesiger Papierstapel auf Ihrem Schreibtisch, der sich über Wochen angehäuft hat und nun endlich abgearbeitet werden muss.

Was immer es ist, wenn das Arbeitsklima angenehm ist, geht man doch gerne ins Büro, selbst wenn man sich nicht unbedingt auf eine bestimmte Arbeit freut. Dies ist nur ein Beispiel dafür, inwiefern eine positive Firmenkultur Ihnen und Ihren Mitarbeitern die Arbeit erleichtert. In diesem Kapitel erfahren Sie, was unter dem Begriff »Firmenkultur« zu verstehen ist und wie Sie eine solche schaffen können, um die Arbeit zum Vergnügen zu machen.

Was genau ist eigentlich Firmenkultur?

Was gehört denn nun alles zur Firmenkultur? Nun, eigentlich ist damit das Arbeitsumfeld gemeint, in dem die Mitarbeiter tagein, tagaus ihre Zeit verbringen. Ihr Unternehmen verfolgt bestimmte Ziele, die sich auf die Arbeitsabläufe und Vorgehensweisen auswirken, die Sie entwickeln. Diese wiederum beeinflussen die ungeschriebenen Gesetze, die in Ihrem Betrieb gelten, und die gesamte Arbeitsatmosphäre, was sich – wer hätte es gedacht? – direkt auf die Arbeitsmoral Ihrer Angestellten auswirkt.

Anders ausgedrückt definiert sich die Firmenkultur durch die Wertvorstellungen eines Unternehmens und das Verhalten, das als angemessen und akzeptabel gilt. Man könnte auch sagen, dass die Firmenkultur gewissermaßen die Persönlichkeit eines Unternehmens ist. Ist es die Regel, dass in Besprechungen herumgebrüllt wird? Deutet man bei Fehlern mit dem Finger auf den Schuldigen? Wird ständig versucht, einen Sündenbock auszumachen? Oder ist die Stimmung entspannt und hin und wieder ist ein Lachen in den Gängen und Büros zu hören? Diese Alltäglichkeiten bestimmen die Firmenkultur und vermitteln den Mitarbeitern die Botschaft: »Schaut her, so wird das bei uns gehandhabt.«

Auch in Bezug auf die Firmenkultur gilt, dass Taten mehr zählen als Tausend Worte. Die Taten bringen die Wahrheit über die Firmenkultur ans Licht. Das bedeutet, dass Sie kein Verhalten zeigen oder erlauben sollten, das sich nicht mit den Wertvorstellungen deckt, denn dann entwickelt sich eine Firmenkultur, dich nichts mehr mit der ursprünglichen zu tun hat.

Firmenkultur entsteht nicht von selbst. Jedes Unternehmen gestaltet seine eigene Firmenkultur und muss dafür sorgen, dass die darin festgelegten Werte in den täglichen Routineabläufen widerspiegelt werden. Obwohl es vorkommen kann, dass eine positive Firmenkultur auch ohne Planung von selbst entsteht – vor allem dann, wenn die Firmenleitung dynamisch und einfühlsam ist – sollten Sie dies nicht dem Zufall überlassen, sondern sich aktiv dafür einsetzen. Haben Sie keine Vorstellung von Ihrer Firmenkultur, kann sich ein Verhalten, das einen schlechten Einfluss auf die Arbeitsmoral hat, viel leichter einschleichen.

Als Manager müssen Sie sich die Leitsätze Ihrer Firmenkultur auf die Fahne schreiben. Prüfen Sie, ob Ihr eigenes Verhalten und das Ihrer Mitarbeiter den Wertvorstellungen Ihres Betriebs entspricht? Wenn in Ihrer Firma Wert auf offene Kommunikation und kalkulierbare Risiken gelegt wird, dürfen Sie Ihre Mitarbeiter keinesfalls anbrüllen, wenn sie Ihnen ihre ehrliche Meinung sagen oder einen Fehler zugeben, selbst wenn Sie ihre Meinung nicht teilen. Ihr Verhalten muss ein Spiegelbild der Firmenkultur sein.

Die Firmenkultur wirkt sich auf alles Mögliche, nämlich den Arbeitsstil, die Entscheidungsfindung, die Kommunikationsformen und die zwischenmenschliche Interaktion unter den Mitarbeitern aus. Nachfolgend finden Sie einige Beispiele, die erläutern, inwiefern die Firmenkultur diese Bereiche beeinflusst:

- ✔ Arbeitsstil: Jedem Unternehmen ist daran gelegen, dass sich die Mitarbeiter ins Zeug legen. Doch ist es in Ihrem Betrieb gang und gäbe, dass die Mitarbeiter täglich Überstunden machen und dann auch noch Arbeit mit nach Hause nehmen? Wird auch samstags gearbeitet? Wenn Sie all diese Fragen bejahen müssen, sollten Sie sich Kapitel 20 zu Herzen nehmen, denn Ihre Firma treibt die Mitarbeiter bis an die Grenzen ihrer Belastbarkeit.

  Der Unterschied zwischen hart arbeiten und zu viel arbeiten ist immens. Hart arbeiten bedeutet, sein Bestes zu geben und ausgezeichnete Arbeit zu leisten. Zu viel arbeiten bedeutet, dass 50, 60 oder 70 Arbeitsstunden in der Woche völlig normal sind und die Arbeit damit gerade mal knapp zu schaffen ist. Eine Firmenkultur, in der die ganze Belegschaft mehr oder weniger rund um die Uhr schuften muss, und das Privatleben auf der Strecke bleibt, gefährdet letzten Endes den Erfolg des gesamten Unternehmens.

- ✔ Entscheidungsfindung: Ist es in Ihrem Unternehmen üblich, dass die Belegschaft in die Entscheidungsfindung einbezogen wird und selbstständig arbeitet? Oder kommen Ihre Mitarbeiter wegen jeder Kleinigkeit zu Ihnen, damit Sie deren Arbeit nochmals prüfen oder abzeichnen?

Oder ist es so, dass nur »die da oben« das Sagen haben und Entscheidungen fällen, die widerspruchslos zu befolgen sind? Müssen Sie selbst jedes Mal *Ihren* Vorgesetzten aufsuchen, bevor Sie eine Entscheidung treffen können? Dann herrscht in Ihrem Unternehmen eine ziemlich starke Hierarchie.

- ✔ Kommunikation: Die Art und Weise, wie Sie mit Ihren Mitarbeitern kommunizieren, spiegelt entweder Ihre Firmenkultur wider oder ist das, was Sie ganz persönlich daraus machen. Manche Führungskräfte ziehen das direkte Gespräch vor, während andere nur noch Mails verschicken.

  Zur Kommunikation gehört jedoch mehr als nur das jeweilige Medium. Ermutigen Sie Ihre Mitarbeiter dazu, offen und ehrlich ihre Meinung zu sagen? Oder haben Sie es lieber, wenn alle in Schweigen versinken? Damit schneiden Sie sich nur ins eigene Fleisch, denn zum Schweigen verdonnerte Mitarbeiter können auch keine kreativen Lösungen vorschlagen, die dem Firmenwohl dienen.

- ✔ Umgang der Mitarbeiter miteinander: Sind Ihre Mitarbeiter fair zueinander? Oder spinnen sie heimlich Intrigen? Gibt es so etwas wie ein Zusammengehörigkeitsgefühl und Kameradschaft? Wie Mitarbeiter miteinander umgehen sollen, gehört ebenfalls zur Firmenkultur. Dulden Sie weder Unfreundlichkeit noch Überheblichkeit, sondern machen Sie ihnen klar, dass sie alle im selben Boot sitzen.

Zeigen Sie Ihren Leuten, was ein guter Manager ist und sprechen Sie mit Ihrem Vorgesetzten darüber, wie sich die Arbeitsabläufe und Vorschriften optimieren lassen, sofern das nötig ist, und hauchen Sie Ihrer Firmenkultur neues Leben ein.

Mitarbeiter, die voll und ganz hinter der Firmenkultur stehen, sind viel loyaler. Mitarbeiter sind normalerweise eher durch ihre Tätigkeit als durch ihr Gehalt motiviert, sofern sie fair entlohnt werden.

Warum die Firmenkultur so wichtig ist

Eine positive Firmenkultur ist nicht nur bei der Suche nach neuen Mitarbeitern von entscheidender Bedeutung, sondern auch dabei, sie in der Firma zu halten. Letzten Endes kann die Firmenkultur das Ausschlag gebende Kriterium sein, dass sich ein Bewerber für Ihr Unternehmen entscheidet. Diese Tatsache wird immer mehr Unternehmen bewusst. Einer Umfrage von Accountemps zufolge, sind 33 Prozent der befragten Manager der Ansicht, dass ein angenehmes Arbeitsklima der wichtigste Punkt ist, wenn es darum geht, dass sich die Mitarbeiter wohl fühlen sollen.

Ist die Mitarbeiterloyalität dem Unternehmen gegenüber hoch, können Sie davon ausgehen, dass Sie sehr viel richtig machen. Behandeln Sie Ihre Mitarbeiter mit Respekt, und unterstützen sich alle gegenseitig, können Sie alle mit Recht stolz auf ihre Leistungen sein. Und Sie brauchen sich keine Gedanken um Mitarbeiterrekrutierung zu machen.

Außerdem bewirkt eine positive Firmenkultur bei der Suche nach neuen Mitarbeitern wahre Wunder. Die Mund-zu-Mund-Propaganda für Ihr Unternehmen ist nämlich ebenso wirksam wie ein ansprechendes Stellenangebot.

Wenn Sie Ihre Mitarbeiter halten möchten, müssen Sie sicher sein, dass sie zu Ihrer Firmenkultur passen. Stellen Sie nur Mitarbeiter ein, deren Charakter Ihrer Firmenkultur entspricht.

Bingo - der Neue passt zu uns! Oder etwa doch nicht?

Den richtigen Mitarbeiter zu finden, ist keine leichte Aufgabe. Nachdem alle ungenügend qualifizierten Bewerber aussortiert wurden, stehen Sie vor der Entscheidung, wer sich von den übrig gebliebenen Kandidaten am besten eignet. Doch selbst wenn dies feststeht, sollten Sie nicht sofort den Arbeitsvertrag unterschreiben.

Finden Sie beim Vorstellungsgespräch heraus, ob der Bewerber zu Ihrer Firmenkultur passt. Erweckt er den Anschein, nur unter Anleitung arbeiten zu können? Dann dürfte er wohl nicht der Richtige sein, wenn Ihre Leute selbstständig arbeiten sollen. Kann er sich mit den Wertvorstellungen Ihrer Firma identifizieren? Wie sieht es in Sachen Termintreue aus? Wenn er nur unter Druck zu Bestform aufläuft, und bei Ihnen immer alles brandeilig ist, sitzt Ihr Traummitarbeiter wohl gerade vor Ihnen. Anderenfalls sollten Sie die Finger von ihm lassen. Lassen Sie auch die persönlichen Neigungen und Interessensgebiete des Bewerbers in Ihre Überlegungen einfließen. Kommt der Job diesen Neigungen entgegen?

Auch nachdem Sie einen Bewerber eingestellt haben, heißt es für Sie: Augen auf! Sie können davon ausgehen, dass Sie die richtige Wahl getroffen haben, wenn Sie feststellen, dass der neue Mitarbeiter seine Rolle innerhalb Ihres Betriebs kennt, seinen Beitrag zum Wohle des gesamten Unternehmens leistet, seine Stärken einsetzt und Interesse an seinem Job zeigt.

Wenn Sie dagegen auf das falsche Pferd gesetzt haben, kann das sehr teuer für Sie werden – egal, ob derjenige bleibt oder nicht. Verlässt er das Unternehmen, fängt das Ganze von vorne an: Sie müssen einen Nachfolger suchen, einstellen und einarbeiten. Bleibt er, kann sich das negativ auf das Verhalten und die Leistung seiner Kollegen auswirken und die Arbeitsmoral sinkt. Denken Sie also vorher gründlich darüber nach, wen Sie einstellen, denn eine falsche Entscheidung kostet Ihre Firma viel Zeit, Energie, Produktivität und geht unter Umständen sogar zu Lasten des Arbeitsklimas.

Welches Geheimnis steckt hinter einer positiven Firmenkultur?

Manche Firmen haben das gewisse Etwas, das Bewerber magisch anzieht und die Stammbelegschaft dazu bewegt, sich mächtig ins Zeug zu legen. Firmenkultur ist alles andere als eine Eintagsfliege. Es ist sehr schwierig, den Ruf, eine schlechte Firmenkultur zu haben, wieder los zu werden, aber ausgesprochen einfach, ihn durch einen schlechten Führungsstil zu ruinieren.

Warum haben manche Unternehmen eine fantastische Firmenkultur und andere nicht? Aufgrund der Wertvorstellungen, die sich dahinter verbergen. In modernen und progressiven Firmen ist die Firmenkultur meistens hervorragend. Dafür gibt es viele Gründe:

- ✔ Sie hören ihren Mitarbeitern zu und zeigen ihnen, dass ihnen ihr Wohl am Herzen liegt. Diese Firmen haben erkannt, dass jeder Mitarbeiter das Potenzial dazu hat, wertvolle Anregungen zu geben.
- ✔ Sie lassen ihre Mitarbeiter wissen, welchen Beitrag sie leisten und halten sie auf dem Laufenden. Mitarbeiter, die so behandelt werden, identifizieren sich mit dem Unternehmen und seinen Produkten oder Dienstleistungen.
- ✔ Sie vertrauen auf die Fähigkeiten ihrer Mitarbeiter, weshalb sich diese doppelt anstrengen, um die erwarteten Leistungen noch zu übertrumpfen.
- ✔ Sie wissen, dass Ehrlichkeit und Integrität die Pfeiler der Firmenkultur sind. Die Mitarbeiter kommen niemals in die missliche Lage, entgegen ihren Überzeugungen handeln zu müssen.
- ✔ Sie sagen Ihren Mitarbeitern was Sache ist, und verstecken sich nicht hinter »Managerkauderwelsch«.
- ✔ Sie setzen auf Qualität, nicht Quantität.
- ✔ Ihr Führungsstil ist mehr demokratisch als diktatorisch und sie räumen ihren Mitarbeitern Befugnisse ein.
- ✔ Sie helfen ihren Mitarbeitern dabei, dass Privat- und Berufsleben ausgewogen sind. Überstunden werden nicht kommentarlos hingenommen, sondern hinterfragt; schließlich zählt nicht die Anzahl der Arbeitsstunden, sondern die Leistung.
- ✔ Sie bieten ihren Mitarbeitern die Möglichkeit, sich kontinuierlich weiterzubilden.

Informieren Sie sich über Ihre Firmenkultur

Bevor Sie Ihre Firmenkultur umsetzen können, müssen Sie schon genau wissen, was diese eigentlich besagt. Wie lauten die Grundprinzipien, von denen Sie sich leiten lassen sollen? Gehört dazu, dass Sie Ihre Mitarbeiter mit Respekt behandeln? Oder dass der Kunde König ist? In den meisten Unternehmen besteht die Firmenkultur aus diesen und vielen anderen Richtlinien.

Wenn Sie sich unsicher sind, was Ihre Firmenkultur besagt, sollten Sie Ihre Kollegen um Rat fragen. Notieren Sie ihre Antworten und fragen Sie bei Ihren Mitarbeitern nach, ob sie zustimmen.

Wenn Sie feststellen, dass Manager und Mitarbeiter ziemlich unterschiedliche Auffassungen über die Firmenkultur haben, könnten Sie einen externen Berater einschalten, der die Situation analysiert. Auf der Grundlage dieser Analyse kann das Management dann gemeinsam erarbeiten, wie sich diese Kluft am besten überwinden lässt. Denken Sie aber bitte daran, dass Änderungen ihre Zeit brauchen.

Bedenken Sie auch, dass die Firmenkultur normalerweise auf die Person des Firmengründers zurückgeht. Topmanager können die Firmenkultur entweder unterstützten, untergraben oder sogar völlig umkrempeln. Ist zum Beispiel der Kundenservice für den Firmengründer das Wichtigste überhaupt, doch legt das Topmanagement mehr Wert darauf, in kürzester Zeit einen hohen Umsatz zu erzielen, was eigentlich zu Lasten der Kundenbetreuung geht, verlagern sich die ursprünglichen Leitsätze der Firmenkultur mit der Zeit.

Entspricht Ihre Firmenkultur ihrer Beschreibung?

Sie können zwar jederzeit behaupten, dass das Klima in Ihrem Betrieb freundlich, entspannt und locker ist, doch das Verhalten Ihrer Mitarbeiter zählt viel mehr als alles, was Sie sagen. (Schließlich erwartet man von Ihnen als Manager, die Dinge positiv zu beschreiben, oder?)

In der Realität kann zum Beispiel folgende Situation auftreten: Ein neuer Arbeitskollege hat seinen ersten Arbeitstag, doch er wird kaum beachtet. Natürlich wird er den Schluss ziehen, dass es in Ihrem Unternehmen unpersönlich und kalt zugeht. Andererseits wird er bestätigen können, dass – ganz wie Sie es behauptet haben – ein freundliches Klima herrscht, wenn die Empfangsdame oder ein Kollege ihn freundlich begrüßt und ein paar Takte mit ihm plaudert.

Sie haben im Grunde genommen kaum Einfluss auf das Benehmen Ihrer Mitarbeiter, auf Ihr eigenes dafür umso mehr. Als Manager haben Sie eine Vorbildfunktion, und Sie müssen Ihren Leuten klarmachen, welches Verhalten akzeptabel ist und welches nicht. Was spricht zum Beispiel dagegen, wenn Sie einen neuen Mitarbeiter zum Essen in die Kantine einladen? Oder ein kurzes Schwätzchen mit den Bewerbern halten, die im Vorraum auf ihren Termin warten. Ihr ganzes Verhalten spiegelt Ihre Firmenkultur wider. In diesem Fall stimmt es tatsächlich, dass Sie als Einzelperson etwas bewegen können.

Ein positives Arbeitsumfeld schaffen

Ihr Ziel lautet also, eine Arbeitsatmosphäre zu schaffen, damit jeder Mitarbeiter gerne zur Arbeit geht. Tja, wer wollte das nicht? Eine positive Firmenkultur lässt sich aber nicht über Nacht etablieren. Dazu braucht es einen Plan, Zeit und etwas Geduld.

Ein Patentrezept für eine positive Firmenkultur gibt es nicht. Völlig unterschiedliche Arbeitsbedingungen sind unter Umständen gleich beliebt bei den Mitarbeitern. So lässt sich erklären, dass ein Unternehmen auf flexible Arbeitszeiten und Abfeiern von Überstunden setzt, während ein anderes mehr Wert auf Annehmlichkeiten vor Ort – innerbetriebliche Cafeteria und Fitnessstudio – legt. Letzten Endes haben diese unterschiedlichen Firmenkulturen doch eines gemeinsam: Man zeigt deutlich, dass der Mitarbeiter und seine Leistungen geschätzt und anerkannt werden.

In den folgenden Abschnitten können Sie nachlesen, was Sie als Manager für eine positive Firmenkultur tun können. Alle Maßnahmen sorgen für ein warmes, freundliches und motivierendes Arbeitsklima.

Außerdem erfahren Sie, was Sie besser *nicht* tun. Viele Manager führen bei ihrem Versuch, eine positive Firmenkultur zu erzeugen, Programme oder Konzepte ein, die schlicht und einfach unwirksam oder unpassend sind. Ist ein Programm aber erst einmal etabliert, ist es sehr schwer, es wieder rückgängig zu machen oder zu ändern – selbst wenn es sich als schlechte Idee herausgestellt hat.

Fangen Sie bei sich selbst an

Eine positive Firmenkultur kann sich nicht ohne Anleitung des Managements entwickeln. Als Manager bestimmen Sie das Arbeitsklima mit, sind in gewisser Weise also tonangebend. Sollen Ihre Mitarbeiter pünktlich zur Arbeit erscheinen, müssen Sie mit gutem Beispiel voran gehen. Sollen Ihre Leute fair zueinander sein, gilt das vor allem auch für Sie. Sollen Ihre Mitarbeiter Spaß an der Arbeit haben, dürfen Sie – richtig geraten! - nicht mit einem Gesicht wie drei Tage Regenwetter herumlaufen. Mehr zum Thema Vorbild sein finden Sie in Kapitel 2.

Denken Sie bitte auch an die Kleinigkeiten, die so viel ausmachen können: Kurz bei den Mitarbeitern stehen bleiben, um einfach nur Hallo zu sagen, einen Zeitungsartikel weiter geben, von dem Sie wissen, das er den einen oder anderen Mitarbeiter interessiert und mit anpacken, wenn es mal eng wird. Diese einfachen, freundlichen Gesten zeigen Ihren Mitarbeitern, dass alle am selben Strang ziehen, und es nicht heißt: Wir gegen »die da oben«. Außerdem machen Sie damit klar, dass Sie möchten, dass sich Ihr Team gegenseitig unterstützt – ganz wie Sie es vormachen.

Denken Sie immer daran, dass Sie als Manager *immer* Vorbild sind. Ihr Verhalten hinsichtlich Ihrer beruflichen wie auch privaten Planung wird mit Argusaugen beobachtet und wahrscheinlich sogar imitiert. Gehören Sie zu den Workaholics, werden sich Ihre Mitarbeiter dazu genötigt fühlen, es Ihnen gleich zu tun. Wenn Sie Ihre Mittagspause auf zwei Stunden ausdehnen und jeden Freitag früher ins Wochenende entschwinden, wird Ihr Team für sich dieselben Privilegien erwarten.

Die goldene Regel lautet: Verfallen Sie niemals ins Extreme. Seien Sie freundlich zu Ihren Kollegen, aber meiden Sie allzu große Vertraulichkeit. Zeigen Sie, dass Ihnen Ihre Arbeit Spaß macht, aber übertreiben Sie es nicht. (Die Aussage »Ist es nicht ganz toll, dass wir heute bis Mitternacht an diesem Projekt arbeiten können?« wäre eindeutig zu viel des Guten!) Sorgen Sie für Spaß bei der Arbeit, aber ziehen Sie die Arbeit Ihrer Mitarbeiter nicht ins Lächerliche. Fördern Sie eine offene Kommunikation, aber schreiten Sie bei Gerüchten, Klatsch oder Witzen, die auf Kosten anderer gehen, unbedingt ein!

Neuen Mitarbeitern einen guten Start verschaffen

Unabhängig davon, ob die Orientierungshilfe für neue Mitarbeiter in Ihrem Unternehmen aus einem langfristigen Einarbeitungsprogramm oder einer kurzen Tour durch den Betrieb besteht, ist das Wichtigste dabei, dass sich Ihre Mitarbeiter wohl und willkommen fühlen. Wenn Sie einem Neuen lediglich seinen Arbeitsplatz zeigen und ihn ohne weitere Erklärungen, wie er sich beispielsweise im Firmennetz anmeldet, stehen lassen, wird er sich kaum gut aufgehoben, geschweige denn willkommen fühlen.

Einarbeitungsprogramme machen neue Mitarbeiter nicht nur mit den Vorteilen ihrer Arbeitsstätte vertraut, sondern verdeutlichen ihnen auch die Wertvorstellungen und die Kultur des Unternehmens. Wenn Mitarbeiter die Struktur des Unternehmens verstehen, gewöhnen sie sich schneller ein, haben eher das Gefühl dazu zu gehören und wollen gute Arbeit leisten.

Einarbeitungsprogramme vermitteln natürlich die Grundlagen des Betriebs wie Firmengeschichte, Firmennetz, Arbeitszeitenregelung, Lohn- und Gehaltspolitik und Lohnnebenleistungen. Die effizientesten Programme verleihen der Firmenkultur jedoch gleiches Gewicht wie der Firmenpolitik und den Arbeitsvorschriften.

Gehen Sie nicht davon aus, dass neue Mitarbeiter die Firmenkultur auch ohne Ihr Zutun kennen lernen. Nachfolgend erfahren Sie, wie Sie die Firmenkultur einem neuen Angestellten vermitteln können und gleichzeitig seine Motivation fördern.

- **Werden Sie vorübergehend zum Reiseleiter.** Ist es nicht wunderbar, wenn Ihnen ein Reiseleiter auf einer Auslandsreise all die Feinheiten und Einzigartigkeiten der fremden Kultur erklärt? Eben. Auch neue Mitarbeiter brauchen diese Art von Führung. Sie werden es Ihnen danken, wenn Sie sie auf die Reise durch Ihre Firmenkultur begleiten.

  Zu den Feinheiten, auf die Sie hinweisen sollten, gehören auch folgende Informationen: Wie kommunizieren die Kollegen normalerweise miteinander (in regelmäßigen Besprechungen, telefonisch, über E-Mail, formelle Memos, oder ganz formlos im Vorbeigehen auf dem Gang), was unternimmt die Belegschaft zusammen (Geburtstage feiern, gemeinsames Mittagessen, und so weiter), wie wird auf Probleme oder Krisen von Kollegen reagiert (vielleicht ist es ja üblich, dass jeder alles stehen und liegen lässt, wenn jemand Hilfe benötigt). Diese und ähnliche Informationen sprechen Bände über die Werte und Prinzipien Ihrer Firmenkultur.

- **Nehmen Sie den neuen Mitarbeiter an die Hand – bildlich gesprochen.** In der ersten Arbeitswoche kommt es mehr darauf an, dass der neue Mitarbeiter erfährt, was seine Kollegen tun, anstatt darauf, dass er seine Arbeit erledigt. Am besten ist es, wenn er jeden Tag einen seiner Kollegen für einige Stunden begleiten kann. Auf diese Weise lernt er in kurzer Zeit viele andere Mitarbeiter kennen, gewinnt einen Einblick in die Arbeitsprozesse und erfährt, welcher Kollege beziehungsweise Abteilung welche Funktionen innehaben.
- **Teilen Sie Stammkräfte als Mentoren ein.** Wenn es Ihnen nicht möglich ist, Ihren neuen Mitarbeiter in den ersten paar Wochen zu betreuen, sollten Sie ein oder zwei seiner Kollegen darum bitten. Ihre Aufgabe ist es, ihm die Eingewöhnungszeit zu erleichtern und ihn mit der Belegschaft und den Arbeitsabläufen vertraut zu machen. Der Mentor ist außerdem Ansprechpartner für alle Fragen oder Probleme (mehr darüber erfahren Sie in Kapitel 12).
- **Erkundigen Sie sich täglich nach dem neuesten Stand.** Planen Sie in den ersten Arbeitstagen täglich mindestens eine halbe Stunde ein, um mit Ihrem neuen Mitarbeiter darüber zu reden, welchen Eindruck er von Ihrem Unternehmen und seinen Kollegen gewonnen hat, ob er Fragen hat oder Probleme aufgetreten sind. Dadurch helfen Sie ihm oder ihr, die neuen Eindrücke besser zu verarbeiten.

Hier ein paar Tipps, was Sie unter allen Umständen vermeiden sollten, wenn ein neuer Mitarbeiter bei Ihnen anfängt:

- **Überfordern Sie den neuen Mitarbeiter nicht.** Nachdem Sie mit ihm die Firmenpolitik besprochen und den Papierkram erledigt haben, sollten Sie erst mal ein wenig Zeit verstreichen lassen, bevor Sie ihm die Firmenkultur erläutern. Geben Sie dem Neuling die Chance, die vielen neuen Informationen in kleinen Häppchen zu verdauen. Rom wurde schließlich auch nicht an einem einzigen Tag erbaut.
- **Fallen Sie nicht mit der Tür ins Haus.** Überschütten Sie den Neuling nicht mit endlosen Reden über die Firmengeschichte, die Mission, Arbeitsmethoden und sonstige Begebenheiten. Erzählen Sie statt dessen von einigen wenigen Mitarbeiterprogrammen und schildern Sie, wie diese dazu beigetragen haben, dass sich die Belegschaft wohl fühlt.
- **Vermeiden Sie Klatsch und Tratsch.** Erzählen Sie keine Geschichten über einzelne Mitarbeiter, um dem Neuen das Gefühl zu geben, er gehöre schon dazu. Kommentare wie »Mit Al lässt es sich gut zusammenarbeiten, solange

man alles so macht, wie er es will« oder »Überlassen Sie Susan niemals Originalunterlagen!« führen nur zu Vorurteilen und Misstrauen.

Beweisen Sie Ihr Vertrauen

Viele Unternehmen verfolgen eine Firmenkultur, in der Wert darauf gelegt wird, dass Mitarbeiter Verantwortung übernehmen und ihnen entsprechende Befugnisse eingeräumt werden. Das Ergebnis ist jedoch nicht immer optimal, da nicht in jedem Fall eine solide Vertrauensbasis vorhanden ist. Oder auch, weil das Vertrauen, das in die Mitarbeiter gesetzt wird, beim ersten Fehler zu zerbrechen droht.

Womit können Sie Ihr Vertrauen in Ihre Mitarbeiter beweisen und womit eher nicht? Die folgenden Absätze geben Antwort auf diese Frage.

Was Sie tun sollten:

- ✔ **Fördern Sie die Risikobereitschaft.** Lassen Sie Ihre Mitarbeiter wissen, dass selbst im Falle eines Scheiterns keine Strafen drohen, wenn sie ein kalkulierbares Risiko eingehen.
- ✔ **Fördern Sie selbstständiges Handeln.** Es ist viel besser, wenn Sie etwas empfehlen, anstatt etwas zu befehlen. Halten Sie Ihre Leute dazu an, sich selbst Lösungen zu überlegen. Auf die Frage »Wie soll ich diesen Bericht erstellen?« könnten Sie zum Beispiel erwidern: »Was schlagen Sie denn auf Grundlage der von Ihnen gesammelten Daten vor?«
- ✔ **Analysieren Sie Fehler.** Es ist keine große Hilfe, jemanden nur auf seinen Fehler hinzuweisen. Stattdessen sollten Sie gemeinsam mit dem betreffenden Mitarbeiter herausfinden, woran es lag und wie es sich in Zukunft vermeiden lässt.

Wie sieht's denn mit der Kleiderordnung aus?

Die Kleiderordnung in einem Unternehmen ist wohl eines der offensichtlichsten Elemente der Firmenkultur. Es ist sehr wichtig, dass die Kleidung Ihrer Mitarbeiter der Firmenkultur entspricht.

In der kreativen Branche, beispielsweise in Werbeagenturen, sind Jeans und T-Shirt häufig die Norm, während dies in der Finanzbranche eher auf Missfallen stoßen würde, da dort meist Anzug und Krawatte angesagt sind.

Einer von Accountemps durchgeführten Umfrage zufolge sind 55 Prozent der befragten Führungskräfte der Ansicht, dass die legere Kleidung ihrer Mitarbeiter angemessen sei, während 39 Prozent glauben, es ginge zu leger zu.

Denken Sie bitte daran, dass Sie niemanden bestrafen dürfen, wenn er sich an die in Ihrem Unternehmen gültige, legerere Kleiderordnung hält, nur weil Sie persönlich konservative Kleidung bevorzugen. Sollte die legere Kleidung allerdings zu einem echten Problem ausarten, ist dieser Aspekt der Firmenkultur vielleicht doch noch einmal zu überdenken.

- ✔ **Bitten Sie Mitarbeiter um Lösungsvorschläge.** Manche Manager lösen Probleme am liebsten selbst, obwohl es viel effizienter ist, dies, sofern angebracht, den Mitarbeitern zu überlassen. Es gibt aber auch Probleme, bei denen tatsächlich das Management eingreifen muss. Hierzu gehören zum Beispiel Konflikte unter den Mitarbeitern. Probleme mit der Arbeitsplanung und dem Zeitmanagement können Sie jedoch getrost Ihre Mitarbeiter lösen lassen.
- ✔ **Loben Sie Erfolge.** Wenn Ihre Mitarbeiter die in sie gesteckten Erwartungen erfüllen oder gar übertreffen, sind Anerkennung und Lob – insbesondere vor den Augen der Kollegen – fällig. Lob bestärkt Ihre Mitarbeiter in dem Gefühl, das Richtige zu tun.

Was Sie besser bleiben lassen:

- ✔ **Kritik vor den Augen anderer.** Kritik sollte grundsätzlich nur unter vier Augen geübt werden.
- ✔ **Den Feldwebel spielen.** Die Zeiten, in denen Manager im Befehlston Anweisungen erteilen und den Arbeitsplatz zu einer Kaserne machen, sind schon lange vorbei. Und das ist auch gut so. Schließlich erstickt ein rüder Umgangs- und Befehlston jegliche Spontaneität, Originalität, Kreativität und Neugier im Keim.
- ✔ **Fallen Sie Ihren Mitarbeitern nicht in den Rücken.** Sie zerstören innovatives Denken und die Arbeitsmoral, wenn Sie Ihre Mitarbeiter unfair behandeln und nur darauf lauern, dass ihnen ein Fehler passiert, damit Sie ihnen eine Standpauke halten können.

Wenn Sie es ihren Mitarbeitern nicht zutrauen, eigene Entscheidungen zu treffen und Risiken einzugehen, ist es mit einer motivierenden Firmenkultur nicht weit her. Möchten Sie, dass man Ihnen vertraut? Ja? Gut, aber Sie wissen ja: Vertrauen beruht auf Gegenseitigkeit.

Wie Sie Ihr Vertrauen unter Beweis stellen können? Ganz einfach:

- ✔ Ziehen Sie zu einem Vorstellungsgespräch mehrere Mitarbeiter hinzu. Damit zeigen Sie, dass sie Ihr Vertrauen genießen und Sie Wert auf ihre Meinung legen.
- ✔ Sprechen Sie von »wir« und »uns«, wenn Sie geplante Vorgehensweisen oder Ereignisse innerhalb des Unternehmens besprechen. Achten Sie darauf, ob auch Ihre Mitarbeiter dies tun. Wird dagegen häufig von »denen« gesprochen, wenn das Management oder das Unternehmen gemeint ist, ist das ein deutliches Warnsignal.
- ✔ Überlegen Sie sich, was Sie im Krankheitsfall Ihrer Mitarbeiter tun können. Verlangen Sie für jede Stunde Abwesenheit ein ärztliches Attest, ist das alles andere als ein Vertrauensbeweis.

Die zweiseitige Kommunikation fördern

Es ist ein ziemlich hartes Stück Arbeit, eine offene Kommunikation innerhalb des Unternehmens durchzusetzen. In Teil III werden wir uns das Ganze mal im Detail ansehen, während Sie im folgenden Abschnitt nur die Grundlagen kennen lernen.

Am besten fördern Sie die offene Kommunikation, indem Sie Ihre Bürotüre immer offen lassen, auch wenn Sie sich gerade mit Kollegen besprechen. Auf diese Weise zeigen Sie Ihren Mitarbeiter, dass sie alle ein Team sind und es keine Geheimnisse gibt.

Bei einer positiven Firmenkultur steht die Kommunikation im Mittelpunkt. Bitten Sie Ihre Mitarbeiter um Vorschläge und bieten Sie ihnen Unterstützung und Feedback an. Das Wichtigste aber ist, dass Sie gut zuhören können. Als Manager sollten Sie zugleich auch der größte Fürsprecher für Ihre Leute sein.

Gehen Sie immer davon aus, dass Ihre Mitarbeiter wissen, was hinter einer wichtigen Ankündigung steckt. Verpacken Sie Neuigkeiten nicht in Zuckerwatte und halten Sie sich an die Wahrheit, sonst verlieren Sie das Vertrauen Ihrer Mitarbeiter.

Anerkennung und Lob

Ist es Ihnen auch schon einmal passiert, dass Sie eine lange Zeit an einem Projekt gearbeitet, es abgegeben und dann nie wieder etwas darüber gehört haben? Sicher haben auch Sie sich in dieser Situation gefragt, ob dieses Schweigen ein gutes oder ein schlechtes Zeichen ist.

Gerade wenn Sie diese leidvolle Erfahrung am eigenen Leib gespürt haben, sollten Sie wissen, dass Sie dies Ihren Mitarbeitern ersparen sollten. Gefallen Ihnen die Leistungen oder Arbeitsmethoden Ihrer Leute, dann sagen Sie es ihnen! Möchten Sie, dass sich manche Ihrer Mitarbeiter ein Beispiel an ihrem Kollegen nehmen, sollten Sie den Betreffenden vor den Augen aller loben. Möchten Sie hingegen etwas verbessern, nun, dann müssen Sie es ebenfalls zur Sprache bringen. Halten Sie sich dabei an die Vorschläge in Kapitel 19.

Nichts freut einen Mitarbeiter mehr als ein dickes Lob. Jeder möchte, dass seine Anstrengungen auch belohnt werden – auch wenn die erhoffte Belohnung für jeden anders aussehen mag. Sparen Sie daher niemals mit Lob. Wenn es Ihnen schwer fällt, lesen Sie die Vorschläge in Kapitel 14 zu diesem Thema.

Setzen Sie sich dafür ein, dass Ihre Mitarbeiter befördert werden – der optimale Beweis dafür, dass Sie gute Arbeit würdigen. Außerdem verhindern Sie damit, dass sich Ihre Leute außerhalb des Unternehmens nach Aufstiegschancen umsehen.

Teamarbeit fördern

Selbst wenn Sie noch so begabt sind, können Sie die meisten Projekte nicht alleine bewerkstelligen. Denken Sie daran, die kreative Energie Ihres Teams zu nutzen. Es reicht nicht aus, Ihren Mitarbeitern Aufgaben zu delegieren, sie sollten sich mit ihrer Arbeit identifizieren können. Schildern Sie ihnen, wie wichtig das Gesamtergebnis und die Einzelbeiträge sind. Loben Sie sie für gute Arbeit. Wenn Sie dann Ihrerseits von Ihrem Vorgesetzten dafür gelobt werden, vergessen Sie nicht, das Lob auch an Ihr Team weiterzugeben.

Folgende Dinge sollten Sie tunlichst vermeiden, da sie dem Teamgeist eher abträglich sind:

- Achten Sie darauf, dass sich kein Konkurrenzkampf einstellt und die Teammitglieder versuchen, sich gegenseitig zu übertrumpfen – das geht zu Lasten des gemeinsamen Projekts!
- Hüten Sie sich davor, immer nur dieselben Mitarbeiter zu loben und andere zu vergessen.
- Stellen Sie niemals etwas in Aussicht, was Sie nicht einhalten können. Es ist völlig verkehrt, wenn Sie zum Beispiel versprechen, dass jeder nach Projektabschluss einen Tag frei nehmen kann, wenn Sie so etwas gar nicht entscheiden dürfen.

Spaß muss sein

Arbeit und Spaß – ist das denn wirklich möglich? Aber sicher! Mit einigen wenigen und noch dazu kostengünstigen Mitteln und Handgriffen lässt sich jeder Arbeitsplatz angenehmer gestalten. Wer Spaß bei der Arbeit hat, ist deutlich kreativer – was die Produktivität Ihres Unternehmens in ungeahnte Höhen steigen lässt.

In Kapitel 8 finden Sie viele Tipps, wie Sie für mehr Spaß bei der Arbeit sorgen können. Nachfolgend einige Maßnahmen, die sich in der Praxis bewährt haben und vieles gemeinsam haben: Sie sind kostengünstig, einfach umzusetzen und sie funktionieren:

- Feiern Sie jeden Monat ein kleines Fest.
- Bringen Sie einmal in der Woche frische Krapfen oder Croissants mit.
- Treffen Sie sich jeden Freitag Nachmittag und mischen Sie Berufliches mit Privatem. Auf der Tagesordnung müssen aber auch Dinge stehen, die Ihnen allen Spaß machen.
- Treffen Sie sich auch mal außerhalb des Unternehmens. Was spricht dagegen, die nächste Besprechung im Freien abzuhalten?
- Feiern Sie zusammen, wenn Sie einen knappen Termin einhalten konnten. Oder Sie verteilen Gutscheine fürs Kino oder gehen zusammen Minigolf spielen.
- Lernen Sie Ihre Mitarbeiter kennen. Fast jeder spricht doch gerne über sich selbst, oder etwa nicht?
- Verschönern Sie Ihre Büros und machen Sie einen Wettbewerb daraus. Erklären Sie vorher die dafür geltenden Richtlinien, und ermuntern Sie Ihre Mitarbeiter, dass sie ihrem Arbeitsplatz eine persönliche Note verleihen. Dem Gewinner – der natürlich vom Team auserkoren wird – winkt ein schöner Preis.

Unter der Woche verbringt man die meiste Zeit des Tages bei der Arbeit. Warum in aller Welt sollte man sich das nicht so angenehm wie möglich machen?

Halten Sie nach guten Gelegenheiten Ausschau

Firmen, zu denen Stellensuchende in Scharen laufen, haben normalerweise keine Probleme damit, traditionelle Grenzen zu sprengen. Wenn Sie sich die folgenden Punkte durchlesen, denken Sie daran, dass für jedes Unternehmen eigene Prioritäten und Richtlinien gelten, um eine positive Firmenkultur aufzubauen. Vielleicht dient der eine oder andere der folgenden Tipps als Anstoß für Sie, Ihrer Kreativität freien Lauf zu lassen:

- ✔ Belohnen Sie Mitarbeiter, die neue, kreative Ideen für die Suche nach neuen Mitarbeitern haben. Denkbar ist zum Beispiel, dass derjenige, der in einem Jahr die meisten neuen Mitarbeiter durch persönliche Empfehlung rekrutiert hat, mit einem schönen Preis oder Bargeld belohnt wird.
- ✔ Bieten Sie Studenten, die später in Ihrer Branche arbeiten wollen, ein Praktikum in Ihrem Unternehmen an.
- ✔ Übernehmen Sie eine Woche lang die Kosten für das Mittagessen, wenn Ihre Mitarbeiter die Ziele erfüllt oder gar übertroffen haben.
- ✔ Zusätzlich zur Leistungsbewertung müssen Sie während des Jahres an ein kontinuierliches Feedback denken. Mitarbeiter müssen jederzeit wissen, woran sie sind und was sie verbessern können, damit sie keine bösen Überraschungen erleben, wenn der Tag der Beurteilung ihrer Leistungen gekommen ist.
- ✔ Bieten Sie Ihren Mitarbeitern mehr als eine Kaffeemaschine im Aufenthaltsraum. Sofern das nötige Kleingeld vorhanden ist, können Sie doch auch einen Süßigkeitenautomaten oder einen Wasserspender aufstellen. Sinnvoll ist auch, wenn immer genug Geschirr, Tassen, Teebeutel, Gewürze und ähnliches bereit stehen, damit man sich schnell mal einen Imbiss zubereiten kann.
- ✔ Wenn Sie die Möglichkeit haben, können Sie Ihren Mitarbeitern eine verbilligte oder gar kostenlose Mitgliedschaft in einem Fitnessclub anbieten oder einen Mitarbeiterrabatt für die firmeneigenen Produkte oder Dienstleistungen gewähren.

Auch der Arbeitsplatz an sich kann motivieren

5

In diesem Kapitel

- Die angenehme Gestaltung des Arbeitsplatzes
- Die richtige Beleuchtung
- Großraumbüro oder doch lieber kleine Einzelbüros?
- Besprechungszimmer ansprechend einrichten

Stellen Sie sich einmal vor, Sie müssten in einem Büro mit kahlen, weißen Wänden arbeiten. Und jetzt stellen Sie sich bitte vor, Ihr Büro hätte überhaupt keine Wände, und Sie könnten auf einen Blick sehen, was Ihr Kollege gerade so treibt. Stellen Sie sich weiterhin vor, Sie hätten gar kein eigenes Büro, nicht einmal einen Schreibtisch. Sie arbeiten mit einem Laptop und können sich hinsetzen, wo Sie möchten. Jede der eben beschriebenen Arbeitsumgebungen vermittelt ein anderes Arbeitsgefühl und führt zu einer anderen Art zu arbeiten.

Die wenigsten Menschen haben sich darüber vermutlich viele Gedanken gemacht, aber es ist eine Tatsache, dass sich das direkte Arbeitsumfeld auf die Firmenkultur, die Motivation und Leistung der Mitarbeiter auswirkt.

Lautet das Ziel Ihres Unternehmens, eine entspannte und kreative Arbeitsatmosphäre aufzubauen, sollte das auch aus der Architektur des Firmengebäudes und der Inneneinrichtung hervorgehen. Und wenn Sie eine ultra-konservative Atmosphäre bevorzugen, sollte Ihr Arbeitsplatz entsprechend konservativ gestaltet sein.

Der Arbeitsplatz sollte jedoch mehr sein als die äußere Form der Firmenkultur, die er widerspiegelt. Er sollte auch den Teamgeist und die Kommunikation untereinander fördern.

In diesem Kapitel erfahren Sie, wie Sie einen Arbeitsplatz so gestalten, dass er auf Ihr Unternehmen und die Arbeitsmethoden Ihrer Mitarbeiter zugeschnitten ist. Sie werden etwas über die Vor- und Nachteile von Einzelbüros, unterteilten und offenen Großraumbüros erfahren, damit Sie entscheiden können, was für Ihr Unternehmen optimal geeignet ist. Außerdem erläutere ich Ihnen, welchen Einfluss die Beleuchtung auf die Arbeitsmoral Ihrer Mitarbeiter hat.

Wenn Sie ein Unternehmen gründen, in ein anderes Gebäude umziehen oder sich einfach Gedanken darüber machen, wie sich Ihre Arbeitsstätte umgestalten ließe, ist dieses Kapitel goldrichtig für Sie. Doch selbst wenn Sie gerade keine dieser Veränderungen planen, sollten Sie es durchlesen, denn es enthält gute Tipps, um den eigenen Arbeitsplatz persönlicher und ansprechender zu gestalten.

Warum die Gestaltung so wichtig ist

Studien belegen, dass die Arbeitsplatzgestaltung den Erfolg eines Unternehmens mitbestimmt. Laut einer Umfrage der amerikanischen Gesellschaft für Innenarchitekten und Raumausstatter (ASID) beeinflusst das äußere Erscheinungsbild einer Firma sogar die Loyalität der Angestellten und das Interesse von Bewerbern, in dieser Firma zu arbeiten.

Es überrascht nicht weiter, dass die Umfrage weiterhin ergeben hat, dass Mitarbeiter helle, modern eingerichtete Räume bevorzugen, ungestört arbeiten möchten und gleichzeitig schnell und ohne Umstände den Kontakt zu den Kollegen herstellen wollen.

Einfacher gesagt als getan. Schließlich kostet das alles Geld – und das liegt bekanntermaßen ja nicht auf der Straße. Trotzdem: Das Geld, das Sie durch einen sterilen oder gar unergonomischen Arbeitsplatz einsparen, lohnt sich nicht, denn der daraus entstehende Verlust an Kreativität, Produktivität und Zufriedenheit Ihrer Mitarbeiter führt langfristig gesehen zu größeren finanziellen Schäden.

Eine gut gestaltete Arbeitsumgebung fördert das gemeinsame Lernen und den Austausch mit Kollegen – und das jeden Tag und nicht nur bei Brainstorming-Sitzungen oder Teambesprechungen. Es sollte immer möglich sein, mal eben zu einem Kollegen zu gehen, um ihn um Rat zu fragen oder sich im Bedarfsfall an das Management zu wenden. Und man kann schließlich auch über Projekte diskutieren, wenn man sich auf dem Gang über den Weg läuft oder sich im Kopierraum aufhält. Außerdem lernen sich die Kollegen besser kennen, wenn sie nur wenige Meter voneinander entfernt arbeiten – was nicht in allen Unternehmen möglich ist.

Das wichtigste Merkmal eines gut gestalteten Arbeitsplatzes ist, dass sich die Mitarbeiter jederzeit untereinander austauschen und voneinander lernen können. Legt man in Ihrem Unternehmen Wert auf Teamarbeit – und wer tut das nicht? – sollte die Gestaltung der Arbeitsumgebung den täglichen, ganz zwanglosen Austausch unter den Mitarbeitern fördern. Zu diesem Zweck eignen sich zum Beispiel zentrale Arbeitsbereiche wie Kopier- und Druckerräume, aber auch Mitarbeiterpostfächer.

Was Sie über Großraumbüros wissen sollten

Großraumbüros haben ihre Vor- und Nachteile, je nachdem, welche Arbeiten darin erledigt werden müssen. Bei Aufgaben, die eine hohe Konzentration erfordern, ist es in einem separaten Büro einfacher, sich vor Ablenkungen zu schützen. Müssen Ihre Mitarbeiter aus beruflichen Gründen viel telefonieren, kann es die Kollegen leicht stören, ständig die Gespräche ihrer Nachbarn zu hören.

Sofern der Geräuschpegel jedoch niemanden stört, vereinfacht ein Großraumbüro das Arbeiten im Team. Es ist viel leichter, am Erfolg anderer teilzuhaben oder mal schnell ein Brainstorming abzuhalten, wenn die Kollegen nicht in einzelnen Büros sitzen. Vor allem für eine Vertriebsabteilung ist ein Großraumbüro besonders geeignet.

Aus der Raumaufteilung und der Anordnung der Arbeitsplätze kann selbst in einem Großraumbüro ein Problem entstehen, das sonst meist nur auftritt, wenn jeder sein eigenes Büro hat: Der Neid auf den Kollegen, der einen größeren, schöneren, helleren oder zentraler gelegenen Arbeitsplatz hat. Wichtig ist daher vor allem, dass Ihre Leute produktiv arbeiten können, was je nach Betrieb oder Abteilung mit unterschiedlichen Anforderungen verknüpft ist. Wenn Ihre Mitarbeiter das Gefühl haben, an ihrem Arbeitsplatz ihr Bestes geben zu können, kommt nicht so leicht Neid auf den Kollegen auf, der ein paar Meter weiter vielleicht einen Fensterplatz ergattern konnte.

Lassen Sie Ihre Mitarbeiter ihren Arbeitsplatz nach ihrem persönlichen Geschmack ein wenig verschönern – ob nun im Großraum- oder Einzelbüro. Mit ein paar Bildern und persönlichen Gegenständen werden sie sich wohler fühlen und außerdem lernt man sich dadurch auch gegenseitig besser kennen. Persönlich gestaltete Arbeitsplätze erhöhen die Kameradschaft und damit den Teamgeist, was wiederum die Qualität der Arbeit erhöht.

Bevor Sie Ihren Mitarbeitern freie Hand bei der individuellen Gestaltung der Arbeitsplätze lassen, sollten Sie klären, was akzeptabel ist und was nicht. Alles, was unter das Schlagwort »sexuelle Belästigung« fallen könnte wie Pinup-Poster und Kalender mit freizügigen Bildern, hat am Arbeitsplatz natürlich nichts verloren. Denken Sie auch an das von Ihrem Unternehmen angestrebte Image. Sind Sie im Bereich Finanzen oder Rechtsberatung tätig, sollten Ihre Mitarbeiter besser ein professionellen Image vermitteln. Gleichzeitig gilt natürlich auch, dass man ihnen die Kreativität schon an der Nasenspitze ablesen können sollte, wenn sie in der Werbebranche beschäftigt sind. Achten Sie aber auch darauf, Ihre Leute nicht mit Vorschriften zu erschlagen, sonst ersticken Sie ihre Kreativität im Keim und laufen Gefahr, sich äußerst unbeliebt zu machen.

Vollspektrumbeleuchtung - fast so gut wie natürliches Licht

Einige Unternehmen haben sich für die Vollspektrumbeleuchtung entschieden, die dem natürlichen Licht am nächsten kommt und viele Vorteile bietet.

Die Vollspektrumbeleuchtung beugt rascher Ermüdung und Kopfschmerzen vor und steigert die Konzentrationsfähigkeit. Außerdem erscheinen Farben brillanter und klarer, und sie ist weniger belastend für die Augen.

Und es ward Licht!

Die Lichtverhältnisse wirken sich sowohl auf die Leistungsfähigkeit als auch auf die Stimmung Ihrer Mitarbeiter aus. Es gibt viele verschiedene Beleuchtungsarten für die unterschiedlichsten Tätigkeiten, Räumlichkeiten, aber auch persönlichen Vorlieben. Lassen Sie sich doch bei Bedarf einfach von einem Fachmann beraten. Auch wenn derzeit kein Umzug geplant ist, sollten Sie die jetzigen Lichtverhältnisse einmal überprüfen. An den meisten Arbeitplätzen werden Neonröhren zur Beleuchtung verwendet, doch es gibt noch viele andere Möglichkeiten, die sich möglicherweise besser eignen. Eine ausgeklügelte Beleuchtung bietet nicht nur ergonomische Vorteile, da sich die Mitarbeiter nicht ständig den Hals verrenken müssen, um nicht geblendet zu werden, sondern auch finanzielle Vorteile, wenn Energiesparlampen eingesetzt werden. Außerdem lässt sich mit einer guten Beleuchtung die so genannte Winterdepression vermeiden, die durch die kürzeren Tage im Winter verursacht werden kann.

Es ist natürlich kaum möglich, es bezüglich der Beleuchtung allen Mitarbeitern recht zu machen. Trotzdem müssen Sie eine Entscheidung fällen, die den Bedürfnissen Ihrer Belegschaft entspricht. Daher sollte jeder Mitarbeiter eine eigene Lichtquelle wie eine Schreibtischlampe erhalten, die er nach Belieben ein- oder ausschalten kann.

Computerbildschirme sollten so aufgestellt werden, dass sich das einfallende Licht nicht darin spiegeln und den Mitarbeiter blenden kann.

Lassen Sie für Ihre Nachtschichtarbeiter die Nacht zum Tag werden

Wird in Ihrem Betrieb auch nachts gearbeitet, müssen Sie während der Nachtschicht unbedingt für eine gute Beleuchtung sorgen, um die Produktivität, Sicherheit und Arbeitsmoral zu steigern.

Mit Hilfe modernster Computerprogramme lassen sich für jeden Arbeitsplatz optimale Lichtverhältnisse berechnen, die die Konzentrationsfähigkeit und damit die Leistung der Mitarbeiter erhöhen. (Denken Sie bitte daran, dass es zu Beginn der Nachtschicht draußen bereits dunkel ist, und die Nachtschichtarbeiter gegen ihren natürlichen Rhythmus arbeiten, weshalb eine gute Beleuchtung gerade während ihrer Arbeitszeit besonders wichtig ist.) Erstaunlich! Einer Studie von Dr. Charles Czeisler, außerordentlicher Professor an der Harvard Medical School und Leiter des Labors für Schlafstörungen und circadiane Medizin in Boston zufolge ist es möglich, den Wach- und Schlafrhythmus zu ändern, wenn eine Person zu exakt abgestimmten Zeiten Lichtquellen unterschiedlicher Intensität ausgesetzt wird. Somit können Mitarbeiter nachts genauso gute Leistungen erbringen wie tagsüber. Nähere Informationen finden Sie auf dieser Homepage: `members.tripod.com/Shiftwork/index.html`.

Büros oder offene Räume?

Haben Sie sich auch schon mal gefragt, warum Bürogebäude Bürogebäude heißen? Höchstwahrscheinlich, weil sich darin lauter Büros befinden, oder? Heutzutage gehen jedoch immer mehr Unternehmen dazu über, die einzelnen Büros abzuschaffen und statt dessen offene Räume mit einzelnen Arbeitsplätzen und Aufenthaltsbereichen einzurichten. Wenn Sie unsicher sind, welche Art von Arbeitsraum für Ihr Unternehmen geeignet ist, sollten Sie die beiden folgenden Abschnitte aufmerksam durchlesen.

Wo ist mein Rollpult?

Zur Förderung von Teamarbeit und Kreativität bei gleichzeitiger Kostensenkung werden in einigen Firmen Büroräume abgeschafft und statt dessen großzügige Arbeitsbereiche eingerichtet, in denen es keine Wände mehr gibt.

Manche Firmen gehen sogar noch einen Schritt weiter und schaffen auch Schreibtische ab. Statt dessen hat jeder Mitarbeiter ein Rollpult, das sich einfach täglich an einen anderen Arbeitsplatz rollen lässt, was sich vorteilhaft auf Kreativität und Innovation auswirkt. Viele Manager sind der felsenfesten Überzeugung, dass kreative Mitarbeiter erst in einem ungewöhnlichen Arbeitsumfeld zu Höchstleistungen auflaufen, und dass offene Büroräume und Rollpulte dafür optimal geeignet sind.

In diesen großzügigen Büroräumen gibt es eine Mitarbeiter-Lounge und Sofas, so dass man sich gemütlich zusammen setzen und über die Arbeit reden kann. Dahinter verbirgt sich das Ziel des Unternehmens, die Kommunikation zwischen den Mitarbeitern zu fördern und sich öfter an gemeinsamen Projekten zu beteiligen.

Sie grübeln jetzt bestimmt über den Geräuschpegel nach, oder? Erfahrungsgemäß ist das kein Problem. Und die Tatsache, dass Sie keinen eigenen Schreibtisch mehr haben, führt zu einer höheren Flexibilität, da Sie mal eben zu Ihrem Kollegen rollen und mit ihm zusammen arbeiten können.

Diese Art der Bürogestaltung bietet noch einen weiteren Vorteil: Selbst Topmanager sind voll und ganz in die Arbeit der Mitarbeiter integriert, da auch ihnen kein eigenes Büro mehr zur Verfügung steht, in das sie sich zurückziehen können. Damit stehen sie ihren Mitarbeitern den ganzen Tag als Ansprechpartner zur Verfügung.

Wo bitte ist mein Büro?

Nicht jeder kann sich mit der Idee anfreunden, die trennenden Bürowände einzureißen, und in vielen Branchen sind herkömmliche Büros unverzichtbar. Doch vielleicht gefällt Ihnen die Vorstellung, die konventionellen Einzelbüros beispielsweise um einen größeren Raum anzulegen, der als eine Art Aufenthaltsbereich oder auch als großzügiges Besprechungszimmer dienen kann.

Natürlich haben einzelne Büros ihre Vorzüge, sonst wären sie ja nicht so beliebt. Mitarbeiter können die Tür schließen, um sich ungestört auf ihre Arbeit zu konzentrieren oder ein Telefonat zu erledigen.

Besuchen Sie doch mal diese Sites

Ist in Ihrem Unternehmen eine Umgestaltung der Büros geplant? Dann sollten Sie diese Homepages besuchen:

Steelcase (`www.steelcase.com`) wurde 1912 in Grand Rapids, Michigan gegründet. Das Unternehmen hat sich auf Büroeinrichtungen spezialisiert, und die Produkte wie Sitzmöbel, Möbel- und Regalsysteme werden auch auf dem deutschen Markt über den Fachhandel angeboten.

Herman Miller (`www.hermanmiller.com`). Diesem Unternehmen wurden schon mehrere Preise für seine innovativen Büromöbel verliehen. Leider sind seine Produkte in Europa nur in Großbritannien und Frankreich erhältlich, aber ein Besuch der Homepage lohnt sich dennoch.

Haworth, Inc. (`www.haworteurope.com`) wurde 1948 gegründet und sitzt in Michigan. Dieser führende Büroausstatter hält weltweit über 150 Patente und setzt verstärkt auf F&E. Auch dieser Firma wurden zahlreiche Auszeichnungen und Preise verliehen.

Knoll, Inc. (`www.knoll.com`) stellt kreative Produkte für das Büro und den Wohnbereich her. Seit seiner Gründung 1938 wurde das Unternehmen mit vielen Preisen für innovatives Design ausgezeichnet. Einige seiner Produkte werden sogar in Museen für moderne Kunst ausgestellt.

Wo wollen wir uns treffen?

Wie auch immer Ihre Büroräume angelegt sind, eines steht fest: Konferenz- und auch Aufenthaltsräume müssen zusätzlich vorhanden sein. Aufenthalts-, Gemeinschafts- oder Ruhebereiche, in denen man sich entspannen, einen Imbiss zu sich nehmen oder zurückziehen kann, bieten die Möglichkeit, sich völlig zwanglos und spontan über berufliche Dinge zu unterhalten, ohne bis zur nächsten Besprechung darauf warten zu müssen.

6 Mitdenken und für ein ausgewogenes Verhältnis von Berufs- und Privatleben sorgen

In diesem Kapitel

- Wichtiges zum Thema Berufs- und Privatleben
- Alternative Arbeitszeitregelungen und Beschäftigungsmodelle
- Mal etwas Neues wagen
- Maßnahmenpaket für ein ausgeglichenes Privat- und Berufsleben

Der durchschnittliche Arbeitnehmer verbringt rund acht Stunden täglich bei der Arbeit – was macht er eigentlich in den verbleibenden 16 Stunden? Na, da wären die Familie, die Freunde und sonstige Aktivitäten. Außerdem muss jeder essen und schlafen. Was ich Ihnen klar machen möchte ist, dass es für jeden Angestellten noch ein Leben außerhalb des Unternehmens gibt, zu dem persönliche Pläne, Hobbys und Interessen, Verpflichtungen und langfristige Ziele gehören. Daher dürfte sich wohl jeder Angestellte und Arbeiter ein ausgewogenes Verhältnis zwischen Privat- und Berufsleben wünschen.

Als Manager können Sie Ihren Mitarbeitern ein gewisses Maß an Flexibilität anbieten, ohne dass dies zu Lasten der Produktivität geht – ganz im Gegenteil, vermutlich steigert sich diese dadurch noch. In diesem Kapitel erfahren Sie, welchen Beitrag Sie leisten können, damit Ihre Leute ein ausgeglichenes Berufs- und Privatleben haben und inwieweit Ihr Unternehmen davon profitiert. Außerdem lernen Sie, wie Sie ein ausgewogenes Berufsleben-/Freizeitpaket schnüren können.

Wohin führt der Trend?

Die strikte Trennung zwischen Berufs- und Privatleben, die früher als selbstverständlich galt, löst sich zunehmend auf. Die Zeiten, in denen es den Firmen egal war, was die Mitarbeiter in ihrer Freizeit so alles anstellen, solange sie nur ihre Arbeit ordentlich erledigen, gehören der Vergangenheit an.

Und das ist gut so. Viele Unternehmen sind sich der Tatsache bewusst, dass es für viele Menschen schwierig ist, Berufs- und Privatleben unter einen Hut zu bringen. So werden inzwischen flexible Arbeitszeiten angeboten, um es den Mitarbeitern zu ermöglichen, am Nachmittag Schulaufführungen ihrer Kinder zu besuchen. Andere Unternehmen führen für bestimmte Aufgaben die Telearbeit ein, bei der die Arbeitnehmer von zu Hause aus arbeiten können.

Die Zahlen hinter diesem Trend

Sie lieben Zahlen? Dann haben Sie Glück! Mithilfe der folgenden Statistik können Sie sich ein genaues Bild darüber machen, warum so viele Unternehmen auch die privaten Bedürfnisse ihrer Mitarbeiter berücksichtigen. Die Statistik bezieht sich zwar auf Nordamerika, doch auch in Deutschland dürften ähnliche Zahlen gelten.

Fast 65 Prozent der amerikanischen Familien sind Doppelverdiener.

1999 lebten knapp 28 Prozent aller amerikanischen Kinder bei einem allein erziehenden Elternteil.

Mehr als 90 Prozent aller amerikanischen Konzerne bieten ihren Angestellten auf unterschiedliche Weise Unterstützung bei der Kinderbetreuung.

Über 70 Prozent aller amerikanischen Frauen mit Kindern unter 18 sind berufstätig.

Einer von RHI Management Resources durchgeführten Studie zufolge sagten rund zwei Drittel der 1400 befragten Finanzleiter, dass die Anzahl der Unternehmen, die ihre Angestellten dabei unterstützen, ein ausgewogenes Berufs- und Privatleben zu führen, deutlich höher ist als noch vor fünf Jahren.

Dieses Entgegenkommen macht Firmen für Topleute sehr attraktiv. Die Möglichkeit, private und berufliche Interessen zu vereinen, ist für viele Arbeitnehmer das Hauptargument, bei diesem Unternehmen anzufangen beziehungsweise zu bleiben. Eine von OfficeTeam durchgeführte Studie kam zu dem Ergebnis, dass dies für die gesamte Belegschaft ein äußerst wichtiger Punkt ist.

Berufliche und private Interessen vereinen

So etwas passiert nicht von selbst. Zum einen sind Sie als Manager gefordert, aktiv daran zu arbeiten, und zum anderen müssen auch Ihre Mitarbeiter etwas dafür tun. Doch bevor Sie sich damit befassen, sollten Sie die Anzeichen für ein *Ungleichgewicht* zwischen Arbeits- und Privatleben erkennen lernen:

- ✔ Ihr Unternehmen (oder Sie als Manager) begreifen die Arbeit als das Wichtigste im Leben Ihrer Angestellten.
- ✔ Überstunden zu leisten ist Ehrensache.
- ✔ Ihre Mitarbeiter versäumen häufig Familienfeiern und ähnliches, weil sie zu lange arbeiten müssen.
- ✔ Ihre Mitarbeiter handeln sich Ärger ein, wenn sie sich aufgrund unvorhersehbarer Ereignisse, wie die Erkrankung eines Kindes, frei nehmen.

- ✔ Ihre Mitarbeiter haben ein schlechtes Gewissen, wenn sie nach Hause gehen, ohne sich Arbeit mitzunehmen.

Als Manager sind Sie in Ihrer Abteilung tonangebend und haben eine gewisse Vorbildfunktion. Wenn Sie sich so verhalten, als gäbe es in Ihrem Leben nur die Arbeit, werden Ihre Mitarbeiter vermutlich denken, dass sie sich ebenso verhalten müssen, um Karriere zu machen. Wenn Sie hingegen das Privatleben Ihrer Mitarbeiter respektieren – indem Sie zeigen, dass Sie selbst eines haben und indem Sie Ihren Leuten bei familiären Problemen zur Seite stehen – tragen Sie Ihren Teil dazu bei, für ein ausgewogenes Verhältnis von Privat- und Berufsleben zu sorgen.

Gelegentliche Überstunden sind okay, wenn sie nicht überhand nehmen. Sind Überstunden jedoch an der Tagesordnung, werden Sie gute Mitarbeiter aufgrund von Dauerstress und Erschöpfung verlieren.

Alternative Arbeitszeitregelungen

Die übliche Arbeitszeit von »acht bis fünf« – inklusive der Mittagspause – verliert in vielen Firmen zunehmend an Bedeutung, da es nicht mehr unbedingt erforderlich ist, dass die Mitarbeiter während dieser Zeit durchgehend anwesend sind.

Statt dessen können die Mitarbeiter zum Teil selbst bestimmen, welche Zeiten ihren beruflichen und auch privaten Verpflichtungen am besten entsprechen. So wird manchmal zum Beispiel nur eine Anwesenheit während der Kernarbeitszeit von 10 Uhr morgens bis 14.00 Uhr am Nachmittag verlangt. Oder die Mitarbeiter haben die Möglichkeit, von zu Hause aus zu arbeiten oder die Arbeitszeiten frei zu wählen, zum Beispiel von 5 Uhr morgens bis 14 Uhr oder von 10 Uhr morgens bis 19 Uhr. Manche Unternehmen bieten auch die Möglichkeit des Job-Sharing an, das heißt, zwei Mitarbeiter teilen sich eine Vollzeit-Arbeitsstelle.

Weshalb sich die Arbeitszeiten so geändert haben? Nun, mehrere Trends sind dafür verantwortlich zu machen:

- ✔ In immer mehr Familien arbeiten beide Elternteile oder es handelt sich um alleinerziehende Mütter oder Väter.
- ✔ Der Berufsverkehr in den Großstädten führt zu extrem langen Anfahrtszeiten.
- ✔ Die Arbeitnehmer möchten ihrer Familie mehr Zeit widmen.
- ✔ Fortschrittliche Technologien wie Voice-Mail und E-Mail ermöglichen es den Arbeitnehmern, rund um die Uhr erreichbar zu sein und andere zu erreichen.

Flexible Arbeitszeiten sind ein entscheidendes Kriterium für Arbeitsuchende und erhöhen die Loyalität der Mitarbeiter.

Unter den Begriff *alternative Arbeitszeitregelung* fallen alle Arbeitszeitmodelle, die von dem Arbeitstag von acht bis siebzehn Uhr oder der 40-Stunden-Woche abweichen. Natürlich gibt es noch andere Regelungen, zum Beispiel das Arbeiten als selbstständiger Berater oder als projektbezogene Arbeitskraft, doch darauf soll in diesem Buch nicht eingegangen werden.

In den folgenden Abschnitten erfahren Sie mehr über die Vorteile alternativer Arbeitszeitregelungen und Beschäftigungsmodelle wie Teilzeitarbeit, Job-Sharing, flexible Arbeitszeiten und Telearbeit. Wird keines dieser Modelle in Ihrem Unternehmen angeboten, ist es sicherlich eine Überlegung wert, ob die Einführung einer alternativen Regelung sich nicht vielleicht sehr vorteilhaft für Ihre Firma und Ihre Mitarbeiter erweisen könnte.

Noch mehr alternative Beschäftigungsmodelle

Neben den vier in diesem Buch genannten Alternativen gibt es noch andere Regelungen, die weniger verbreitet sind und in eigenen Unternehmen gerade getestet werden.

Ruhestandsübergangsregelung: Bei dieser Option werden die Zahl der Arbeitsstunden und die entsprechenden Zuständigkeiten allmählich reduziert. Auf diese Weise können langjährige Mitarbeiter als Mentoren ihre Erfahrung bis zum Eintritt in den Ruhestand an jüngere Kollegen weitergeben.

Teilzeitruhestand: Hier wird die Vollzeitarbeitsstelle kurz vor Eintritt in die Rente in einen Teilzeitarbeitsplatz mit entsprechender Lohnkürzung umgewandelt. Hat Ihr Unternehmen Schwierigkeiten, gute Arbeitskräfte zu finden, ist diese Möglichkeit vielleicht etwas für Ihre Firma, da Sie bereits Nachfolger suchen und einarbeiten können, während die Stammkräfte noch für Sie arbeiten.

Freiwillige Reduzierung der Arbeitsstunden oder Job-Sharing: Bei dieser Beschäftigungsform verkürzen Vollzeitkräfte jeden Alters für eine bestimmte Frist die Anzahl ihrer Arbeitsstunden, womit sich durch Arbeitsknappheit bedingte Massenentlassungen vermeiden lassen.

Die Vorteile alternativer Beschäftigungsmodelle

Selbst unter den besten Bedingungen (aus Arbeitgeberperspektive) haben viele Unternehmen Schwierigkeiten, Topleute zu finden, die zur Zufriedenheit des Unternehmens arbeiten. Und selbst wenn es gelingt, solche Kräfte zu finden, ist da ja noch das Problem, sie auch zu halten. Unzufriedene Mitarbeiter zögern nicht, sich nach einer anderen Stelle umzusehen – und normalerweise verlassen immer die besten Mitarbeiter das Unternehmen zuerst.

Neue Mitarbeiter zu finden und zu halten – so lautet die Herausforderung, mit der viele Unternehmen heutzutage konfrontiert sind. Aus diesem Grund werden viele Arbeitszeitmodelle entwickelt, die diesem Zweck dienen sollen, ohne den Erfolg des Unternehmens zu gefährden.

Jedes Unternehmen – auch Ihres – profitiert von einer hohen Mitarbeiterloyalität, und Mitarbeiter sind motiviert, ihr Bestes zu geben, wenn ihr Arbeitgeber auf ihre Bedürfnisse eingeht.

Teilzeitbeschäftigung

Teilzeitkräfte arbeiten in der Regel zwischen 20 und 30 Stunden die Woche. Je nach geleisteten Arbeitsstunden und Personalpolitik des Unternehmens werden Sozialleistungen gezahlt oder auch nicht. Die Arbeitszeiten sind meist flexibel an die Bedürfnisse des Arbeitgebers und Arbeitnehmers angepasst. So kann eine Teilzeitkraft im Technischen Support beispielsweise drei volle Arbeitstage die Woche und eine Teilzeitkraft im Personalbüro jeden Tag nur vormittags arbeiten.

Durch die Möglichkeit einer Teilzeitbeschäftigung können Sie gute Kräfte einstellen, die keinen Volltagsjob möchten oder annehmen können.

Es gibt viele Gründe, weshalb Arbeitnehmer bevorzugt Teilzeit arbeiten möchten:

- ✔ Sie können sich nebenbei weiterbilden.
- ✔ Sie sichern sich ein zusätzliches Einkommen.
- ✔ Sie sind dabei, eine Familie zu gründen.
- ✔ Sie pflegen einen Elternteil.
- ✔ Sie möchten zwei unterschiedliche Tätigkeiten vereinen können, die beide ihren Neigungen entsprechen, wie zum Beispiel die eines Software-Ingenieurs und die eines Künstlers.

Teilzeitkräfte schätzen ihre Arbeit ebenso wie Vollzeitkräfte. Vielleicht setzen sie lediglich andere Prioritäten oder sind nicht auf ein volles Gehalt angewiesen. Überlegen Sie doch mal selbst: Haben Sie nicht mehr von einer zuverlässigen und produktiven Teilzeitkraft als von einer unmotivierten und unproduktiven Vollzeitkraft?

Job-Sharing

Job-Sharing ist eine interessante Entwicklung, die es noch gar nicht so lange gibt. Zwei Halbzeitkräfte teilen sich einen Vollzeitjob mit all seine Pflichten und Zuständigkeiten. Anstelle eines Managers, der 40 Stunden die Woche arbeitet, könnten also beispielsweise zwei Manager jeweils 20 Stunden die Woche arbeiten. Jeder von ihnen übernimmt 50 Prozent der zu leistenden Arbeit und ist dafür auch voll verantwortlich. Die Aufteilung ist ihnen und ihrem Supervisor überlassen. Kann einer der beiden besser mit Menschen umgehen, wird er wohl lieber die Telefonate übernehmen und das Team führen, während der andere vielleicht ein Organisationstalent ist und somit gerne die langfristigen Strategien entwickelt und Berichte erstellt.

Beim Jobsharing lautet das Zauberwort zweifelsfrei »Kommunikation«. Die beiden Mitarbeiter, die sich eine Stelle teilen, müssen sich täglich gegenseitig über den aktuellen Stand der Dinge, den Arbeitsfortschritt und potenzielle Schwierigkeiten informieren. (Am besten, es wird täglich eine halbe Stunde für die »Übergabe« eingeplant.) Außerdem müssen Sie als Vorgesetzter genauer als bei den üblichen Arbeitsmodellen darauf achten, dass keine wichtigen Informationen verloren gehen. Erkundigen Sie sich auch regelmäßig, ob irgendwelche Punkte zu klären sind, zum Beispiel ob einer der beiden das Gefühl hat, dass an ihm die ganze Arbeit hängen bleibt. Ist das der Fall, sollten Sie ein Gespräch mit beiden Mitarbeitern einplanen, um gemeinsam nach Lösungen zu suchen.

Flexible Arbeitszeiten

Flexible Arbeitszeiten – nun dieser Begriff ist eigentlich selbsterklärend. Mitarbeiter können ihre Arbeitszeit relativ frei einteilen. Bei einer üblichen Kernzeit von 8.30 bis 17.30 Uhr wählen die Mitarbeiter meist Arbeitszeiten von 7 bis 16 Uhr oder von 9 bis 18 Uhr.

Eine weitere Variante der flexiblen Arbeitszeit ist die komprimierte Arbeitswoche. Hierbei besteht für bestimmte Mitarbeiter die Möglichkeit, vier Tage die Woche zehn Stunden täglich zu arbeiten, um einen Tag frei zu haben.

Telearbeit

Ob Sie es nun glauben oder nicht, es gibt Menschen, die auch außerhalb der gewohnten Arbeitsumgebung sehr produktiv arbeiten. *Telearbeiter* arbeiten für eine bestimmte Zeit, meist einige Tage pro Woche, von zu Hause aus. Sie sind weiterhin unverändert vollzeitbeschäftigt und erbringen dieselbe Leistung, genießen jedoch die Vorzüge des Arbeitens in den eigenen vier Wänden. Vielleicht ist diese Möglichkeit auch für Ihr Unternehmen denkbar – eventuell mit der Option, dass Ihre Telearbeiter auf Abruf zur Verfügung stehen müssen.

Sind bei Ihnen spontane Besprechungen an der Tagesordnung, ist die Telearbeit wohl nichts für Ihr Unternehmen.

Mehr zum Thema Telearbeit finden Sie in Kapitel 17.

Die verschiedenen Möglichkeiten abwägen

Schön, wenn Sie zu dem Schluss gekommen sind, dass Sie Ihren Mitarbeitern mithilfe der vorgestellten alternativen Beschäftigungsmodelle helfen möchten, ein ausgewogenes Berufs- und Privatleben zu führen. Dennoch sollten Sie die Vor- und Nachteile der einzelnen Alternativen sorgfältig und in aller Ruhe gegeneinander abwägen und Ihr Team auf die geplante Änderung vorbereiten.

Mithilfe der folgenden Übung können Sie feststellen, inwieweit jeder einzelne Mitarbeiter von dieser Umstellung betroffen ist:

1. Nehmen Sie ein Blatt Papier und einen Stift zur Hand und zeichnen Sie eine Tabelle mit drei Spalten.
2. Links tragen Sie die unterschiedlichen Funktionen und Aufgaben für jeden Arbeitsplatz ein.
3. In der mittleren Spalte beschreiben Sie kurz, wie diese Aufgaben momentan erledigt werden.

   Überlegen Sie, welche technischen Geräte – wie zum Beispiel ein Kopierer – dafür nötig sind und wie viele Mitarbeiter regelmäßig kontaktiert werden müssen.
4. Rechts beschreiben Sie kurz, wie die Aufgaben in Zukunft gehandhabt werden sollen.

Stoßen Sie dabei auf potenzielle Probleme, sollten Sie versuchen, gemeinsam mit dem davon betroffenen Mitarbeiter in einer Brainstorming-Sitzung Lösungen zu erarbeiten. Gibt es keine, sollten Sie auf andere Alternativen zurückgreifen.

So überzeugen Sie auch die Firmenleitung von Ihren Plänen

Sie selbst mögen ja vollends davon überzeugt sein, dass alternative Beschäftigungsmodelle optimal für Ihr Unternehmen und Ihre Mitarbeiter sind. Doch was denkt die Firmenleitung darüber? Können Sie solche weitreichenden Entscheidungen alleine treffen? Wahrscheinlich nicht.

Als erstes müssen Sie einen soliden Plan aufstellen. Beschreiben Sie, inwieweit Ihre Abteilung konkret von einer solchen Umstellung profitiert. Recherchen sind jetzt das A und O. Bieten Konkurrenzunternehmen alternative Beschäftigungsmodelle? Verliert Ihr Unternehmen Mitarbeiter aufgrund von unzumutbaren Anfahrtszeiten? Ist damit zu rechnen, dass durch Ihren Vorschlag die Mitarbeiterfluktuation sinkt oder die Produktivität steigt, und wenn ja, weshalb? Achten Sie darauf, dass Sie alle zu erwartenden Vorteile im Sinne der strategischen Unternehmensziele formulieren.

Am besten arbeiten Sie Ihre Vorschläge schriftlich aus. Auf diese Weise machen Sie deutlich, dass Sie sich gründlich damit auseinandergesetzt haben, welche Konsequenzen alternative Beschäftigungsmodelle auf Ihre Abteilung und deren Produktivität haben werden. Außerdem wirkt ein schriftlich formulierter Vorschlag viel professioneller und stößt eher auf Gehör.

Denkbar ist auch, dass verschiedene Alternativen eine bestimmte Zeit lang ausprobiert werden. Bemessen Sie diese Zeit allerdings großzügig, damit Sie auftretende Probleme auch beheben können.

Auswirkung auf die Produktivität der Mitarbeiter

Die Änderungen einer gewohnten Arbeitsregelung wirkt sich immer auf die Produktivität der Mitarbeiter aus – zumindest in der Anfangsphase. Somit stellt sich also nicht die Frage, *ob*, sondern *wie* die Produktivität davon beeinflusst wird. Beantworten Sie sich diese Frage ehrlich und überlegen Sie, wie sie sich darauf vorbereiten und daraus entstehende Schwierigkeiten verhindern können.

Führen Sie keine Änderungen ein, nur damit sich endlich mal etwas tut. Wägen Sie mögliche Risiken sorgfältig ab und treffen Sie entsprechende Vorkehrungen.

Auswirkung auf die Produktivität des ganzen Teams

Inwieweit sich neue Beschäftigungsmodelle auch auf die Leistungen eines ganzen Teams auswirken, hängt ganz davon ab, welche Funktionen und Zuständigkeiten die Mitarbeiter ausüben, die von der Neuregelung betroffen sind.

Bei Jobs, die ein selbstständiges Arbeiten erfordern, dürfte es keine Probleme mit der Umstellung geben. Anders jedoch bei Jobs in den Bereichen Kundenservice oder Management, bei denen es auf die persönliche Anwesenheit ankommt. Ist es in einer bestimmten Position zum Beispiel nötig, regelmäßig Besprechungen mit seinen Mitarbeitern abzuhalten, muss derjenige mehrmals in der Woche ins Büro kommen – keine Frage! Lässt sich das nicht arrangieren, ist diese Stelle nicht für die Telearbeit geeignet.

Auswirkung auf Sie als Manager

Auch wenn Ihre Position nicht direkt von der Einführung alternativer Arbeitszeiten und Beschäftigungsmodelle betroffen ist, heißt das noch lange nicht, dass Sie sich nicht darauf vorbereiten müssen. Ganz im Gegenteil, Sie als Manager müssen sich mehr als jeder andere auf die Neuregelung vorbereiten. Achten Sie besonders auf die Einhaltung wichtiger Termine und kommunizieren Sie häufiger mit den von der Neuregelung betroffenen Mitarbeitern.

Außerdem müssen Sie jeden Mitarbeiter auf dem Laufenden halten, vor allem diejenigen, die außerhalb Ihres Büros arbeiten. Stellen Sie sich auf lange E-Mails und häufigere Telefonate ein!

Gut Ding braucht Weile!

Der Erfolg neuer Programme stellt sich meist nicht über Nacht ein, und alternative Beschäftigungsmodelle stellen bestimmt keine Ausnahme dar. Planen Sie also genug Zeit für die Umstellung ein – mindestens zwei oder drei Monate. Bereiten Sie sich darauf vor, dass Sie zu Beginn viel Zeit investieren müssen, damit Ihr Vorhaben letztendlich gelingt.

Achten Sie in den ersten paar Wochen der Umstellung auf mögliche Probleme und reagieren Sie sofort darauf. Manche Schwierigkeiten – wie ein geringer Leistungsabfall oder Qualitätsverlust – sind nicht auf den ersten Blick zu erkennen. Ihre Aufgabe ist es, den Ursachen auf den Grund zu gehen. Vielleicht muss sich der betreffende Mitarbeiter erst an die neuen Arbeitsregelung gewöhnen – oder seine Position ist einfach nicht geeignet dafür.

Doch auch wenn die Umstellungszeit problemlos klappt, müssen Sie immer wieder mal bei Ihren Mitarbeitern nachfragen, ob sie zufrieden sind, damit der langfristige Erfolg Ihres Projekts nicht gefährdet wird.

Harmonie zwischen Berufs- und Privatleben herstellen - aber wie?

Wenn Sie Manager oder Eigentümer eines kleineren Betriebs sind, können Sie höchstwahrscheinlich selbst darüber entscheiden, welche betrieblichen Leistungen optimal auf die Bedürfnisse Ihrer Mitarbeiter zugeschnitten sind. Sind Sie dagegen auf mittlerer Managementebene tätig, dürften Sie diese Befugnis zwar nicht haben, aber Sie können die jeweilige Entscheidung sicherlich beeinflussen, zum Beispiel, indem Sie mit dem Personalleiter darüber reden.

Ist es in Ihrem Unternehmen nicht möglich, alternative Beschäftigungsmodelle einzuführen, stehen Ihnen andere Möglichkeiten zur Verfügung, mithilfe derer Ihre Mitarbeiter ein ausgewogenes Berufs- und Privatleben führen können. Manche Unternehmen sind sehr einfallsreich, wenn es darum geht, mehr als die gesetzlich vorgeschriebenen Lohnnebenleistungen zu bieten. So sind innerbetriebliche Kindertagesstätten, Unterstützung bei der Pflege von Angehörigen oder einem Adoptionsverfahren keine Seltenheit. Sicherlich fallen auch Ihnen einige Ideen ein, von denen alle Ihre Mitarbeiter etwas haben.

Lohnnebenleistungen wie Zahlungen in die Rentenversicherung oder Krankenkasse sind gesetzlich vorgeschrieben. Möchten Sie einen besonderen Anreiz bieten, überdenken Sie doch einmal die nachfolgenden Zusatzleistungen.

Die Überlegung, welche Zusatzleistungen in Ihrem Betrieb durchsetzbar sind, lässt sich mit der Zusammenstellung eines Mehrgängemenüs vergleichen. Die einzelnen Speisen müssen gut aufeinander abgestimmt sein und sorgfältig ausgewählt werden. In den nächsten Abschnitten finden Sie einige Anregungen.

In manchen Unternehmen laufen Leistungspakete, die auf ein ausgeglichenes Berufs- und Arbeitsleben abzielen, unter der Bezeichnung »Integration«, wodurch gezeigt wird soll, dass Privat- und Berufsleben eins sind.

Hilfe bei der Adoption

Den Unternehmen ist mittlerweile bewusst, dass viele ihrer Mitarbeiter in einer Lebensphase sind, in der eine Familie gegründet oder Kinder geplant werden. Manche Familien möchten gerne ein Kind adoptieren. Insbesondere die Adoption eines Kindes egal welchen Alters ist in den meisten Fällen mit hohen Ausgaben verbunden und außerdem recht zeitintensiv.

Zusätzlich zur Übernahme der Kosten für eine Adoption gewähren manche Unternehmen ihren Mitarbeitern Sonderurlaub. Bereits 1999 boten 31 Prozent der amerikanischen Firmen ihren Mitarbeitern Unterstützung bei der Adoption eines Kindes an, wobei der durchschnittliche Zuschuss bei etwa 3000 Euro lag.

Kinderbetreuung

Kennen Sie die »Schule-aus-Telefonitis«? Sobald die Schule aus ist, rufen viele berufstätige Eltern zu Hause an, um nachzuprüfen, ob ihre Kinder gut nach Hause gekommen sind, schon gegessen haben und alles in Ordnung ist. Viele Unternehmen bieten als Entlastung für die Eltern eine Kinderbetreuung am Nachmittag oder während der Schulferien an.

Kindertag im Unternehmen

In manchen Firmen gibt es so genannte Kindertage. Kinder dürfen mit ins Büro kommen, damit sie einmal sehen, wo ihre Eltern den Tag verbringen, und die Kollegen können dann endlich den Namen eines Kindes mit einem Gesicht verbinden.

Essenseinladungen

Ob nun täglich ein Mittagessen spendiert wird oder dies die Ausnahme ist – eine Einladung zum Essen ist eine wunderbare Möglichkeit, sich zu bedanken. Rufen Sie doch einfach einen Partydienst an und lassen sich ein paar Köstlichkeiten ins Büro bringen, wenn sich eine Sitzung über die Mittagspause hinzieht. Oder Sie bringen einen Monat lang jeden Freitag Pizza für alle mit ins Büro, um sich bei Ihren Mitarbeitern für ein besonders erfolgreiches Quartal zu bedanken.

Betriebsfeiern

Feste soll man bekanntermaßen feiern wie sie fallen. Nutzen Sie doch die Gelegenheit und geben Sie eine Büroparty, wenn ein wichtiger, enger Termin eingehalten wurde oder ein Erfolg gebührend gefeiert werden soll. Außerdem spricht sich das schnell herum, so dass Sie keine Probleme haben dürften, neue Mitarbeiter zu finden. Mehr zum Thema Lob und Anerkennung steht in Kapitel 14.

Betriebliche Kindertagesstätten

Manche Unternehmen haben betriebliche Kindertagesstätten eingerichtet. Auf diese Weise können die Eltern mehr Zeit mit ihren Kindern verbringen und brauchen ihre Kinder nicht mehr jeden Tag herumzukutschieren.

Der Arbeitgeber profitiert natürlich auch davon, da sich die Mitarbeiterfluktuation reduziert, die Arbeitsatmosphäre verbessert, die Produktivität steigt und sich die Anzahl von Fehl- und Krankheitstagen verringert. Außerdem kann es auch für Bewerber ein ausschlaggebender Punkt sein, bei einem Unternehmen anzufangen, das eine Kindertagesstätte bietet.

Bei diesem Angebot sind jede Menge gesetzlicher Vorschriften zu beachten. Bevor Sie diese Möglichkeit auch nur andeuten, sollten Sie Rücksprache mit Ihrer Rechtsabteilung oder einem darauf spezialisierten Rechtsanwalt halten.

Betriebsfeiern für die ganze Familie

Wenn Sie an Betriebsfeiern denken, zu denen auch die Angehörigen eingeladen werden, denken Sie vermutlich an die Weihnachtsfeier. Es gibt aber auch weniger formelle Möglichkeiten wie ein Picknick auf dem Betriebsgelände oder dem nahe gelegenen Park. Auf diese Weise lernen die Mitarbeiter die Familien ihrer Kollegen kennen und erleben sie auch mal privat.

Hilfe im Alltag

Manchmal können gerade kleine Dinge das Leben erheblich vereinfachen. Überlegen Sie doch einmal, wie praktisch es wäre, wenn Ihren Mitarbeitern Hilfe im Alltag angeboten wird. Das steigert die Arbeitsmoral bestimmt enorm! Tragen Sie dazu bei, Ihren Leute ein wenig Alltagsstress abzunehmen und bieten Sie ihnen zum Beispiel Folgendes an:

- ✔ Bring- und Abholdienst für die Reinigung
- ✔ Online-Buchungen für Bankgeschäfte
- ✔ Private Buchungen über die Reisestelle
- ✔ Besorgung von kleinen Geschenken
- ✔ Waschsalon

Altenpflege

Immer mehr Arbeitnehmer sehen sich damit konfrontiert, die Pflege älterer Verwandter oder zumindest die Kosten dafür zu übernehmen. Manche Unternehmen zahlen ihren Mitarbeiter Zuschüsse, die monatlich angespart und bei Eintritt eines Pflegefalls fällig werden.

Mitarbeiterhilfsprogramme

Keine Frage, das Privatleben wirkt sich auf die berufliche Leistung aus und umgekehrt. Mag sein, dass dies der Grund dafür ist, dass mehr als ein Drittel der amerikanischen Unternehmen so genannte Mitarbeiterhilfsprogramme ins Leben gerufen hat, bei denen im Notfall Psychologen, Sozialarbeiter und Berater zur Verfügung stehen.

Diese Programme können den Angestellten bei verschiedenen privaten Schwierigkeiten helfen. Zu den häufigsten Angeboten gehören:

- ✔ Stressmanagement und Konfliktlösung
- ✔ Soziale, psychologische oder Familienberatung
- ✔ Beratung bei Alkohol- und Drogenmissbrauch
- ✔ Hilfe bei psychischen Problemen
- ✔ Hilfe bei Spielsucht und anderen Abhängigkeiten
- ✔ Eheberatung
- ✔ Schuldenberatung
- ✔ Rechtsbeistand
- ✔ Vorruhestandsplanung

Hilfe bei der Finanzplanung

Die lieben Finanzen – für viele Mitarbeiter einer der größten Stressfaktoren überhaupt. Wenn Sie dazu beitragen, diesen Stress abzubauen, hebt sich die Arbeitsmoral spürbar. Viele Unternehmen bieten ihren Mitarbeitern deshalb Schulungen (keine Rechtsberatung) über Finanzprodukte und Sparpläne an. Überlegen Sie einmal, ob Ihre Firma vielleicht einen Zuschuss zu entsprechenden Seminaren und Workshops übernehmen kann.

Fitnesseinrichtungen und ähnliches

Hier ein Tipp, wie Sie mit einfachen Mitteln eine Menge Geld sparen können: Bieten Sie Ihren Mitarbeitern auf Ihre Kosten die Möglichkeit an, Sport zu treiben oder Mitglied in einem Fitnessstudio zu werden. Dr. Roy J. Shephard schreibt in einem Artikel des Magazins *The Physician and Sportsmedicine Online* (Der Arzt und die Sportmedizin online), dass bei Arbeitgebern, die in betriebsinterne Wellnessprogramme investieren, die Zahl der Fehltage und die Mitarbeiterfluktuation sinken, und jährlich etwa 100 bis 400 Euro an krankheitsbedingten Kosten je Mitarbeiter gespart werden. Da bestimmte Krankheiten dann seltener auftreten, kann ein Betrieb aber noch viel mehr einsparen.

Sonderurlaub

Sonderurlaub bedeutet, dass ein Mitarbeiter eine bestimmte Zeit lang frei nehmen kann, zum Beispiel aufgrund von familiären Anlässen wie der Geburt eines Kindes oder ein plötzlicher Krankheitsfall. Was spricht aber dagegen, einem Mitarbeiter als Lob oder Dankeschön einen Tag oder Nachmittag frei zu geben?

Glauben Sie mir, die Vorteile eines Sonderurlaubs überwiegen bei weitem die Kosten, denn damit wirken Sie dem inzwischen auch in Deutschland als Burnout bekannten Zustand der totalen Erschöpfung entgegen, da der Stress abgebaut wird und die Mitarbeiter erholt und motiviert an ihrem Arbeitsplatz erscheinen.

Ruheräume

Ein Büroschläfchen am Nachmittag ist eine feine Sache – vorausgesetzt, er erfolgt zum richtigen Zeitpunkt am richtigen Ort.

Die meisten Menschen leiden unter Schlafmangel, was sich natürlich auch auf die Arbeitsleistung auswirkt. Einer Umfrage der amerikanischen Gesellschaft für Schlafforschung zufolge führt Schlafmangel zu einem Sinken der Produktivität, wodurch den amerikanischen Arbeitgebern etwa 18 Milliarden Kosten im Jahr entstehen.

Ein kurzes Nickerchen von etwa 15 bis 20 Minuten kann Abhilfe schaffen, denn anschließend ist man erholt und fit. Aus diesem Grund richten manche Firmen Räume ein, in denen sich die Mitarbeiter für ein paar Minuten hinlegen können.

Betriebliche Cafeterias und Kantinen

Sie haben keine Zeit für ein Mittagessen? Aber sicher! Dafür gibt es doch schließlich die Kantine, und im Notfall brauchen Sie ja nur eine Kleinigkeit holen, die Sie dann an Ihrem Schreibtisch verzehren. Es sind eben doch die kleinen Dinge, die einen Unterschied machen.

Fortbildung

Fortbildungen und Schulungen werden immer beliebter – und noch beliebter sind sie, wenn der Arbeitgeber die Kosten erstattet. Dies ist ein attraktiver Punkt für Jobsuchende und optimal dafür geeignet, Mitarbeiter zu halten. Wer seine Mitarbeiter bei der Weiterbildung unterstützt, erhöht ihre Zufriedenheit und damit auch ihre Leistung. Außerdem zeigen Sie damit deutlich, dass Ihr Betrieb an der beruflichen Weiterentwicklung seiner Angestellten interessiert ist. Manche Unternehmen geben dafür jährlich bis zu 5000 Euro pro Mitarbeiter aus.

Teil III

Offene Kommunikation fördern

The 5th Wave — By Rich Tennant

»Okay, wir vom Seminar für abteilungsübergreifende kreative Ausdrucksformen sind bereit für die nächste Gruppe.«

In diesem Teil ...

Kommunikation ist mehr, als mit den Mitarbeitern zu reden. Wichtig ist vor allem auch das Zuhören. In diesem Teil lernen Sie die unterschiedlichen Aspekte der zwischenmenschlichen Kommunikation kennen und erfahren, wie Sie höchst effizient kommunizieren können. Außerdem lernen Sie, wie Sie als Manager ein besserer Zuhörer werden und die Kreativität Ihrer Mitarbeiter fördern können. Außerdem können Sie nachlesen, weshalb die gesamte innerbetriebliche Kommunikation eine bedeutende Rolle für die Leistungen Ihres Teams spielt.

Kommunikation: Mehr als bloße Worte

7

In diesem Kapitel

- Beim Zuhören die Ohren spitzen
- Für die Mitarbeiter da sein
- Positives Feedback geben
- Wie man Teammitglieder dazu bringt, sich mit ihrer Arbeit zu identifizieren
- Probleme lösen, anstatt zu jammern

Die erfolgreiche Kommunikation öffnet fast alle Türen, ob nun auf beruflicher oder privater Ebene. Sie müssen in der Lage sein, sich klar und unmissverständlich auszudrücken, ihren Standpunkt zu verdeutlichen und dürfen dabei niemanden verletzen oder beleidigen. Ihre Botschaft muss klar, präzise und überzeugend sein, unabhängig davon, ob Sie gerade ein vertrauliches Gespräch unter vier Augen führen, jemanden kritisieren oder eine Brainstorming-Sitzung abhalten.

Kommunikation erfolgt grundsätzlich in zwei Richtungen. Kommunikation findet noch lange nicht statt, nur weil jemanden sagt, wie irgendetwas zu erledigen ist oder was demnächst passieren wird und dergleichen mehr. Ihre Mitarbeiter müssen wissen, dass sie mit Ihnen kommunizieren können, und dass Sie ein offenes Ohr für ihre Vorschläge oder Beschwerden haben. Selbstverständlich möchten Sie sich nicht ständig Beschwerden anhören müssen, aber eines muss klar sein: Sie sind der Ansprechpartner für Ihre Leute und offen für ihre Sorgen und Ideen, ohne dass Ihre Mitarbeiter befürchten müssen, dass ihnen Repressalien drohen oder ihre Klagen ignoriert werden.

In diesem Kapitel erfahren Sie, wie Sie Ihre Kommunikationsfähigkeiten optimieren können. Außerdem lernen Sie eine Geheimwaffe kennen, die die meisten Menschen übersehen – die Fähigkeit *zuzuhören*. Weiterhin erfahren Sie, wie Sie Ihre Botschaft erfolgreich an den Mann oder die Frau bringen, und – was wohl am wichtigsten ist – wie sie für eine aktive und effiziente Kommunikation zwischen Ihnen und Ihren Mitarbeitern sorgen können.

Mit dem Zuhören fängt es an

Selbst wenn Sie der redegewandteste Mensch auf Gottes Erdboden sind, ist es nicht allzu weit her mit Ihren Kommunikationsfähigkeiten, wenn Sie Ihren Gesprächspartnern nicht zuhören und sie stattdessen mit endlosen Monologen in Grund und Boden reden. Das Endergebnis ist meist, dass man Ihnen bald nicht mehr richtig zuhören wird.

Sie wissen ja vielleicht, wie es sich äußert, wenn einem niemand richtig zuhört. Die Leute langweilen sich, gähnen und lassen den Blick auf der Suche nach etwas Interessantem umherschweifen. Sie können nicht mehr still sitzen oder verschränken ihre Arme und drehen sich von Ihnen weg. Vielleicht bemerken Sie dann auch den ein oder anderen Seufzer, der wohl ausdrücken soll, dass Sie möglichst bald zu einem Ende kommen sollen.

So dürfen Sie Ihre Mitarbeiter unter keinen Umständen behandeln. Wenn sie das Gefühl haben, Sie hören nicht zu, werden Sie vergebens auf Kritik, Vorschläge oder Statusberichte warten. Mitarbeiter sind nun einmal das höchste Gut eines jeden Unternehmens. Sie kämpfen sozusagen an erster Front, und Sie sind auf Ihre Leute angewiesen, damit die Kunden mit Ihren Produkten oder Ihrem Service zufrieden sind.

Fühlen Sie sich nicht auch wesentlich ernster genommen, wenn Sie spüren, dass man Ihnen aufmerksam zuhört und sich für Sie und Ihre Meinung interessiert? Da gibt es jemand, der mehr über Ihre Gedanken, Erfahrung und Meinung wissen möchte – ein schönes Gefühl, nicht wahr? Sehen Sie, so sollten sich auch Ihre Mitarbeiter fühlen, und zwar jedes Mal, wenn sie Ihr Büro verlassen – auch wenn der Anlass Ihres Treffens nicht unbedingt der angenehmste war. (Lesen Sie dazu auch »Kritik – mit Vorsicht verabreichen« weiter hinten in diesem Kapitel.)

Ein guter Zuhörer:

- ✔ **konzentriert sich voll und ganz auf seinen Gesprächspartner.** Es käme ihm niemals in den Sinn, während eines Gesprächs seine E-Mails abzurufen, ein Telefonat entgegen zu nehmen, unangemeldete Gäste hereinzubitten oder sich durch einen Papierberg zu wühlen. Er widmet seinem Gesprächspartner seine uneingeschränkte Aufmerksamkeit.
- ✔ **unterbricht seinen Gesprächspartner nicht.** Er unterlässt es tunlichst, die Sätze seines Gesprächspartners selbst zu Ende zu führen, selbst wenn diesem die richtigen Worte mal nicht einfallen. Außerdem wechselt er während des Gesprächs nicht das Thema.
- ✔ **hat Einfühlungsvermögen und vertraut seinem Gesprächspartner.** Selbst wenn das Gespräch über Telefon stattfindet und kein direkter Augenkontakt möglich ist, regt ein guter Zuhörer den Gedankenaustausch an. Er verurteilt niemanden für das, was er ihm erzählt; er hört aufmerksam zu und erteilt nur dann einen Rat, wenn er darum gebeten wird.
- ✔ **zieht keine vorschnellen Rückschlüsse aus dem, was er hört.** Ein guter Zuhörer berücksichtigt den persönlichen Hintergrund seines Gesprächspartners und versucht, den Standpunkt des anderen nachzuvollziehen – auch wenn er anderer Meinung ist.

Als guter Zuhörer können Sie Ihre Mitarbeiter besser verstehen und sich in sie hinein denken. Wer aufmerksam zuhört, findet eine Menge über seine Gesprächspartner heraus – ihre Karrierewünsche, ihre Kritikpunkte an Ihrem Unternehmen oder ihre Stressfaktoren, unter denen vielleicht ihre Arbeit leidet. Das richtige Zuhören ist daher eine notwendige Fähigkeit, wenn Ihnen daran gelegen ist, zufriedene Mitarbeiter um sich zu haben.

Darf ich um Ihre Aufmerksamkeit bitten?

Mir scheint es, als ob heute kaum noch jemand die Kunst des Zuhörens beherrscht. Vielleicht liegt es zum Teil am Fernsehen und den Talkshows, dass schnelle Gespräche, bei denen sich die Gesprächspartner ständig gegenseitig ins Wort fahren, mittlerweile an der Tagesordnung sind. Denken Sie mal darüber nach. Schweifen Ihre Gedanken nicht auch ab, wenn Ihr Gegenüber das Gespräch endlos in die Länge zieht? Wurde Ihnen im Restaurant auch schon ein falsches Gericht gebracht oder mussten Sie manche Anweisungen mehrfach wiederholen?

Wenn Sie Ihren Mitarbeitern gut und aufmerksam zuhören, werden sie Ihnen auch treu bleiben.

Niemand wird als guter Zuhörer geboren. Wenn Sie sich nicht für einen guten Zuhörer halten, ist das kein Grund zur Panik, denn das können Sie lernen.

Sie haben also den Entschluss gefasst, sich zu einem guten Zuhörer zu entwickeln? Wunderbar, dann ist die Hälfte der Arbeit bereits getan. Und mit diesen Tipps ist der Rest ein Kinderspiel:

✔ **Lassen Sie sich nicht ablenken.** Schenken Sie Ihrem Gesprächspartner immer Ihre volle Aufmerksamkeit. Selbst wenn Ihnen Hunderte andere Dinge durch den Kopf gehen – wie zum Beispiel der Bericht, der in einer Stunde fertig sein muss – konzentrieren Sie sich bitte ganz auf Ihr Gegenüber. Anderenfalls riskieren Sie, dass Sie etwas Wichtiges schlicht und einfach überhören, und dann kann es viel zeitaufwändiger werden, daraus entstehende Probleme zu lösen als wenn Sie sich gleich die Zeit zum Zuhören genommen hätten.

Stellen Sie sich vor, Sie hören einem Mitarbeiter nur mit halbem Ohr zu, während er Ihnen gerade einen brillanten Vorschlag zu einem bevorstehenden Projekt macht. Doch leider geht der Vorschlag völlig unter und bei Abschluss des Projekts bemerken Sie, dass es in eine Richtung lief, die Sie überhaupt nicht einschlagen wollten. Dummerweise ist es jetzt für eine Kursänderung zu spät, denn *Ihr* Vorgesetzter wartet schon sehnsüchtig auf das Projekt. Dieses Problem hätten Sie sich ersparen können, wenn Sie Ihrem Mitarbeiter einfach nur richtig zugehört hätten.

Die meisten Menschen merken es, wenn ihr Gesprächspartner plötzlich an etwas anderes denkt.

✔ **Unterbrechen Sie Ihren Gesprächspartner nicht.** Das ist nicht immer einfach, vor allem für einen ungeduldigen Menschen. Vermeiden Sie es unter allen Umständen, die Sätze Ihres Gegenübers zu beenden und fallen Sie ihm nicht sofort ins Wort, sobald er mal kurz

Atem holt. Vermitteln Sie ihm das Gefühl, dass er auch mal kurze Pausen einlegen kann, ohne dass Sie gleich das Wort an sich reißen.

- **Reagieren Sie auf Ihren Gesprächspartner.** Zeigen Sie Ihrem Gesprächspartner durch Ihre Körpersprache, dass Sie ihm zuhören. Nicken Sie ab und zu mal als Zeichen der Zustimmung und lassen Sie kurze Bemerkungen einfließen. Ihr Gesichtsausdruck sollte Interesse widerspiegeln. Blicken Sie Ihrem Gesprächspartner in die Augen. Es ist unglaublich frustrierend, das Gefühl zu haben, man rede gegen eine Wand oder sich bei jemandem auszusprechen, der darauf keine Reaktion erkennen lässt.
- **Bleiben Sie unvoreingenommen.** Auch wenn Sie zu wissen glauben, was Ihnen Ihr Gesprächspartner erzählen möchte – die Wahrscheinlichkeit ist hoch, dass Sie sich täuschen. Bleiben Sie offen für alles und kommen Sie Ihrem Gegenüber nicht zuvor. Wenn Sie nicht verstehen, was er Ihnen sagen möchte, fragen Sie einfach nach oder fassen Sie das Gesagte in eigenen Worten zusammen und erkundigen sich, ob Sie es richtig verstanden haben.
- **Erst nachdenken, dann antworten.** Ergreifen Sie nicht sofort das Wort, sobald Ihr Gesprächspartner den Mund zu macht. Denken Sie kurz darüber nach, was Sie eben gehört haben (nein, Sie sollten sich die Antwort nicht schon zurecht legen, während der andere noch redet) und überlegen Sie sich Ihre Wortwahl gut!

Auch wenn Sie mit jemandem telefonieren – und Ihr Gesprächspartner Sie nicht sehen kann – sollten Sie nicht nebenbei Ihre E-Mails abrufen oder Ihren Schreibtisch aufräumen.

Nonverbale Hinweise auf eine bevorstehende Kündigung

Wenn Ihnen ein Mitarbeiter erzählt, er sei unglücklich, dann können Sie davon ausgehen, dass er tatsächlich unglücklich ist und es als Hinweis darauf verstehen, dass er mit dem Gedanken an eine Kündigung spielt. Es gibt aber noch andere Warnsignale, auf die Sie achten sollten. Wenn sich zum Beispiel jemand wochenlang über etwas beschwert hat und plötzlich keinen Ton mehr dazu verlauten lässt, sollten Sie daraus nicht schließen, dass sich der Grund seiner Beschwerden in Luft aufgelöst hat. Viel wahrscheinlicher ist es nämlich, dass derjenige bereits beschlossen hat, Ihrem Unternehmen den Rücken zu kehren.

Die Unzufriedenheit am Arbeitsplatz wird jedoch nicht immer in Worten geäußert. Immerhin bestehen rund 90 Prozent der Kommunikation aus nonverbalen Äußerungen. Wenn Sie auf Ihre Mitarbeiter eingestimmt sind und ihre Bedürfnisse kennen, können Sie auch die Anzeichen dafür, dass sich der ein oder andere nach einer anderen Stelle umsieht, frühzeitig erkennen.

Nehmen wir einmal an, dass einer Ihrer Mitarbeiter plötzlich Aufgaben außerhalb seines Haupttätigkeitsbereiches annimmt, ohne sich vorher mit Ihnen abzusprechen. Das könnte ein Hinweis darauf sein, dass er sich unterfordert fühlt und sich schon mal auf einen neuen Job vorbereitet.

Oder ein anderer Mitarbeiter, der bisher mit Begeisterung die schwierigsten Aufgaben freiwillig übernommen hat, zeigt plötzlich keinerlei Engagement mehr. Ein deutliches Zeichen dafür, dass es hier ein Problem gibt.

Hier ein paar nonverbale Signale, die auf eine baldige Kündigung hinweisen:

- ✔ Ein Mitarbeiter erscheint plötzlich zu keiner Teambesprechung mehr und grenzt sich von seinen Kollegen ab. Auch bei Betriebsfeiern und ähnlichen Ereignissen glänzt er durch Abwesenheit.
- ✔ Die Produktivität eines Mitarbeiters sinkt schlagartig.
- ✔ Ein Mitarbeiter kommt später als gewöhnlich beziehungsweise macht eher Feierabend, ist plötzlich auffallend schick gekleidet und dehnt seine Mittagspausen aus. (Vorstellungsgespräche!)
- ✔ Ein Mitarbeiter erzählt, was man bei der Konkurrenz verdient. Tja, da wurden wohl entsprechende Recherchen durchgeführt!

Taten zählen mehr als Tausend Worte

Wenn Sie der Ansicht sind, Sie hätten zu wenig Zeit, um mit Ihren Mitarbeitern zu kommunizieren, wird Sie das langfristig gesehen noch viel mehr Zeit kosten – ganz zu schweigen von Geld und Nerven. Ohne regelmäßige Besprechungen über aktuelle Entwicklungen stellen sich Fehler und versäumte Termine ein und die Arbeitsmoral und Leistungen sinken.

Klappt die Kommunikation dagegen gut, vermeiden Sie Stress – für Ihre Mitarbeiter und sich selbst. Nehmen wir zum Beispiel an, ein Mitarbeiter schnappt ein Gerücht über Fusionspläne Ihrer Firma auf. Sie wissen aber schon, dass dieser Plan längst wieder fallen gelassen wurde. Der Mitarbeiter hingegen macht sich große Sorgen um seinen Arbeitsplatz, die jedoch völlig unnötig sind. Hat er Vertrauen in Sie und Ihre Kommunikationsbereitschaft, wird er sich an Sie wenden und Sie können seine Sorgen im Handumdrehen zerstreuen.

Daher müssen Sie Ihre Mitarbeiter wissen lassen, dass Sie immer ein offenes Ohr für sie haben und mit ihnen reden möchten – und das sollten Sie auch so meinen!

Nehmen Sie sich die Zeit und erkundigen Sie sich bei Ihren Mitarbeitern nach dem Stand der Dinge, bevor sie mit Sorgen und Nöten zu Ihnen kommen. Das kann Sie jede Menge Zeit sparen und Sie können Krisen bereits im Vorfeld begegnen. Es ist immer besser, zu agieren als zu reagieren.

Wenn die Kommunikation klappt, sollten Sie auch in der Lage sein, in Ihren Mitarbeitern Begeisterung für die gemeinsamen Ziele zu erwecken. (Wie bitte? Sie haben kein gemeinsames Ziel? Dann aber schnell zurück zu Kapitel 2!) Jeder möchte doch wissen, inwieweit seine Arbeit wichtig ist und welchen Beitrag er eigentlich leistet. Außerdem ist es interessant, erkennen zu können, wie sich die einzelnen Beiträge zu dem gemeinsamen Ziel zusammen fügen. Wenn die Dinge gut laufen, sollten Sie es Ihre Mitarbeiter wissen lassen.

Kommunikation muss nicht immer steif und förmlich ablaufen. Im Gegenteil, eine zwanglose Kommunikation, die jeden Tag stattfindet, funktioniert hervorragend. Teilen Sie Ihren Mitarbeitern mit, dass Sie ihr Ansprechpartner sind und – wenn mal keine Zeit ist – sie jederzeit einen Termin (siehe nächsten Abschnitt) mit Ihnen vereinbaren können, um über ihre Sorgen zu reden.

Es mag Sie überraschen, aber wer ein Geschick für Zeitmanagement hat, kann meist auch gut kommunizieren. Wer es gewohnt ist, seine Zeit gut einzuteilen, denkt normalerweise auch strukturierter und kann somit sein Ziel klar definieren und deutlich formulieren.

Kommunikationsdefizite kosten viel Zeit

Führungskräfte sind laut einer von OfficeTeam durchgeführten Studie der Meinung, dass 14 Prozent jeder 40-Stunden-Woche – immerhin sieben Wochen pro Jahr – dadurch vergeudet werden, dass Manager und ihre Mitarbeiter nicht richtig miteinander kommunizieren. Befragt wurden 150 Führungskräfte aus den 1000 größten Konzernen Amerikas.

Seien Sie flexibel und für Ihre Mitarbeiter da

Als Manager müssen Sie jederzeit Ansprechpartner für Ihre Mitarbeiter sein. Können Ihre Leute Sie nicht erreichen, haben Sie ein Problem. Wie bitte? Das glauben Sie nicht? Na, dann denken Sie doch mal zurück, wie Sie sich gefühlt haben, als Sie nur schnell mal etwas wissen wollten, Sie denjenigen aber nicht erreichen konnten, Ihre wiederholten Anrufe ignoriert wurden und Sie Ewigkeiten auf eine E-Mail warten mussten. Na also!

Zeigen Sie Ihren Mitarbeitern, dass sie jederzeit willkommen sind, indem Sie Ihre Bürotüre offen lassen. Ermuntern Sie Ihre Mitarbeiter zu einem – wenn auch noch so kurzen – Gespräch. Wenn Sie wirklich mal keine Zeit haben, legen Sie einen Termin für ein Gespräch fest, nachdem Sie sich erkundigt haben, worum es geht und somit die Dringlichkeit der Angelegenheit beurteilen können.

Sie sind nicht der Einzige, der viel zu tun hat. Eine effiziente Kommunikation mit Ihren Mitarbeitern stellt sicher, dass anstehende Arbeiten gleich beim ersten Mal richtig gemacht werden, Ihre Mitarbeiter aus Fehlern lernen, und unangebrachtes Verhalten sich nicht zu einer Dauerkrise entwickelt.

Planen Sie jeden Tag eine gewisse Zeit für unerwartete Ereignisse ein, dann haben Sie auch immer genügend Zeit für Ihre Mitarbeiter. Rechnen Sie mit spontanen Besprechungen und Notfällen, bei denen Ihre Hilfe erforderlich ist. Am besten ist es, wenn täglich 20 Prozent Ihrer Arbeitszeit nicht verplant sind.

Wie schaut es denn mit E-Mails aus?

E-Mails sind eine tolle Sache. Sie sind blitzschnell, ersparen uns die oft stundenlangen Versuche, jemanden telefonisch zu erreichen, und zeigen genau, wem wann welche Nachricht gesendet wurde. Andererseits geht über E-Mails der persönliche Kontakt verloren. Wann immer es möglich ist, sollten Sie ein persönliches Gespräch der E-Mail vorziehen, um Missverständnisse zu vermeiden.

Telefonate, E-Mails und der betriebsinterne Newsletter sind kein Ersatz für ein gemeinsames Mittagessen oder Meetings. Alternative Kommunikationsformen sollten den persönlichen Kontakt ergänzen, aber keinesfalls ersetzen.

Müssen Sie sich berufsbedingt aber ganz auf die Kommunikation über E-Mail verlassen, denken Sie bitte daran, dass der Empfänger weder an Ihrem Gesichtsausdruck noch am Tonfall merken kann, ob Sie Spaß machen oder nicht. Verkneifen Sie sich deshalb ironische Bemerkungen! Wenn Sie folgende Tipps beherzigen, vermeiden Sie Missverständnisse.

- ✔ Tragen Sie grundsätzlich den Grund Ihrer Mail in die Betreffzeile ein. Dann weiß der Empfänger auf den ersten Blick, worum es geht, kann Prioritäten für die Beantwortung seiner Mails setzen und wichtige Mails sofort wieder finden. Schreiben Sie also »Wichtige Berichtdaten« in die Betreffzeile, wenn Sie Ihrem Mitarbeiter Daten für den Bericht, an dem er gerade arbeitet, zusenden.
- ✔ Schreiben Sie unter keinen Unterständen alles in Großbuchstaben, das bedeutet in Insiderkreisen nämlich, dass Sie den Empfänger Ihrer Mail anbrüllen.
- ✔ Formulieren Sie Ihre Mail so, dass Sie bedenkenlos jeder lesen könnte. E- Mails sollten grundsätzlich keine vertraulichen oder peinlichen Informationen enthalten. Schließlich könnte Ihre Mail ja auch ohne Ihr Wissen weitergeleitet werden.
- ✔ Denken Sie gründlich darüber nach, was Sie schreiben. Das Schöne an E-Mails ist, dass sie so schnell sind. Und das Schlechte daran? Es besteht zum Beispiel die Gefahr, dass Sie in Ihrem Ärger etwas schreiben, was Sie möglicherweise bedauern, sobald Ihre Wut verraucht ist. Beruhigen Sie sich also erst mal, bevor Sie sich an Ihren Computer setzen und vermeiden Sie unter allen Umständen einen »Mail-Krieg«, bei dem eine böse Mail der anderen folgt.
- ✔ Verschicken Sie keine Kettenbriefe per E-Mail. Es gibt kaum etwas Lästigeres!

Wenn Sie schon einige Zeit mit E-Mails arbeiten, kennen Sie vermutlich die so genannten Emoticons. Sie stellen Gesichter aus bestimmten Satzzeichen dar (neigen Sie den Kopf nach links, dann können Sie sie erkennen), und haben folgende Bedeutung:

:-)	Fröhliches Gesicht	:-0	Schockiert und entsetzt zugleich
:-(	Trauriges Gesicht	;-)	mit einem Augenzwinkern

Außerdem werden gerne noch folgende Abkürzungen verwendet (die Sie aber nur dann benutzen sollten, wenn Sie sicher sind, dass sie dem Empfänger Ihrer Mail bekannt sind).

<g> Grinsen

LOL Laughing out loud (Lachen)

MFG Mit freundlichen Grüßen

FYI For your information (zu Ihrer Information)

ASAP As soon as possible (so bald wie möglich)

Halten Sie mit Ihren Mitarbeitern vereinbarte Termine grundsätzlich ein. Wird ein Termin nämlich verschoben, kann es der betroffene Mitarbeiter so auslegen, dass andere Sachen wichtiger sind als er selbst. Wenn Sie zu dem vereinbarten Termin nicht erscheinen, wirkt sich das nachteilig auf die Arbeitsmoral aus. Es kann natürlich immer mal vorkommen, dass Sie zu einem dringenden Notfall eilen müssen, aber das sollte die Ausnahme, nicht die Regel sein. Tritt ein solcher Notfall ein, rufen Sie den betreffenden Mitarbeiter wenigstens an, damit er weiß, weshalb Sie verhindert sind. Denken Sie immer daran, dass sich Ihre Mitarbeiter auf Sie verlassen können müssen.

Wie schwer sind Sie zu erreichen?

Vielleicht denken Sie ja, dass Ihre Mitarbeiter Sie jederzeit kontaktieren können. Doch stimmt das wirklich? Wie lange hat es das letzte Mal gedauert, bis Sie auf einen telefonischen Notruf reagiert haben (beziehungsweise bis dieser Sie überhaupt erreicht hat)? Wie oft sind Sie in Besprechungen? Prüfen Sie wirklich nach wenigen Stunden regelmäßig nach, ob neue Nachrichten auf Ihrem Anrufbeantworter oder in Ihrer Mailbox eingegangen sind? Ist es in Ordnung, wenn Ihre Mitarbeiter Sie auch mal unangemeldet aufsuchen? Wie oft unterhalten Sie sich von Anrufbeantworter zu Anrufbeantworter, ohne dass ein persönliches Gespräch zustande kommt?

Wie kommen Sie eigentlich »rüber«?

Bei der effizienten Kommunikation spielt es eine große Rolle, dass Sie sagen, was Sie meinen und wissen, wie Sie Ihre Aussage eigentlich vermitteln.

Ich kenne da einen Manager, der zwar immer ganz genau wusste, was er einem Mitarbeiter sagen wollte, sich jedoch kaum Gedanken über die richtige Wortwahl machte. Der Mitarbeiter fühlte sich meist auf den Schlips getreten und war beleidigt, während der Manager überhaupt keine Ahnung hatte, was da jetzt schief gelaufen war. Vermeiden Sie diesen Fehler!

Hier ein paar Tipps, wie Sie gute und auch schlechte Botschaften richtig vermitteln:

- ✔ **Achten Sie auf Ihre Wortwahl.** Wählen Sie Worte, die auch wirklich ausdrücken, was Sie sagen möchten. Wenn Sie Ihrem Mitarbeiter klar machen wollen, dass er sich jetzt gefälligst zusammenreißen und gute Arbeit leisten soll, da ihm anderenfalls gekündigt wird, trifft es den Kern der Sache nicht, wenn Sie etwas sagen wie: »Wir haben da ein kleines Problem, könnten Sie sich mal darum kümmern?« Reden Sie stattdessen Klartext: »Ihre Leistungen lassen noch immer zu wünschen übrig, und das muss jetzt sofort anders werden.« (Wenn Ihrem Mitarbeiter die Kündigung droht, sollte er bereits wissen, worum es geht. Als erste Abmahnung wäre diese Aussage wohl doch etwas zu hart.)
- ✔ **Achten Sie auf Ihren Tonfall.** Reden Sie zu schnell? Wird Ihre Stimme schrill, wenn Sie aufgebracht sind? Achten Sie darauf, sich nicht von Ihren Emotionen mitreißen zu lassen, wenn Sie eine Botschaft vermitteln wollen. Schließlich möchten Sie eine gewisse Autorität ausstrahlen, oder? Wenn Sie zu gefühlsbetont sprechen, wird Ihr Gegenüber mehr darauf als auf Ihre Aussage achten.
- ✔ **Kommen Sie auf den Punkt.** Sie möchten, dass ein wöchentlicher Statusbericht erstellt wird? Gut, dann sagen Sie das auch. Erklären Sie genau, was darin stehen soll, welches Format Sie bevorzugen und so weiter. Wenn Sie unklare Anweisungen geben, ist es nicht die Schuld Ihrer Mitarbeiter, wenn Ihre Ansprüche oder Erwartungen nicht erfüllt werden.

Eine effiziente Kommunikation bedeutet nicht nur, gut zuzuhören, sondern auch, abweichende Standpunkte zu akzeptieren und respektieren. Sie müssen diese ja nicht unbedingt teilen. Wichtig ist außerdem, nachzufragen, wenn etwas unklar ist, auf die nonverbale Kommunikation zu achten, den eigenen Standpunkt bestimmt zu vertreten, ohne dabei aggressiv zu werden, und Feedback geben.

Zeigen Sie Engagement

Zu Ihrem Job gehört es, sich um Ihre Mitarbeiter zu kümmern und dafür zu sorgen, dass die Arbeit getan wird. (Wenn Sie das nicht tun, sollten Sie den Ursachen auf den Grund gehen und in Kapitel 2 nachlesen, wie Sie sich selbst motivieren können.) Um gut kommunizieren zu können reicht es jedoch nicht aus, sich gedanklich um die Mitarbeiter zu kümmern. Stellen Sie Ihr Engagement unter Beweis.

Mit launischen Menschen ist nicht gut Kirschen essen, denn ihre Reaktionen sind unvorhersehbar. Scheinen Ihre Mitarbeiter immer auf der Hut vor Ihnen zu sein, sollten Sie sich fragen, warum. Mit Wutausbrüchen, Gebrülle, Überreaktionen, Panikanfällen oder ständigen Nörgeleien erwecken Sie nicht unbedingt den Eindruck von Professionalität und können Ihre Mitarbeiter bestimmt nicht motivieren. Es spricht nichts dagegen, sich voll für eine Sache einzusetzen, doch handeln Sie sich mehr Respekt ein, wenn Sie auch in Stresssituationen nicht die Ruhe verlieren.

Körpersprache entschlüsseln

Ist es Ihnen auch schon einmal passiert, dass Sie das unbestimmte Gefühl haben Sie könnten jemandem nicht trauen, obwohl es dazu eigentlich gar keinen offensichtlichen Anlass gibt? So etwas ist meist darauf zurückzuführen, dass Sie auf bestimmte Körpersignale reagieren, die Ihnen gar nicht bewusst sind.

Was Sie tun, hat oft größere Wirkung als das, was Sie sagen. Die Körpersprache – Augen, Gestik, Mimik und Körperhaltung – verrät mehr als Sie glauben. Jemand sagt irgendetwas, doch ein Blick in seine Augen, die Art seines Lächelns oder auch seine verschränkten Arme teilen Ihnen mit, dass Sie seinen Worten keinen Glauben schenken dürfen. Viele Menschen können zum Beispiel nicht lügen, wenn sie ihrem Gegenüber direkt in die Augen schauen. Aus diesem Grund ist Augenkontakt ein gutes Mittel, Vertrauen aufzubauen – man gilt dann als ehrlich und zuverlässig.

Es gibt auch einige Körpersignale, die auf Nervosität hindeuten: sich auf die Lippe beißen, mit den Haaren oder mit anderen Gegenständen herumspielen zum Beispiel. Wer die Arme verschränkt, kann damit zum Ausdruck bringen, dass er sich nicht wohl fühlt.

Sie sollten lernen, Ihre eigene Körpersprache unter Kontrolle zu haben. Achten Sie darauf, dass Sie die Stimme nicht erheben, entspannt und aufrecht stehen. Wenn Sie Ihre Mitarbeiter ansehen und spüren lassen, dass Sie sich wohl in Ihrer Haut fühlen, können diese sich eher auf Ihre Botschaft konzentrieren, anstatt sich von möglicherweise unterschwellig vermittelten Emotionen ablenken zu lassen. (Drückt Ihre Stimme zum Beispiel Nervosität aus, wird sich Ihr Mitarbeiter vermutlich fragen, ob Sie wohl schlechte Neuigkeiten haben oder ob er etwas falsch gemacht hat, anstatt Ihnen zuzuhören.)

Zweier- und Gruppengespräche

Eine mir bekannte Managerin trifft sich zusätzlich zu den wöchentlichen Teambesprechungen jede Woche auch mit den einzelnen Mitarbeitern zu einem persönlichen Gespräch. Beim Zweiergespräch haben die Mitarbeiter die Möglichkeit, über alle arbeitsbezogenen Themen zu reden, Bedenken hinsichtlich eines Projekts zu äußern, neue Ideen oder Karrierepläne anzusprechen. Die Mitarbeiter können sich darauf verlassen, dass sie jede Woche die Gelegenheit erhalten, Fragen zu ihrer Leistungsbewertung, neuen Arbeitsverfahren oder Terminen zu stellen. Natürlich steht ihnen ihre Managerin jederzeit zu einem kurzen Gespräch zur Verfügung, für das kein Termin anberaumt wurde.

Bei den Teambesprechungen wird dagegen nur über Dinge geredet, die alle betreffen – die Einführung einer neuen Arbeitsmethode oder Fragen zur bevorstehenden Firmenfeier und ähnliches.

Wenn Sie möchten, dass Ihre Mitarbeiter gute Arbeit leisten, ist diese Art der zwischenmenschlichen Kommunikation nicht nur ein netter Zug, sondern unerlässlich. (Wie oft Sie sich mit Ihrem Team treffen, hängt natürlich davon ab, in welcher Branche Sie tätig und welche Arbeiten zu tun sind.) Persönliche Gespräche signalisieren Ihren Mitarbeitern, dass sie Ihnen wichtig sind und können genutzt werden, um gemeinsam Lösungen zu erarbeiten. Durch Teammeetings ist sichergestellt, dass alle Mitglieder gleichzeitig dieselben Informationen erhalten, das heißt, es kann keine Missverständnisse geben, weil jemand die Neuigkeiten aus zweiter Hand erfahren hat.

Sowohl bei Zweier- als auch bei Gruppengesprächen sollten Sie die Zeit im Auge behalten. Keiner mag Besprechungen, die sich endlos hinziehen und doch zu nichts führen, vor allem wenn die Anwesenden genug anderes zu tun haben.

Bei Teambesprechungen sollten Sie die Dauer festlegen und vorher eine Tagesordnung verteilen.

Besprechungen erfolgreich gestalten

Sicherlich haben auch Sie schon an Besprechungen teilgenommen, bei denen Sie sich die ganze Zeit nach dem Sinn und Zweck derselben gefragt haben. Oder Sie hatten das Gefühl, dass Sie das Problem, um das es da ging, durch ein zehnminütiges Telefonat hätten lösen können, anstatt zwei Stunden darüber zu debattieren. Oder aber Sie haben sich gefragt, warum überhaupt Wert auf Ihre Anwesenheit gelegt wurde, da Sie sich mit dem Thema überhaupt nicht auskennen und keinen sinnvollen Beitrag leisten können.

Ersparen Sie Ihren Mitarbeitern Besprechungen um der Besprechung willen. Jedes Treffen muss einen bestimmten Zweck haben. Machen Sie also deutlich, warum ein Meeting nötig ist, und weshalb jeder einzelne Mitarbeiter anwesend sein muss.

Jeder Mitarbeiter muss die Gelegenheit erhalten, das Wort zu ergreifen. Sie als Manager müssen dafür sorgen, dass die anderen ihm aufmerksam zuhören. (Das gilt natürlich auch für Sie selbst, schließlich wollen Sie Ihrem Team ja ein Vorbild sein.)

Jeder sollte das Meeting mit dem Gefühl verlassen, dass etwas erreicht wurde und dass es die Zeit wert war.

Wenn Sie diese Tipps befolgen, wird jede Besprechung ein Erfolg:

- ✔ **Wählen Sie einen geeigneten Raum aus.** Der Raum sollte hell, freundlich und geräumig sein, denn schließlich sollen sich die Teilnehmer ja nicht wie Ölsardinen in der Büchse fühlen. Brainstorming-Sitzungen können auch ruhig einmal außerhalb Ihres Unternehmens stattfinden.
- ✔ **Begrenzen Sie die Teilnehmerzahl auf das erforderliche Minimum.** Es sollten wirklich nur die Mitarbeiter anwesend sind, die vom Thema betroffen sind oder sich damit auskennen. Wenn Sie befürchten, dass sich jemand übergangen fühlen könnte, sollten sie ihn vorher über den Zweck des Meetings informieren und es ihm überlassen, ob er kommt oder nicht.

- **Stellen Sie eine Tagesordnung auf – am besten schriftlich.** Führen Sie die Themen auf, die besprochen werden sollen. Planen Sie nicht zu viele Punkte ein, denn die Aufnahmekapazität der Anwesenden hat ihre Grenzen. Bei der Besprechung sollten zunächst die wichtigsten Themen geklärt werden, damit die Zeit für sie sicher ausreicht.
- **Halten Sie sich an die vereinbarten Zeiten.** Soll die Besprechung um 15.00 Uhr anfangen, warten Sie nicht bis 15.15 Uhr auf Nachzügler, da es sich Ihre Mitarbeiter sonst angewöhnen, zu allen Ihren Besprechungen zu spät zu kommen. (Falls jemand zu spät kommt und deshalb wichtige Informationen verpasst hat, wird er sich beim nächsten Mal sicherlich mehr beeilen.) Beenden Sie das Meeting auch zum vereinbarten Zeitpunkt. Haben Sie nicht alle Punkte ansprechen können, vereinbaren Sie eine weitere Besprechung.
- **Lassen Sie jeden zu Wort kommen.** Die Besprechung darf nicht zu einer Ein-Mann-Vorstellung werden. Bitten Sie, falls notwendig, auch die eher schweigsamen Teilnehmer um ihre Kommentare.
- **Bleiben Sie beim Thema.** Selbst wenn jemanden mitten im Meeting eine brillante Idee einfällt, die aber nichts mit Ihrer eigentlichen Besprechung zu tu hat, sollten Sie bei der Tagesordnung bleiben, und eine neue Besprechung vereinbaren, um diesen Vorschlag zu diskutieren. Natürlich müssen Sie dabei äußerst diplomatisch vorgehen. Teilen Sie demjenigen mit, dass seine Idee großartig ist, und dass man in einem neu angesetzten Meeting darüber sprechen wird.
- **Protokollieren Sie mit.** Sie möchten doch nicht, dass alle wichtigen Entscheidungen in Vergessenheit geraten, oder? Na bitte, deshalb brauchen Sie einen Schriftführer, der nicht nur alles mitschreibt, sondern auch wichtige Termine notiert. Nutzen Sie diese Aufzeichnungen, um sie im Bedarfsfall auszuarbeiten und denjenigen zu geben, die verhindert waren.

Kritik - mit Vorsicht verabreichen

So zufrieden Sie generell auch mit der Leistung Ihrer Mitarbeiters sein mögen, es wird doch immer wieder die eine oder andere Situation geben, in der Sie Kritik üben müssen. Damit meine ich nicht das in der Leistungsbeurteilung übliche Feedback, sondern die völlig normale und möglichst kontinuierlich verabreichte Kritik – im positiven wie im negativen Sinn – die in der Leistungsbeurteilung nicht als *böse Überraschung* auftauchen sollte.

Wenn Sie jemanden kritisieren, ist es besonders wichtig, nicht persönlich zu werden. Die meisten Menschen wissen, wenn sie einen Fehler gemacht haben, und es ist nicht notwendig oder professionell, auch noch an ihrem Selbstbewusstsein zu kratzen. Ein persönlicher Angriff wie »Sie sind ja dermaßen ungeschickt!« ist grob und unpassend, und außerdem erreicht man nichts damit.

Sagen wir einmal, dass sich Mary in jeder Teambesprechung in den Vordergrund drängt und die Vorschläge anderer niedermacht (sofern sie überhaupt zu Wort kommen!). Klar, dass Sie etwas dagegen unternehmen möchten, aber wie? So jedenfalls nicht:

Mary, Sie dominieren jede Besprechung, sind unhöflich und anmaßend. Sie müssen andere auch zu Wort kommen lassen!

Sie können Ihren Standpunkt auch deutlich machen, ohne verletzend zu werden. Außerdem sollten Sie gleichzeitig sagen, was man besser machen könnte. Beginnen Sie Ihre Kritik mit etwas Nettem und bleiben auf der beruflichen Ebene:

Mary, Sie haben immer sehr gute Ideen und man merkt, dass Sie sich ausführlich mit dem Thema befasst haben. Mir ist aber aufgefallen, dass sich Ihre Kollegen während der Besprechungen sehr zurückhalten, und ich würde ihnen gerne die Gelegenheit geben, sich häufiger zu Wort zu melden.

Noch etwas: Ein solches Gespräch muss unter vier Augen stattfinden, nicht während Ihrer Besprechung.

Die Körpersprache verrät auch, wie jemand auf Kritik reagiert. Herunterhängende Mundwinkel, verschränkte Arme oder eine gebeugte Haltung bedeuten in der Regel nichts Gutes.

Bitte keine Blumen

»Etwas durch die Blume sagen« hört sich sehr nett an, und das ist auch das Problem damit. Wenn Sie etwas durch die Blume sagen, beschönigen Sie einen Sachverhalt, der in Wirklichkeit gar nicht schön ist. Und außerdem ist es fraglich, ob Sie damit erreichen, was Sie möchten. Wenn Sie ein bestimmtes Verhalten kritisieren, dabei aber um den heißen Brei herumreden, kann der Betreffende nicht wissen, wovon Sie eigentlich reden.

Wenn Sie mit jemanden ein ernstes Wort reden müssen, ist keinem gedient, wenn Sie nicht sagen, was Sie meinen. Gehen Sie taktvoll vor, aber beschönigen Sie nichts.

Dasselbe gilt für die Kritik an Ihren Mitarbeitern. Nehmen wir einmal an, Sie betreiben eine Imbissbude, und das Baguette geht aus, weil jemand nicht mitgedacht hat. Machen Sie das Problem nicht unbedeutender als es ist, indem Sie etwas sagen wie »Es könnte Schlimmeres geben«. (Wenn Sie vom Verkauf von Baguettes leben, gibt es nichts Schlimmeres!). Nennen Sie das Kind beim Namen und sagen Sie etwas wie: »Sie müssen lernen, besser zu planen! Da wir am Dienstag früher schließen mussten, weil das Baguette ausgegangen ist, haben wir möglicherweise einige Stammkunden verloren.«

Beachten Sie auch die folgenden Punkte, wenn Sie Kritik an jemandem üben müssen:

✔ **Es geht um Fakten, nicht um Gefühle.** Vermeiden Sie Aussagen wie »Tom, Sie kommen ständig zu spät und das geht mir auf die Nerven!« und sagen Sie stattdessen: »Tom, Ihre Unpünktlichkeit macht mir langsam Sorgen. Sie sind am 8., 11. Und 17. August jeweils eine Stunde zu spät gekommen.«

- **Treffen Sie klare Aussagen.** Keiner weiß, was Sie mit »Wir müssen etwas gegen Ihre Nachlässigkeit unternehmen« meinen, während alles klar ist, wenn Sie sagen: »Ab morgen müssen die wöchentlichen Statusberichte pünktlich auf meinem Schreibtisch liegen.«
- **Schieben Sie Kritik nicht auf die lange Bank.** Sicherlich ist es ratsam, sich erst zu beruhigen und einen klaren Kopf zu bekommen, aber warten Sie nicht so lange mit Ihrer Kritik, bis der Betreffende schon längst vergessen hat, was Sie ihm vorwerfen. Sobald sich die Gemüter beruhigt haben, sollten Sie sagen, was Sache ist.
- **Seien Sie direkt, aber taktvoll.** Wählen Sie Worte, die ausdrücken, was Sie meinen, anstatt nach beschönigenden Umschreibungen zu suchen. Sagen Sie also nicht: »Ihre Mittagspause zieht sich aber ganz schön in die Länge«, sondern: »Mir ist aufgefallen, dass Sie jeden Nachmittag vier Stunden weg sind.« Sie müssen Klartext reden, mit Schönfärberei erreichen Sie nichts. Andererseits lässt sich auch Kritik in freundliche Worte fassen: »Ich würde gerne mal mit Ihnen über den Fehler reden, der sich in das Projekt Stanley eingeschlichen hat« klingt doch viel netter als »Sie haben das Projekt total vermasselt!«, oder?
- **Kritik nur unter vier Augen!** Bringen Sie niemanden in aller Öffentlichkeit in eine peinliche Lage. Kritik geht nur den etwas an, der einen Fehler gemacht hat.
- **Was war die Ursache des Problems?** Vielleicht hat Samantha den Termin nicht aufgrund ihrer Unzuverlässigkeit, sondern aufgrund von Wissenslücken überzogen. Denken Sie immer an die Erfahrung und den Wissensstand Ihrer Mitarbeiter und bieten Sie gegebenenfalls die Teilnahme an Kursen an.
- **Ist Ihnen eigentlich klar, was Sie sagen wollen?** Vielleicht ist es eine ganz gute Idee, sich einige Stichpunkte zu notieren, damit Sie nichts vergessen oder vom Thema abschweifen.
- **Hören Sie gut zu.** Nachdem Sie Ihre Kritikpunkte angesprochen haben, sollten Sie sich auch die andere Seite anhören. Vielleicht kennen Sie nicht alle Umstände. Hüten Sie sich vor vorgefertigten Meinungen, hören Sie gut zu und kommunizieren Sie regelmäßig mit Ihren Mitarbeitern.

Irren ist menschlich. Jeder macht mal einen Fehler, und die Art und Weise, wie Sie damit umgehen, bestimmt das Verhältnis zu Ihren Mitarbeitern. Wenn Sie bei Fehlern immer einen Schuldigen suchen, ist das eher kontraproduktiv. Herumbrüllen und Schreien ist alles andere als professionell. Ist es denn wirklich wichtig, wer etwas falsch gemacht hat? Viel interessanter ist doch, warum ein Fehler gemacht wurde, aus dem dann alle lernen können.

Sagen wir einmal, eine Mitarbeiterin von Ihnen hat nicht gewusst, dass sie dem Vorstand einen Korrekturabzug der Presseerklärung schicken sollte, obwohl er ihn ausdrücklich angefordert hatte. Stattdessen hat sie die Freigabe wie üblich weitergeleitet, was dazu geführt hat, dass im Text falsche Angaben enthalten waren, die nur der Vorstand hätte berichtigen können. In diesem Fall spielt es keine Rolle, wer dafür verantwortlich ist. Mit Fragen wie »Hat ihr denn niemand gesagt, dass sie die Presseerklärung vorher an den Vorstand leiten soll? oder »Wer hätte ihr das denn sagen sollen?« oder »Hätte Sie das nicht wissen können?« ist niemandem gedient. Natürlich müssen Sie herausfinden, weshalb der Fehler gemacht wurde, sonst passiert so etwas noch öfter. Beheben Sie als erstes den Schaden und sorgen Sie dann dafür, dass so ein Fehler in Zukunft ausgeschlossen ist. Wenn Sie nur nach dem Sündenbock suchen und eigentlich kein Interesse zeigen, etwas aus diesem Missgeschick zu lernen, bringt das rein gar nichts, ganz im Gegenteil, Ihre Mitarbeiter werden Angst vor Ihnen haben. Nutzen Sie Fehler, um daraus zu lernen.

Ihr Ziel sollte sein, Fehler wie diese in Zukunft zu vermeiden. Gehen Sie daher den Ursachen auf den Grund, denn nur dann können Sie ihn in Zukunft vermeiden. Die Lösung für obiges Beispiel wäre ganz einfach: Stellen Sie eine Verteilerliste auf.

Manche Fehler entstehen aufgrund mangelnder Kenntnisse. Trifft das auch auf Ihr Unternehmen zu, müssen Sie das Schulungsprogramm so umstellen, dass jeder davon profitiert.

Versuchen Sie bei jedem Fehler, sich in die Lage dessen zu versetzen, der ihn gemacht hat. Was hat er sich wohl dabei gedacht? Denken Sie daran, dass Sie im Allgemeinen über mehr Informationen verfügen als Ihre Mitarbeiter, und was zunächst nach einer falschen Entscheidung aussieht, kann sich als goldrichtig erweisen, wenn man berücksichtigt, dass dem Mitarbeiter nicht alle Fakten bekannt waren.

Einer für alle und alle für einenKonsens lautet das Motto

Damit ein Unternehmen Erfolg hat, muss es ein gemeinsames Ziel haben, dass immer wieder kommuniziert wird. Jeder Mitarbeiter sollte in der Lage sein, das Unternehmensziel in sämtlichen betrieblichen Entscheidungen wiederzuerkennen.

Hier kommt das Schlagwort Konsens ins Spiel, was nichts anderes bedeutet, als dass eine Gruppe aus Individuen sich über ein bestimmtes Thema einigt oder eine gemeinsame Lösung zu einem Problem findet.

Konsensbildung bedeutet nicht, unterschiedliche Standpunkte, Initiativen oder Alternativvorschläge im Keim zu ersticken. Selbst wenn die einzelnen Teammitglieder unterschiedlichster Meinung sind, ist es möglich, sich ihrer ehrlich gemeinten Unterstützung zu sichern.

Zur Konsensbildung:

- ✔ Definieren Sie Ihr Ziel.

  Soll ein neues Produkt entwickelt werden? Möchten Sie eine neue Werbekampagne auf die Beine stellen?

- ✔ Wer sind Ihre Mitspieler?

  Wer soll an diesem Prozess mitwirken? Wer trifft die Entscheidungen? Wer ist von den Folgen betroffen?

- Legen Sie die Grundregeln fest.

  Jeder sollte seiner Meinung Ausdruck verleihen dürfen, solange dies nicht in persönliche Anfeindungen ausartet. Außerdem muss das Endergebnis mit Ihrer Firmenkultur in Einklang stehen.

- Wie weit gehen die einzelnen Meinungen auseinander?

  Sie müssen die Standpunkte der Teammitglieder kennen. Je unterschiedlicher sie sind, umso schwieriger ist es, einen Konsens zu bilden. (Erinnert Sie das auch an amerikanische Gerichtsfilme und die Aufgabe der Geschworenen?)

Schweigen drückt keine Zustimmung aus. Ihr Ziel lautet nicht, eine passive Duldung zu erreichen.

Andere überzeugen können

Nehmen wir einmal an, Ihnen ist eine brillante Idee eingefallen, und nun müssen Sie die Firmenleitung von ihrem Nutzen überzeugen. Dabei kommt es auf Ihre Überzeugungskraft an, vor allem, wenn Sie eine außergewöhnliche Idee – etwas noch nie da gewesenes – haben.

Überzeugungsarbeit leisten hat nichts mit (faulen) Tricks oder taktischen Schachzügen zu tun. Es geht um schlagkräftige Argumente, die auf den Punkt gebracht werden, um andere für etwas zu gewinnen.

Sie glauben, Sie hätten auf diesem Gebiet ein paar Nachhilfestunden nötig? Kein Problem, beachten Sie einfach diese Tipps:

- **Definieren Sie Ihr Ziel.** Wovon möchten Sie jemanden überzeugen?
- **Bereiten Sie Ihre Argumentationskette vor.** Sie müssen unbedingt erklären, warum eine bestimmte Entschidung im besten Interesse des Unternehmens liegt.
- **Nehmen Sie Einwände ernst.** Überlegen Sie sich mögliche Gegenargumente bereits im Vorfeld und sprechen Sie diese Punkte an.
- **Bleiben Sie beim Thema, auch wenn Ihre Gesprächspartner alles andere als überzeugt sind.** Lassen Sie sich durch nichts und niemanden vom eigentlichen Thema abbringen.
- **Seien Sie ehrlich.** Wenn Sie jemanden überzeugen wollen, muss er Ihnen vertrauen. Liefern Sie irreführende Informationen, erhalten Sie zwar leichter Unterstützung für Ihren Plan, doch bei allen späteren Überzeugungsversuchen werden Sie vor einem Riesenproblem stehen – dem Mangel an Vertrauen.

- Räumen Sie mit eventuellen Vorurteilen auf.

  Finden Sie heraus, warum jemand für oder gegen einen Vorschlag ist. Vielleicht beruht seine Einstellung ja auf Vorurteilen oder Vermutungen, die auf falschen Informationen beruhen. Stellen Sie Fragen, um mehr über die einzelnen Standpunkte herauszufinden.

- Fördern Sie logisches Denken.

  Ihre Mitarbeiter sollen ja nicht einfach »aus Prinzip dagegen« sein, nicht wahr? Stellen Sie Fragen, durch die sich eine logische Argumentationskette ergibt wie »Wenn ..., dann ...« .

- Halten Sie Gefühle im Zaum.

  Wird die Diskussion zu emotional, sollten Sie eine Pause machen und einzeln mit den Streithähnen reden.

- Erzielen Sie einen Konsens.

  Für den Fall der Fälle, dass es Ihnen beim besten Willen nicht gelingt, einen Konsens zu erzielen, fassen Sie einen Mehrheitsbeschluss.

Mitarbeiter darin bestärken, ihre Meinung zu vertreten

Mitarbeiter sind das wertvollste Gut jedes Unternehmens. Sie sind diejenigen, die Tag für Tag die ganze Arbeit erledigen und wissen daher genau, wo etwas nicht so gut läuft. Verkauft sich das neue Produkt nicht gut, kennen Ihre Mitarbeiter den Grund dafür. Ist das neue Arbeitsverfahren eher umständlich als hilfreich, wissen sie es auch, und zwar aus eigener Erfahrung.

Das Problem ist, dass Sie nicht unbedingt erfahren, was Ihre Mitarbeiter wissen, da sie sich aus Angst vor Repressalien möglicherweise nicht trauen, ihre ehrliche Meinung zu sagen oder Sie jederzeit auf Missstände anzusprechen. Diese Angst müssen Sie ihnen unbedingt nehmen.

Und so könnte das ganze im besten Fall aussehen: Eine neu eingestellte Managerin musste innerhalb kürzester Zeit feststellen, dass ihre Mitarbeiter völlig demotiviert waren. Da sie eine gute Zuhörerin war, fand sie bald heraus, dass die in ihrer Abteilung vorgeschriebenen Arbeitsprozesse völlig veraltetet waren. Die Kunden waren deshalb verärgert und die Angestellten mussten diesen Ärger ausbaden. Die neue Chefin tat, was ihr die Mitarbeiter empfahlen und schon bald darauf wendete sich das Blatt zum Guten. Die Beschäftigten strotzten plötzlich vor Energie, denn es war mehr als motivierend zu sehen, dass etwas nach so langer Zeit geändert wurde, woran insgeheim keiner mehr geglaubt hatte.

Bitten Sie Ihre Mitarbeiter um Anregungen. Und richten Sie sich danach!

Vorschläge »herauskitzeln«

Wenn Sie jetzt denken, es wäre ja wohl leichter gesagt als getan, Vorschläge von den Mitarbeitern zu erhalten, muss ich Ihnen Recht geben. Das Wichtigste ist, dass Ihre Leute wissen, dass Sie ihnen zuhören – weshalb sollten sie sich sonst die Mühe machen, Verbesserungsvorschläge auszutüfteln?

Fehlt es Ihnen an Mitarbeiter-Feedback, probieren Sie doch mal diese Tipps aus:

- ✔ Nehmen Sie alle Vorschläge ernst, egal von wem sie stammen.
- ✔ Stellen Sie einen »Ideenbriefkasten« auf.
- ✔ Treffen Sie sich mit kleineren Diskussionsgruppen.
- ✔ Führen Sie eine Umfrage durch (möglichst schriftlich).
- ✔ Sprechen Sie Ihre Mitarbeiter auf Probleme in der Arbeit an.
- ✔ Reagieren Sie niemals unangemessen auf Vorschläge, die Sie lieber nicht hätten hören wollen.
- ✔ Stellen Sie Ergänzungsfragen.
- ✔ Berichten Sie im Newsletter über realisierte Konzepte Ihrer Mitarbeiter.

Ergänzungsfragen stellen

Hatten Sie es auch schon mal mit einem Mitarbeiter zu tun, dem Sie alle Informationen aus der Nase ziehen mussten? Na, dann wissen Sie ja, wie schnell so ein Gespräch zum Ende kommen kann. Als Abhilfemaßnahme empfiehlt es sich, so genannte Ergänzungsfragen zu stellen.

Ergänzungsfragen sind alle Fragen, die nicht mit einem simplen »Ja« oder »Nein« beantwortet werden können. Ein Beispiel dafür wäre die Frage »Wie haben Sie das Projekt abgewickelt – welche Erfolge konnten Sie verzeichnen?«. Entscheidungsfragen sind dagegen Fragen wie »Stimmen Sie mir da zu?« oder »Stimmt das?« Als Antwort reicht in diesem Fall ein schlichtes »Ja« oder »Nein«, eine nähere Begründung ist sozusagen eine freiwillige Zusatzleistung.

Bei Ergänzungsfragen erhalten Sie die erforderlichen Hintergrundinformationen, so dass Sie nicht darauf angewiesen sind, zu erraten – und sich möglicherweise dabei zu irren –, was sich ein etwas redeunwilliger Mitarbeiter zu einem Thema denkt. Mit Ergänzungsfragen bringen Sie einen solchen Mitarbeiter dazu, Ihnen seine Meinung darzulegen und auf die Details einzugehen, die ihm wichtig erscheinen.

Mit Beschwerden umgehen

Sie wissen inzwischen, wie wichtig es ist, dass Ihre Mitarbeiter jederzeit zu Ihnen kommen dürfen. Was Sie jedoch bestimmt nicht wollen, ist, dass man Ihnen eine Beschwerdeliste in die Hand drückt, verbunden mit der Bitte, sämtliche Probleme zu lösen.

Nicht alle Probleme, die Ihre Mitarbeiter vielleicht an Sie herantragen werden, sind tatsächlich echte Probleme. Vergessen Sie jedoch nicht, dass für viele Menschen die Realität durch die Wahrnehmung definiert wird. Wenn also etwas als Problem empfunden wird, lässt es sich eventuell dadurch entschärfen, indem Sie den Sachverhalt genauer erklären.

Wenn sich ein Mitarbeiter bei Ihnen über etwas beklagt, müssen Sie vor allen Dingen eines tun: Zuhören. (Mehr darüber steht übrigens am Anfang dieses Kapitels.) Beschwert er sich beispielsweise darüber, dass er kaum Platz zum Arbeiten hat, müssen Sie den Ursachen auf den Grund gehen. Möchte er ein größeres Büro, was bedeuten kann, dass er sich mehr Anerkennung wünscht oder stört ihn sein lauter Sitznachbar?

Nachdem Sie aufmerksam zugehört haben, sollten Sie sich folgende Fragen stellen beziehungsweise Tipps beherzigen:

- ✔ **Ist der Mitarbeiter ausreichend informiert?** Vielleicht ist ihm eine bestimmte Entscheidung völlig unverständlich, weil ihm nicht alle Fakten bekannt sind. Ihre Aufgabe ist es, die Situation zu klären und ihm zu helfen, seine Befürchtungen oder Beschwerden im Zusammenhang mit den zugrundeliegenden Firmeninteressen zu sehen. Nehmen Sie seine Bedenken ernst und rücken Sie die Dinge gerade.
- ✔ **Bitten Sie um Vorschläge oder Lösungen.** Schieben Sie einem bloßen Gejammer den Riegel vor, indem Sie ein Brainstorming daraus machen. Anstatt Ihren Mitarbeitern zu verbieten, Sie mit Kleinkram zu belästigen, bitten Sie um Lösungsvorschläge. Wenn Alex zum Beispiel glaubt, es gäbe ein Problem mit der Kleiderordnung, bitten Sie ihn, dies nachzuprüfen und einige Alternativen vorzuschlagen. Auf diese Weise erreichen Sie, dass Ihre Mitarbeiter nur noch mit den Problemen zu Ihnen kommen, für deren Lösung sie sich auch selbst einsetzen möchten.

Wenn Sie es mit einem »Dauernörgler« zu tun haben, bitten Sie ihn, seine Lösungsvorschläge schriftlich auszuarbeiten. Das wird er sicherlich nur bei Problemen machen wollen, die ihm wirklich wichtig sind.

- ✔ **Legen Sie die Rahmenbedingungen fest.** Machen Sie Ihren Mitarbeitern die Grenzen klar, innerhalb derer Lösungsvorschläge liegen müssen. In unserem Fall mit Alex könnte das ein Verweis auf die Kleiderordnung in Konkurrenzunternehmen sein oder darauf, dass die Kleidung ein bestimmtes Maß an Professionalität widerspiegeln muss. Andere Rahmenbedingungen könnten Etatkürzungen, vorgeschriebene Arbeitsabläufe oder bestimmte Fristen sein.
- ✔ **Begründen Sie ein »Nein«.** Lässt sich ein Vorschlag nicht umsetzen, erklären Sie Ihre Gedankengänge: »Sie baten mich darum, in das leer stehende Büro auf unserem Korridor einziehen zu dürfen, weil Ihr jetziges aus allen Nähten platzt. Das geht leider nicht, weil demnächst ein neuer Abteilungsleiter in dieses Büro einziehen wird. Aber ich kann Folgendes für Sie tun ...«

Suchen Sie immer nach Alternativlösungen und erklären Sie, warum Sie einer Bitte nicht nachkommen (können). Dann weiß der betreffende Mitarbeiter, dass Sie sich Gedanken über sein Problem gemacht haben und ihm helfen wollen. Überlegen Sie doch einmal, wie Sie sich fühlen würden, wenn Sie Ihrem Chef etwas vorschlagen und nur ein barsches Nein als Antwort bekommen.

✔ **Bitten Sie regelmäßig um Beiträge.** Halten Sie monatlich oder wöchentlich ein Treffen ab, bei dem es ausschließlich um die Sorgen und Nöte Ihrer Mitarbeiter geht. Bei größeren Problemen fragen Sie alle Teilnehmer nach Lösungen.

Was tun, wenn Sie mit einem Mitarbeiter aneinander geraten?

Nehmen wir an, Sie halten Clara für eine echte Meckerziege. Sie ist pessimistisch, arrogant und, mal ganz ehrlich, Sie mögen sie einfach nicht besonders. Probleme dieser Art sind in der Arbeitswelt weit verbreitet. Die gute Nachricht lautet, dass man sie in den meisten Fällen lösen kann.

Geraten Sie regelmäßig mit Ihren Mitarbeitern oder Vorgesetzen aneinander, müssen Sie überlegen, welche Rolle Sie selbst dabei spielen. Regelmäßigkeiten sind kein Zufälle.

Sind Sie der ehrlichen Meinung, Sie hätten alles versucht, um mit Clara klar zu kommen, haben Sie es wohl tatsächlich mit einem schwierigen Charakter zu tun. Lesen Sie in Kapitel 19 nach, was Sie in einer solchen Situation tun können. Liegt das Problem doch eher bei Ihnen, sollten Sie aufmerksam beobachten, wie Sie sich tagtäglich verhalten. Und bevor Sie Clara für einen Fehler kritisieren – ob das nun gerechtfertigt ist oder nicht – sollten Sie versuchen, die Situation so objektiv wie möglich zu betrachten. Überlegen Sie im Voraus, was Sie sagen wollen und schreiben Sie es auf. Fragen Sie sich, wie Sie auf Ihre Worte reagieren würden, wenn die Rollen umgekehrt wären. Oder stellen Sie sich vor, Sie müssten Ihren besten Freund kritisieren. Würden Sie dann dieselben Worte verwenden? Wenn nicht, formulieren Sie Ihre Kritik solange um, bis sie diese Maßstäbe erfüllt.

Kreativität fördern

In diesem Kapitel

- Die Kraft kreativen Denkens entdecken
- Brainstorming – immer und überall
- Wer nicht wagt, der nicht gewinnt
- Aus Schaden wird man klug

8

Sicherlich haben auch Sie schon Geschichten von kreativen Menschen gehört, die gefeuert wurden, weil sie ihren Arbeitgebern zu unangepasst waren. Viele dieser einfallsreichen Mitarbeiter gründen dann auf der Grundlage ihrer Geschäftsideen eine eigene Firma und verdienen sich eine goldene Nase.

Diese Geschichten sind keine Seltenheit, denn oft werden kreative Mitarbeiter als Bedrohung empfunden, da sie den herrschenden Status quo in Frage stellen.

Sie sollten diesen Fehler besser nicht begehen, denn damit hemmen Sie den Erfolg Ihres Unternehmens und verlieren unter Umständen einige Ihrer wertvollsten Mitarbeiter. Selbst wenn Ihr Unternehmen ganz hervorragende Produkte vertreibt, kommt doch früher oder später der Zeitpunkt, zu dem das Interesse daran nachlässt. Die Zeiten ändern sich nun mal, und wenn Sie sich nicht an neue Gegebenheiten anpassen, haben Sie bald das Nachsehen. Damit Ihr Unternehmen auch in Zukunft erfolgreich ist, brauchen Sie Mitarbeiter, die konstant für frischen Wind in Ihrer Firma sorgen.

Ein Arbeitsklima, in dem neue Ideen der Mitarbeiter geschätzt werden, ist äußerst motivierend. Kein Mensch fühlt sich auf der Arbeit wohl, wenn von ihm lediglich erwartet wird, pünktlich den Mitarbeiterausweis in die Zeiterfassung zu stecken, die Arbeit zu verrichten und dann wieder nach Hause zu fahren. Wenn Sie die Kreativität Ihrer Mitarbeiter fördern, zeigen Sie ihnen, dass Sie ihre Intelligenz und Originalität schätzen – was wiederum dazu führt, dass Ihre Leute gerne zur Arbeit gehen.

Bedenken Sie bitte, dass Kreativität kein spontanes Ereignis ist. Sie ist eine Einstellung, die Sie fördern oder dämpfen. Nicht jede kreative Idee ist gleich gut, und Sie als Manager wollen Ihre Zeit ja nicht unbedingt damit vergeuden, jeder Idee nachzugehen, um irgendwann festzustellen, dass sie vielleicht doch in eine Sackgasse führt. Es kommt nicht darauf an, jede Idee umsetzen zu wollen, sondern darauf, auch auf bisweilen verrückte oder unrealistische Ideen so zu reagieren, dass die Kreativität Ihrer Mitarbeiter gefördert wird.

In diesem Kapitel erfahren Sie, wie Sie Ihre Mitarbeiter zu kreativem Denken inspirieren können. Außerdem lernen Sie, eine Brainstorming-Sitzung erfolgreich zu leiten und die Risikobereitschaft Ihrer Leute zu erhöhen. Zu guter Letzt zeige ich Ihnen, was Sie und Ihr Team aus Fehlern, aber auch Erfolgen lernen können.

Kreativität fördern - das Arbeitsklima bereitet den Weg

Wenn Ihre Mitarbeiter nicht mit innovativen Ideen auf Sie zukommen, stimmt möglicherweise etwas mit Ihrer Firmenkultur nicht. Werden Vorschläge oft ignoriert oder kritisiert? Oder setzen Sie sich dafür ein, dass Ihre Mitarbeiter auch einmal Neuland betreten?

Sie sollten sich diese Fragen stellen, um beurteilen zu können, ob Kreativität in Ihrer Abteilung gefördert wird oder eher unerwünscht ist:

- ✔ **Genießen Ihre Mitarbeiter bestimmte Befugnisse und übernehmen sie Verantwortung?** Eine Voraussetzung für kreatives Denken ist ein gewisser Handlungsspielraum. Sie werden sehen, dass selbst der unkreativste Mitarbeiter mit einem Mal brillante Ideen hat, wenn er Entscheidungen treffen und ein bestimmtes Maß an Verantwortung übernehmen kann.

- ✔ **Ist Ihren Mitarbeitern die Unternehmensvision bekannt?** Kreativität funktioniert nur mit richtungsweisenden Vorgaben. Sorgen Sie dafür, dass Ihre Leute bei der Entwicklung von Konzepten und Lösungen immer die Mission Ihres Unternehmens im Hinterkopf haben.

- ✔ **Finden regelmäßig Brainstorming-Sitzungen statt?** Brainstorming und Synergieeffekt gehören unbedingt zusammen. Wenn Sie Brainstorming-Sitzungen effizient leiten, sollte Ihr Team mehr erreichen als die einzelnen Mitglieder zusammen. Außerdem lernen Ihre Leuten dadurch, wie weit sie die gewohnten Bahnen verlassen können. (Näheres dazu finden Sie unter »Effizientes Brainstorming«.)

- ✔ **Wo finden diese Sitzungen statt?** Manchmal haben Büroräume – egal wie freundlich sie eingerichtet sind – etwas Erdrückendes an sich. Probieren Sie doch einfach einmal aus, was passiert, wenn die nächste Brainstorming-Sitzung im Freien – im Park, im Restaurant, im Freibad, im Wald, wo auch immer – stattfindet. Sie werden überrascht sein, mit welchen Ideen Ihre Mitarbeiter in einer entspannten Atmosphäre aufwarten.

- ✔ **Dürfen Ihre Mitarbeiter ihren Arbeitsplatz persönlich gestalten?** Sicherlich ist dieser Punkt nicht so wichtig wie ein Handlungsspielraum, doch wer sich wohlfühlt, ist automatisch kreativer. Wer seinen Arbeitsplatz nach seinem Geschmack gestalten kann, wird Bilder und ähnliches aufhängen, die ihn inspirieren wie zum Beispiel ein Foto vom letzten Urlaub am Meer, das auch in der größten Hektik für Entspannung sorgt. Auch Pflanzen und Blumen haben auf manche Menschen eine beruhigende Wirkung. Solange dadurch die alltägliche Arbeit nicht behindert wird, spricht nichts dagegen, wenn Ihre Mitarbeiter ihrem Arbeitsplatz eine persönliche Note verleihen.

Den Weg zur Kreativität entdecken

Ach, Sie sind enttäuscht, weil Ihre Mitarbeiter nicht ständig freudestrahlend mit neuen Ideen aufwarten? Und wenn Sie um Anregungen bitten, starren sie Sie nur schweigend an? Das Problem lässt sich lösen: Zum einen muss die Umgebung passen und zum anderen müssen Sie bereit sein, Ihr Team zu leiten.

Die Kreativität unterliegt Schwankungen, man kann nicht jeden Tag gleich kreativ sein. Sie müssen Ihren Mitarbeitern auch die Zeit lassen, ihre Ideen bis zu einem bestimmten Punkt reifen zu lassen. (Wo dieser Punkt liegt, hängt von der Firmenphilosophie und -mission ab.) Ermutigen Sie Ihr Team, niemals aufzugeben, auch wenn es einmal scheitert.

Wenn Sie diese Tipps beherzigen, steht der Kreativität Ihrer Mitarbeiter nichts mehr im Wege:

- ✔ Ermutigen Sie Ihre Mitarbeiter, ihren Gedanken freien Lauf zu lassen.
- ✔ Lassen Sie nicht zu, dass der Gedankengang eines Mitarbeiters unterbrochen wird, nur weil derjenige kurz innehält.
- ✔ Bitten Sie um Fragen.
- ✔ Stellen Sie Fragen, die mit »Was wäre, wenn ...« beginnen. Auf diese Weise lernen Ihre Mitarbeiter, ihr Konzept zu durchdenken.
- ✔ Lehnen Sie eine Idee niemals ab, ohne darüber diskutiert zu haben.
- ✔ Betrachten Sie Ideen immer von mehreren Seiten aus.
- ✔ Besuchen Sie Seminare über innovative Praktiken, die innerhalb und außerhalb ihrer Branche üblich sind.
- ✔ Betrachten Sie Ideen und Vorschläge als Einladung für regelmäßige Treffen an, um die Kreativität Ihres Teams zu fördern.
- ✔ Stellen Sie die richtigen Fragen – nur dann erhalten Sie auch die richtigen Antworten.
- ✔ Sie müssen Geduld haben.
- ✔ Stellen Sie den Status quo in Frage.
- ✔ Lachen Sie des öfteren.
- ✔ Besorgen Sie sich ein Laptop, um kreative Vorschläge auf der Stelle speichern zu können.
- ✔ Bedanken Sie sich auch für kleinere Verbesserungsvorschläge.

Kreative Blockaden überwinden

Selbst wenn Sie alles richtig machen, werden Sie und Ihr Team irgendwann einen Punkt erreichen, an dem Ihnen allen nichts, aber wirklich rein gar nichts mehr einfällt. Vorsicht, das könnte ein Zeichen von Überarbeitung sein.

Eine Umfrage von The Creative Group zufolge sind 36 Prozent der Befragten der Überzeugung, dass eine Pause das beste Mittel ist, kreative Blockaden zu vermeiden.

Kreativität lässt sich auf die unterschiedlichste Weise fördern. Die folgenden Tipps stammen übrigens von Führungskräften aus der Werbebranche. Denken Sie bitte auch daran, dass gerade die kleinen Dinge einen großen Unterschied machen können, vor allem wenn es sich um etwas völlig außergewöhnliches handelt.

- ✔ Lassen Sie Ihre Büros öfter mal in anderen Farben streichen und sorgen Sie für musikalische Abwechslung.
- ✔ Denken Sie laut.
- ✔ Tragen Sie jede Idee in ein Notizbuch ein, auch wenn Sie glauben, dass sie niemals umgesetzt wird.
- ✔ Humor kann wahre Wunder bewirken.
- ✔ Verfolgen Sie die neuesten Trends Ihrer Branche und lernen Sie daraus.
- ✔ Dulden Sie keine Störungen. Insbesondere, wenn an wichtigen Projekten gearbeitet wird, sollten Sie keine Telefongespräche annehmen.
- ✔ Erholen Sie sich in Ihrer Freizeit und entspannen Sie sich, während Sie Ihren Hobbys und Interessen nachgehen.
- ✔ Bereiten Sie jedes Projekt sorgfältig vor und versuchen Sie, Ihrem Zeitplan immer einen Schritt voraus zu sein.

Brainstorming - gewusst wie

Brainstorming ist, wenn gemeinsam in einer Gruppe über eine Lösung nachgedacht wird, in die die Beiträge aller einfließen. Die meisten Menschen denken in diesem Zusammenhang an kreative Prozesse wie die Entwicklung einer Werbekampagne. Doch Brainstorming ist für alle Branchen geeignet, es kommt ganz darauf an, wie gut es in den täglichen Arbeitsablauf integriert wird.

Fängt demnächst ein neuer Mitarbeiter bei Ihnen an? Prima, dann sollten Sie gemeinsam überlegen, wie man ihn auf besonders nette Weise willkommen heißen und einarbeiten könnte. Auf Ihr Team kommt ein größeres Projekt zu, vor dem es allen graut? In einer Brainstorming-Sitzung fällt Ihnen bestimmt ein, was Sie tun können, damit der Spaßfaktor nicht zu kurz kommt.

Obwohl Brainstorming eine häufig eingesetzte Technik ist, wird dabei nicht immer alles richtig gemacht. Beim Brainstorming sagt jeder genau das, was ihm gerade so in den Sinn kommt, ganz ohne Einschränkung. Es geht einfach nur darum, so viel Ideen wie möglich zu sammeln. Die Gruppe baut auf den einzelnen Vorschlägen auf und entwickelt gemeinsam die optimale Lösung. Bei einem umfangreichen Problem empfehlen sich mehrere Brainstorming-Sitzungen.

Guten Morgen, liebe Kreativität!

Kaffee ist nicht das einzige, was am Morgen in Strömen fließen kann – einer Umfrage zufolge gilt das auch für gute Ideen. Der Vormittag ist für zwei Drittel der befragten Führungskräfte in der Werbebranche die kreativste Phase des Tages – und diese Leute müssen es schließlich wissen.

Der Vormittag ist deshalb die beste Zeit für Brainstorming, weil die Mitarbeiter ausgeruht ans Werk gehen können und in der Regel noch nicht von allen möglichen anderen Dingen abgelenkt werden.

Einer in Amerika durchgeführten Studie zufolge laufen 66 Prozent von Führungskräften aus der Werbebranche in den frühen Morgenstunden zu ihrer kreativen Bestform auf, während nur fünf Prozent um die Mittagszeit oder am Nachmittag am kreativsten sind und 14 Prozent in den Abendstunden.

Diese Studie wurde von The Creative Group entwickelt, die ein unabhängiges Meinungsforschungsinstitut mit der Durchführung beauftragte. Befragt wurden rund 200 Manager aus den 1000 führenden Werbeagenturen Amerikas.

Trotzdem sollten Sie auch an diejenigen denken, die früh am Tag noch gar nichts zustande bringen. Geben Sie den Nachtmenschen unter Ihrem Team eine Chance, und sorgen Sie dafür, dass Ihre Bürotür auch gegen Feierabend offen steht.

Brainstorming-Sitzungen sollten maximal eine Stunde dauern und möglichst nur aus bis zu zehn Teilnehmern bestehen.

Manche Vorschläge scheinen auf den ersten Blick abgedroschen zu sein, doch verwerfen Sie sie nicht gleich – Sie können der Anstoß für eine zündende Idee sein.

Nur wenn sich jeder aus der Gruppe wohl fühlt, kommen gute Ideen zustande. Sich über andere lustig zu machen oder kein gutes Haar an ihren Ideen zu lassen, muss unter allen Umständen tabu sein. Ihre Aufgabe ist es, gut zuzuhören, sich auch über noch so abwegige Ideen zu freuen und Ihr Vertrauen in die Fähigkeiten Ihres Teams zu demonstrieren.

Hier ein paar Tipps, wie Sie aus einer Brainstorming-Sitzung das Beste herausholen können:

- ✔ **Wählen Sie den Besprechungsort sorgfältig aus.** Der Aufenthaltsraum Ihres Unternehmens ist sicherlich nicht die beste Wahl! Am entspanntesten dürfte es wohl außerhalb der Firma zugehen. Es dürfte sehr schwierig sein, einen Ort zu finden, an dem keiner etwas auszusetzen hat, aber wenn die Beleuchtung, Raumtemperatur und Einrichtung passen, sind wichtige Voraussetzungen erfüllt. Kein Mensch kann kreativ denken, wenn die Luft stickig ist und man Schulter an Schulter sitzt.

- **Legen Sie einen Termin fest.** Frei nach dem Motto »Morgenstund' hat Gold im Mund« ziehen manche Mitarbeiter den Vormittag für Brainstorming-Sitzungen vor, vielleicht auch, weil sie dann noch ausgeruht sind und den Kopf frei haben. Möchte Ihr Team den Termin lieber auf einen Nachmittag setzen, ist das durchaus einen Versuch wert. Ihr Ziel lautet ja, einen Zeitpunkt zu finden, an dem die meisten Teilnehmer vor Energie und neuen Ideen strotzen.
- **Stecken Sie das Ziel so eng wie möglich.** Brainstorming bringt rein gar nichts, wenn keiner weiß, worauf es hinauslaufen soll. Vermeiden Sie vage Formulierungen wie Umsatzsteigerung, sondern nennen Sie ein konkretes Ziel wie verkürzte Reaktionszeit auf Kundenanfragen.
- **Schweifen Sie nicht vom Thema ab.** Mag schon sein, dass jemand eine tolle Idee für die Mitarbeiterrekrutierung hat, doch wenn es gerade um kürzere Reaktionszeiten geht, sollte dies ein anderes Mal diskutiert werden.
- **Verurteilen Sie keine Vorschläge.** Machen Sie deutlich, dass es keine schlechten Ideen gibt. Ja, Sie haben schon richtig gelesen, denn selbst aus der auf den ersten Blick völlig unsinnigen Idee kann sich die optimale Lösung entwickeln.

  Vielleicht führen Sie sogar eine Kasse ein, in die jeder einen Euro zahlen muss, wenn er die Vorschläge anderer kritisiert. Und von dem Geld kaufen Sie dann Snacks für die nächste Sitzung.
- **Bauen Sie auf den einzelnen Vorschlägen auf.** Fast jede Idee ist ausbaufähig und bringt Sie Ihrem Ziel näher. Greifen Sie jeden Vorschlag auf und ändern Sie ihn gemeinsam ab. Auf diese Weise kann jeder einen Beitrag leisten.
- **Quantität, nicht Qualität zählt.** Je mehr Ideen genannt werden, um so größer die Wahrscheinlichkeit, dass die optimale dabei ist. Fordern Sie Ihre Mitarbeiter ausdrücklich auf, möglichst viele Vorschläge zu bringen, egal wie abwegig diese scheinen mögen.
- **Probieren Sie einen spielerischen Ansatz aus!** Sie könnten sogar Spielzeug mitbringen – vielleicht hilft das der kindlichen Kreativität, die sicher noch in Ihnen allen steckt, wieder auf die Sprünge. Oder Sie beginnen die Sitzung mit einer teambildenden Übung: In der Gruppe soll der nächste Prototyp entwickelt werden. Oder die Teilnehmer sollen Bilder zum Thema Kundendienst malen. Was immer Ihr Ziel ist, lassen Sie Ihrer Fantasie freien Lauf.
- **Stellen Sie einen Imbiss bereit!** Getränke und Snacks beseitigen nicht nur Hunger und Durst, sondern liefern auch neue Idee. Wer weiß? Vielleicht löst der nächste Griff in die Chipstüte eine Superidee aus!
- **Denken Sie an den Spaßfaktor.** Ihre Mitarbeiter sollen Spaß am Brainstorming haben und sich auf die Sitzungen freuen. Eine angenehme oder witzige Atmosphäre sorgt bestimmt für gute Ideen.

- **Konzentrieren Sie sich auf Ihr Thema.** Schreiten Sie ein, wenn Ihre Mitarbeiter Privatgespräche führen. Jeder soll den anderen aufmerksam zuhören und deren Vorschläge weiterentwickeln. Ist das nicht der Fall, bitten Sie explizit um Vorschläge und sprechen Ihre Leute mit Namen an. Auch wenn Brainstorming normalerweise Spaß macht, ist es doch Teil der Arbeit.
- **Stellen Sie Fragen.** Durch Ergänzungsfragen lassen sich Vorschläge abklären und Sie können die Diskussion leiten. Vermeiden Sie Suggestivfragen wie »Sie glauben doch wohl nicht im Ernst, dass das so funktionieren kann, oder?«

Die Risikobereitschaft fördern

Wenn Sie von kreativen Mitarbeitern umgeben sein möchten, sollten Sie bereit sein, einige Risiken einzugehen. Eine wirklich innovative Idee kann Auslöser dafür sein, dass sich Ihr Team mit wahrer Begeisterung an ein Projekt macht, das von Erfolg gekrönt sein, aber auch scheitern kann. Glücklicherweise sind die Risiken von Fall zu Fall anders gelagert. Andererseits gibt es Fälle, bei denen es klüger ist, kein Risiko einzugehen. Was Sie – und Ihr Team – tun sollten? Lernen, bestimmte Risiken einzugehen.

Die Risikobeurteilung ist keine exakte Wissenschaft. Doch die folgenden Tipps helfen Ihnen bestimmt, Risiken einschätzen und eingehen zu lernen:

- **Bitten Sie Ihre Mitarbeiter um Vorschläge**. Stellen Sie zum Beispiel einen Kasten dafür auf. Auch wenn es auf den ersten Blick nicht so erscheint, können sich selbst Kommentare wie »Der Kaffee schmeckt nicht, wir sollten die Marke wechseln« als hilfreich erweisen. Wenn Sie die Vorschläge zur Diskussion stellen (und auch eine Erklärung anbieten, wenn etwas nicht durchführbar ist), fühlen sich Ihre Mitarbeiter Ernst genommen. Außerdem bilden Sie so Vertrauen, das Sie auch bei anderen Gelegenheiten wie einem persönlichen Gespräch unter Beweis stellen können.
- **Keine Angst vor Mitarbeitern, die kein Blatt vor den Mund nehmen**. In jedem Unternehmen muss es einen kritischen Mitarbeiter geben, der den Dingen auf den Grund geht und auch mal etwas verändert. Bei einem Vorstellungsgespräch sollten Sie Qualifikation und sicheres Auftreten des Bewerbers unter die Lupe nehmen – je selbstsicherer jemand ist, umso wahrscheinlicher ist es, dass er das Kind beim Namen nennt.
- **Fördern Sie die Risikobereitschaft Ihrer Mitarbeiter unabhängig vom Ausgang**. Auch bei einem kalkulierten Risiko gibt es keine Erfolgsgarantie. Lassen Sie Ihre Mitarbeiter wissen, dass grundsätzlich die Möglichkeit eines Scheiterns besteht und dass ihnen selbst dann keine Repressalien drohen.

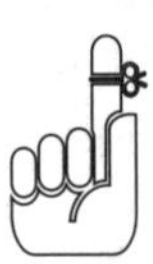

Risiken müssen sorgfältig abgewägt werden. Ihre Mitarbeiter sollten auch die Alternativen geprüft haben und sich sicher sein, dass ein Risiko es wert ist, eingegangen zu werden. Je schwerwiegender die Folgen, umso intensiver muss man sich damit auseinandersetzen.

Es darf keine negativen Folgen haben, wenn ein Mitarbeiter ein kalkulierbares Risiko eingeht und scheitert. Denken Sie immer daran: Wer nicht wagt, der nicht gewinnt, und das gilt auch für Ihr Unternehmen.

Aus Fehlern und Erfolgen lernen

Es ist nicht schlimm, wenn mal ein Fehler passiert. Das kann immer vorkommen.

Sie dürfen nur eines nicht tun: Ihre Mitarbeiter bestrafen. Stellen Sie sich und ihnen lieber folgende Fragen:

- ✔ **Was ist falsch gelaufen?** Gab es zum Beispiel eine kostspielige Terminverzögerung? Woran lag das? War es ein unvorhergesehenes Ereignis wie ein Blitzschlag, der die elektrische Anlage mehrere Tage lahm legte? Oder hätte Ihr Team daran denken können, dass zum Beispiel in der Urlaubszeit alles etwas länger dauert? Woran auch immer es lag, lernen Sie etwas daraus und machen Sie diesen Fehler kein zweites Mal. In diesem Fall hieße das, dass Sie ein oder zwei Wochen Vorlaufzeit einplanen, damit Sie eventuelle Lieferverzögerungen problemlos auffangen können.
- ✔ **Haben Sie sich klar und deutlich ausgedrückt?** Vielleicht war Ihnen selbst ja alles klar, aber ging es Ihren Mitarbeitern ebenso? Sie müssen sicherstellen, dass Ihre Anweisungen genau verstanden werden. Außerdem verfügen Sie im Gegensatz zu Ihren Mitarbeitern sicherlich über Betriebsinterna. Geben Sie Ihr Wissen an Ihre Mitarbeiter weiter, sofern möglich, damit sie nicht nur wissen, was geschehen soll, sondern auch warum und in welchem Kontext das zu sehen ist.
- ✔ **Haben Sie Ihren Mitarbeiter klar gemacht, wo sie Unterstützung finden?** Konnten Ihre Mitarbeiter den Bericht nur dann erstellen, wenn sie bestimmte Informationen über eine Kontaktperson erhalten? Wussten sie das auch? Nennen Sie Ihren Mitarbeitern in Zukunft alle Hilfsmittel und Ansprechpartner. Wenn Sie selbst nicht wissen, an wen sie sich wenden können, verweisen Sie sie an einen Kollegen, der Erfahrung damit hat und ihnen die richtigen Adressen nennen kann. Denken Sie aber auch an die erforderlichen Gerätschaften.
- ✔ **War die Projektplanung in Ordnung?** Wann immer etwas falsch läuft, sollten Sie sich Gedanken über die vorherige Planung machen. Gab es überhaupt einen Plan? Wurde der eingehalten oder wurden einige Schritte ausgelassen? Müssen bestimmte Arbeitsmethoden nochmals erklärt oder geändert werden? Lernen Sie aus diesen Fehlern und sorgen Sie dafür, dass so etwas in Zukunft nicht noch einmal vorkommt.

Wenn Ihnen ein Fehler unterläuft, müssen Sie Vorbild für Ihre Mitarbeiter sein: Geben Sie ihn zu! Aus Fehlern kann man ja bekanntlich lernen. Nun, vielleicht lernen Sie jetzt, dass Ihr Lieblingsprojekt oder Ihre geniale Idee der absolute Reinfall oder eine Fehlkalkulation waren. Machen Sie ihn kein zweites Mal.

Die Macht der innerbetrieblichen Kommunikation

9

In diesem Kapitel

- Welche Kommunikationsmittel stehen zur Verfügung?
- Schlechte Nachrichten überbringen
- Innerbetriebliche Kommunikation und die Presseabteilung

Die Art und Weise, wie Sie als Manager mit Ihren Mitarbeitern kommunizieren, kann sich motivierend, aber auch demotivierend auf sie auswirken. Die umfassende und effiziente Kommunikation ist ein wichtiger Teil Ihrer Tätigkeit, auch wenn dies nicht in Ihrer Stellenbeschreibung stand. Machen Sie also das Beste daraus!

In diesem Kapitel erfahren Sie, welche Mittel Sie für die Massenkommunikation nutzen können, Sie erhalten Tipps, wie man schlechte Nachrichten überbringt und was man gegen die Gerüchteküche tun kann. Außerdem zeige ich Ihnen, wie Sie die formellen betrieblichen Informationskanäle für Ihre Zwecke nutzen können. (Mehr zum Thema alltägliche Kommunikation mit Ihren Mitarbeitern können Sie in Kapitel 7 nachlesen.)

Welche Kommunikationsmittel stehen zur Verfügung?

Im Grunde genommen spielt es keine Rolle, ob Sie in einem kleineren Betrieb mit einer Handvoll Mitarbeitern oder in einem Großkonzern mit mehreren Tausend kommunizieren müssen. Wichtig ist nur, dass es dafür ein Medium gibt, das überwiegend genutzt wird und das sehr schnell ist.

Da jeder Mitarbeiter seinen Beitrag zum Erfolg des Unternehmens leistet, muss sichergestellt sein, dass auch jeder sämtliche Neuigkeiten erfährt.

In allen Unternehmen sollte man sich auf eine Hauptkommunikationsmethode einigen – einen zuverlässigen Informationskanal. Wenn sich Ihre Mitarbeiter fragen, was eigentlich aus der jüngsten Produkteinführung geworden ist oder welche Folgen die Umstrukturierungsmaßnahmen der vergangenen Woche zeigen, muss es eine zuverlässige Informationsquelle geben. Hier nun einige Möglichkeiten:

- ✔ Wöchentliche Voice-Mails
- ✔ Wöchentliche E-Mails

- Memos
- Ein Firmen-Newsletter oder -magazin
- Besprechungen in der Mittagspause
- Firmenweite Besprechungen
- Präsentationen auf CD-ROM oder Videokassette
- Intranet-Post
- Wöchentliche Teambesprechungen

Für Manager in kleineren Betrieben ist das persönliche Gespräch mit ihren Mitarbeitern leichter möglich als in größeren Unternehmen, wo ein Massenkommunikationsmedium nötig ist. Wichtig bei der Auswahl dieses Mediums ist jedoch, dass sichergestellt wird, dass alle Mitarbeiter Informationen schnell und zuverlässig erhalten.

Zusätzlich zu einem primären Kommunikationsmittel sollten weitere Alternativen genutzt werden. Findet in Ihrem Betrieb zum Beispiel die Kommunikation hauptsächlich in den wöchentlichen Besprechungen ab, muss es eine andere Kommunikationsmethode geben, um Mitarbeitern brandeilige Entwicklungen mitzuteilen. Und die zusätzliche Kommunikation über ein firmeninternes Magazin bietet beispielsweise die Möglichkeit, mehr über die Hintergründe eines Ereignisses zu berichten als dies in einer Teambesprechung möglich ist.

Die einzelnen Kommunikationskanäle sollten aufeinander abgestimmt sein und sich gegenseitig ergänzen. Ihre Mitarbeiter sollten sich mehr auf diese Kanäle verlassen als auf die Gerüchteküche.

Wöchentliche Voice-Mails

In vielen Unternehmen werden dringende Neuigkeiten über das innerbetriebliche Voice-Mail-System verbreitet. Diese Methode ist besonders effizient, wenn die Geschäftsleitung ausgewählten Mitarbeitern etwas mitteilen möchte. Im Anschluss daran könnte zum Beispiel ein persönliches Gespräch mit den zuständigen Abteilungsleitern stattfinden, die dann ihrerseits die Informationen an ihre Teams weitergeben.

Nehmen wir einmal an, dass ein Unwetter Ihre Produktionsstätte in Hamburg lahmgelegt hat – und schon sind eine Menge Gerüchte darüber im Umlauf. Als erstes sollten Sie Ihre Mitarbeiter per Voice-Mail darüber informieren. Auf diese Weise stellen Sie sicher, dass alle Mitarbeiter dieselbe Information erhalten, was nicht immer der Fall ist, wenn Neuigkeiten über ein persönliches Gespräch weitergegeben werden, da vielleicht etwas Wichtiges vergessen wird. Anschließend können Sie eventuelle Fragen oder Befürchtungen in einem persönlichen Gespräch klären.

Hier ein paar Situationen, in der sich die Informationsverbreitung per Voice-Mail geradezu anbietet:

- ✔ Sofort wirksame, vom Vorstand beschlossene organisatorische Änderungen
- ✔ Unerwartete Probleme, die die Belegschaft oder ein Produkt betreffen
- ✔ Aktuelle Informationen über die neuesten Aktivitäten des Unternehmens, über die vielleicht in der Presse berichtet wird
- ✔ Gute Nachrichten oder Weihnachtsgrüße und ähnliches

E-Mail

E-Mails sind sowohl zur Verbreitung von dringenden Botschaften als auch von allgemeinen Informationen geeignet. Vorausgesetzt, dass jeder Mitarbeiter Zugang zu dem E-Mail-System hat, ist dieser Kommunikationskanal am besten geeignet, wenn:

- ✔ Sie eine größere Gruppe an ein bevorstehendes Meeting oder Ereignis beziehungsweise an eine zu erledigende Aufgabe erinnern möchten
- ✔ Sie eine Abstimmung über eine relativ unkomplizierte Angelegenheit mit nur einigen wenigen Mitarbeitern durchführen möchten oder Sie einfach nur deren Meinung darüber interessiert. (Zum Beispiel: Wo soll denn unsere nächste Besprechung stattfinden? A, B oder C)

E-Mails eignen sich natürlich auch für die Kommunikation in Krisenzeiten, für Werbeaktionen, Updates und Mahnungen. Bei rechtlichen Angelegenheiten sollten Sie jedoch Rücksprache mit Ihrer Rechtsabteilung halten, bevor Sie eine Mail versenden.

Sie können sich natürlich auch eine umfassende E-Mail-Kampagne überlegen. Nehmen wir einmal an, Ihr Unternehmen plant attraktive Lohnnebenleistungen. Machen Sie Ihre Mitarbeiter doch einfach neugierig, indem Sie diese Mail versenden: »Wir haben uns etwas für Sie einfallen lassen – demnächst mehr darüber«. In der nächsten Mail erklären Sie, was geplant ist und hängen die entsprechenden Unterlagen gleich an Ihre Mail an. Aber Vorsicht, überschwemmen Sie Ihre Mitarbeiter nicht mit Mails, sonst verlieren sie das Interesse daran.

Der größte Nachteil mit E-Mails ist, dass die meisten Menschen schon zu viele und zu lange Mails erhalten. Wenn Sie sich für diese Form der Kommunikation entscheiden, sollten Sie folgende Tipps beherzigen:

- ✔ Formulieren Sie den Inhalt Ihrer Mail klar und möglichst knapp.
- ✔ Damit die Empfänger Ihre Mails nach Priorität ordnen können, sollten Sie gleich in der ersten Zeile schreiben, welche Reaktion Sie darauf erwarten – zum Beispiel »Zur Kenntnisnahme« oder »Mit der Bitte um Erledigung«.

Memos

Memos sind sehr effizient, wenn wichtige Ankündigungen von der Geschäftsleitung oder dem Vorstand an das Personal weitergeleitet werden sollen, oder wenn es darum geht, wichtige Entscheidungen des Topmanagements zu begründen. Durch Memos erfahren die Mitarbeiter die Informationen direkt von den jeweiligen Entscheidungsträgern. Memos sind eigentlich die optimale Kommunikationsform für detaillierte Informationen, bei denen der Faktor Zeit keine so wichtige Rolle spielt. Sie können Memos als Anhang an E-Mails versenden oder als Ausdruck an all diejenigen Mitarbeiter, die keinen Zugang zu einem Computer haben.

Firmen-Newsletter oder Betriebszeitschrift

Ein Newsletter oder eine Betriebszeitschrift sind sehr nützlich, wenn es darum geht, Mitarbeitern Wissen und Informationen zu vermitteln. Angesichts des Erfolgs, den Unternehmen mit einer betriebsinternen Zeitschrift erzielen, lohnt sich die Mühe auf alle Fälle.

Normalerweise übernimmt jemand aus der Presseabteilung die Organisation des Newsletters. Sie oder er ist dafür zuständig, Informationen aus allen Abteilungen zu koordinieren und betriebliche Entscheidungen über den Newsletter zu vertreiben. Es liegt ganz an Ihrem Unternehmen, wie oft so ein Newsletter erscheint, in größeren Unternehmen ist das meist wöchentlich der Fall, in kleineren nur einmal im Vierteljahr. Wichtig ist vor allem, dass ein Newsletter regelmäßig erscheint, so dass sich die Mitarbeiter darauf einstellen können.

Obwohl für die meisten Unternehmen der Newsletter als Kommunikationsform oberste Priorität genießt, ist er für die Verbreitung der Unternehmensvision dennoch nicht ausreichend. Da ein Newsletter meistens über bestimmte Ereignisse berichtet und nur von Zeit zu Zeit erscheint, sollten noch weitere Kommunikationsformen, auf die später noch eingegangen wird, eingesetzt werden. Schließlich liegt es wohl nicht in Ihrem Interesse, dass Ihre Mitarbeiter erst dann über wichtige oder eilige Entscheidungen erfahren, wenn diese schon längst veraltet sind, oder auf die Gerüchteküche angewiesen sind.

Auch bei einem begrenzten Etat lässt sich ein Newsletter bewerkstelligen. Ein Blatt Papier auf beiden Seiten bedruckt und kopiert, genügt doch. Es muss ja wirklich kein teures farbiges Hochglanzmagazinsein. Die Kosten für den Druck lassen sich dadurch einsparen, indem Sie als Mail versenden oder im das Intranet bereit stellen.

Ihr Newsletter sollte nicht zu protzig aufgemacht sein, sonst kommen Ihre Mitarbeiter ins Grübeln, weshalb dafür so viel Geld ausgegeben wird. Andererseits müssen Sie auch an das Image Ihres Unternehmens denken. In der High-Tech-Branche darf es schon etwas Besseres sein. Am besten, der Newsletter ist auf die restlichen Firmenpapiere abgestimmt.

Nun ein paar Worte zum Inhalt eines Newsletters: Wird darin lediglich über Firmenjubiläen und Geburtstage berichtet, ist das ein bisschen dürftig. Ein Newsletter sollte die Wertvorstellungen und Ziele des Unternehmens verdeutlichen. Ist der hervorragende Kundendienst ein wichtiges Firmenziel, könnten Sie über Mitarbeiter berichten, die sich hierbei mächtig ins Zeug gelegt haben. Geschichten dieser Art sollten so ausführlich wie nötig sein. Nun noch ein paar Punkte, die Sie in Ihren Newsletter aufnehmen können:

- ✔ Ein Schreiben des Geschäftsführers oder Vorstands
- ✔ Erfolgsgeschichten, die im Zusammenhang mit den Firmenzielen stehen (exzellenter Kundenservice, Zusammenarbeit, Innovation und so weiter)
- ✔ Neues aus dem sozialen Umfeld (zum Beispiel Berichte über Wohltätigkeitsveranstaltungen)
- ✔ Aktuelles aus der Werbung, über neue Mitarbeiter, neue Filialen und so weiter, wobei auch darüber berichtet werden sollte, in welchem Zusammenhang sie zu den Idealen und Zielen des Unternehmens stehen.
- ✔ Ein Quartalsbericht über die finanzielle Lage des Unternehmens, der auch für den Laien verständlich sein muss (was bedeuten diese Zahlen konkret für das Unternehmen und seine Mitarbeiter?)

Der Inhalt Ihres Newsletters muss auf Ihr Unternehmen zugeschnitten sein. Jeder Newsletter sollte abwechslungsreich gestaltet sein und über unterschiedliche Themen berichten.

Die Krux mit Newslettern ist, dass sie einerseits Ihre Mitarbeiter ansprechen, andererseits aber auch für die Öffentlichkeit geeignet sein sollen. Berichten Sie über interessante Neuigkeiten und schildern Sie, für was sich einige Mitarbeiter derzeit engagieren. Machen Sie sich aber bewusst, dass diese Informationen ihren Weg nach draußen – Presse oder Konkurrenz – finden werden.

Worüber auch immer berichtet wird, beschönigen Sie die Artikel nicht, denn dies fällt den Mitarbeitern sofort auf. Sind zu einem bestimmten Thema offene Worte schwierig, verzichten Sie lieber ganz darauf. Vielleicht lässt sich die Information zu einem anderen Zeitpunkt oder über ein anderes Kommunikationsmedium besser vermitteln.

Vermutlich sind Sie nicht selbst für den Inhalt des Newsletters verantwortlich, aber Sie können ihn selbstverständlich für Ihre Zwecke nutzen. Sprechen Sie doch einfach mit dem Herausgeber und schlagen Sie ihm mögliche Themen vor, über die berichtet werden soll. Man wird Ihnen sicherlich dankbar dafür sein, interessante und wissenswerte Informationen aus erster Hand zu erfahren. So bieten sich zum Beispiel Berichte über die Erfolge und Leistungen Ihrer Abteilung an, vor allem dann, wenn andere Abteilungen daraus etwas lernen können. Außerdem freuen sich Ihre Mitarbeiter bestimmt darüber, wenn ein Artikel über ihre Arbeit erscheint. Erfolgsgeschichten dieser Art bestärken nicht nur Ihr Team, sondern spornen auch andere Abteilungen zu Bestleistungen an.

Besprechungen in der Mittagspause

Informelle Besprechungen in der Mittagspause eignen sich gut für kleinere Diskussionsrunden oder Brainstorming. Wird die Teilnehmerzahl auf zehn oder höchstens zwanzig Mitarbeiter begrenzt, ist die Atmosphäre entspannt und zwanglos. Bei dieser Gelegenheit erfahren Sie vermutlich viel über die Ängste und Sorgen Ihrer Mitarbeiter.

Bei diesen Besprechungen sollten Sie sich an diese Tipps halten:

- ✔ Legen Sie ein bestimmtes Thema fest.
- ✔ Es sollten nicht mehr als 20 Mitarbeiter teilnehmen.
- ✔ Planen Sie genug Zeit für die Fragen Ihrer Mitarbeiter ein.
- ✔ Wählen Sie geeignete Räumlichkeiten aus.
- ✔ Bitten Sie einen Kollegen, einmal Gastredner zu spielen und von seiner Arbeit zu reden. Dadurch begreifen Ihre Mitarbeiter die Zusammenhänge besser.

Firmenweite Besprechungen

Sollen alle Mitarbeiter gleichzeitig die gleichen Informationen erhalten, berufen Sie am besten eine firmenweite Versammlung ein. Insbesondere, wenn Sie dort wichtige Ankündigungen machen, sollten Sie genug Zeit einplanen, um eventuelle Fragen beantworten zu können. Übrigens, nutzen Sie diese Veranstaltungen doch, um Ihre Mitarbeiter zu motivieren oder über Berichte der einzelnen Abteilungen zu diskutieren.

Präsentationen mithilfe von CD-ROMs oder Videokassetten

Soll es einmal etwas ganz Besonderes sein? Dann gibt es nur eines: eine Video- oder CD-ROM-Präsentation. Diese Präsentationen sind persönlicher und viel interessanter als Memos, Voice-Mails oder E-Mails, und Sie können Grafiken oder Bilder einsetzen, was bei anderen Kommunikationsmedien nicht möglich ist. Außerdem können sich Ihre Mitarbeiter überlegen, ob sie die Präsentation gemeinsam auf der Arbeit anschauen oder lieber zuhause. Präsentationen sind im Übrigen auch sehr motivierend, da den Mitarbeitern Firmenvision und Strategien auf eindrucksvolle Weise nahegebracht werden. Der Nachteil dieser Kommunikationsform ist, dass die Produktion von Videobändern oder CD-ROMs meist relativ teuer ist, weshalb Sie sich nur dafür entscheiden sollten, wenn es Ihr Budget erlaubt. Präsentationen dieser Art sind optimal geeignet für:

- ✔ Eine »Rundreise« durch den Firmenhauptsitz oder die Zweigstellen als Teil der Vorstellung Ihres Unternehmens.
- ✔ Eine motivierende Ansprache des Vorstands (vor allem, wenn Ihr Unternehmen so groß ist, dass es logistisch nicht machbar ist, dass er jede Zweigstelle besucht).

Videos und CD-ROMs sind nicht unbedingt für jede Situation oder Firma geeignet. Als Manager sollten Sie Ihre Mitarbeiter so gut kennen, dass Sie beurteilen können, ob sie eher durch ein persönliches Gespräch, Memos, E-Mails, Voice-Mails oder Teammeetings motiviert werden.

Intranet

Ein *Intranet* ist eine firmeninterne Website, über die Ihre Mitarbeiter auf unternehmens- und personalbezogene Informationen zugreifen können. Der Zugriff ist ausschließlich den Mitarbeitern vorbehalten. Man könnte auch sagen, dass ein Intranet die Kommunikationszentrale eines Unternehmens ist.

Jedes Intranet muss gewartet werden. Achten Sie darauf, dass nur sinnvolle Informationen angeboten werden.

Ein Intranet könnte Zugriff auf folgende Informationen bieten:

- ✔ Newsletter
- ✔ Firmeninternes Telefonnummernverzeichnis
- ✔ Links zu anderen Sites, die für Ihr Unternehmen von Interesse sind
- ✔ Wochenberichte der einzelnen Teams
- ✔ Aktienkurse
- ✔ Vorstandsbeschlüsse
- ✔ Organisatorische Unternehmensstruktur
- ✔ Produktneuheiten
- ✔ Wissenswertes zu Lohnnebenleistungen oder aus der Personalabteilung
- ✔ Online-Version des Newsletters (am besten mit den allerneuesten Neuheiten)
- ✔ Informationen über Schulungen, Fort- und Weiterbildung
- ✔ Informationen über Best-Practices und ähnliches (gerade dafür ist das Intranet optimal, da die Konkurrenz nicht darauf zugreifen kann)
- ✔ Positive Meldungen aus der Presse oder finanzielle Höhepunkte

Wöchentliche Teammeetings

Sie bevorzugen den regen Austausch mit Ihren Mitarbeitern? Fein, dann legen Sie doch Teambesprechungen fest. Dadurch schlagen Sie gewissermaßen zwei Fliegen mit einer Klappe: Sie verkünden anstehende Neuigkeiten und erhalten sofort Feedback von Ihren Mitarbeitern. Wenn Ihre Mitarbeiter sich darauf verlassen können, dass sie beispielsweise jeden Freitag Nachmittag ausführlich von Ihnen informiert werden, vergeuden sie ihre Arbeitszeit garantiert nicht mit dem Austausch von Gerüchten oder den wildesten Spekulationen.

Überlegen Sie, ob Sie zu den Teammeetings Kollegen aus anderen Abteilungen als Gastredner einladen könnten. Auf diese Weise erfahren Ihre Mitarbeiter nämlich, wie sich ihre Arbeit auf die der anderen Abteilungen auswirkt und umgekehrt. Außerdem fördert das die abteilungsübergreifende Kooperation.

Änderungen und schlechte Nachrichten vermitteln

In der Geschäftswelt sind immer wieder einmal Änderungen bekannt zu geben. Bereiten Sie sich auf die Kommunikation dieser Änderungen gut vor, egal, ob es sich dabei um ein öffentliches Zeichnungsangebot, eine Fusion oder geplante Entlassungen handelt.

Hierfür gilt im Prinzip nur eine Regel: Geben Sie Informationen über Veränderungen schnell und wahrheitsgetreu weiter.

Es wirkt sich geradezu verheerend auf die Motivation der Mitarbeiter aus, wenn sie Firmenneuigkeiten über die Medien oder einen Außenseiter erfahren, noch bevor intern irgendetwas darüber zu verlauten war. Schon allein aus diesem Grund muss die Kommunikation mit Ihren Mitarbeiter für Sie höchste Priorität genießen, vor allem in Zeiten des Wandels. Ihre Mitarbeiter sind das wertvollste Gut Ihres Unternehmens und sollten entsprechend behandelt werden. Geben Sie Informationen dieser Art unverzüglich an Ihre Mitarbeiter weiter!

Sind Sie in der unangenehmen Lage, Ihren Mitarbeitern schlechte Nachrichten vermitteln zu müssen, sollten Sie davon ausgehen, dass sie bestimmt schon für Gesprächsstoff gesorgt haben. Ihr Ziel muss lauten, eventuelle Missverständnisse auszuräumen und Raum für Gespräche und Diskussionen zu schaffen. Geben Sie schlechte Nachrichten unverzüglich bekannt und gehen Sie auf die Ängste und Nöte Ihrer Mitarbeiter ein. Setzen Sie alle Kommunikationsformen ein, damit kein Leck im Informationsfluss entsteht.

Schlechte Nachrichten sollten Sie am besten im persönlichen Gespräch vermitteln – entweder bei einer firmen- oder abteilungsweiten Besprechung. Planen Sie genug Zeit ein, um sich ausführlich den Fragen Ihrer Mitarbeiter widmen zu können. Wenn Sie glauben, dass einige Ihrer Mitarbeiter ungern vor allen anderen das Wort ergreifen, sorgen Sie dafür, dass sie ihre Fragen anonym stellen können. Beziehen Sie das Topmanagement ein; seine Anwesenheit und Bereitschaft, sich den Fragen des Personals zu stellen, verstärkt das Vertrauen der Mitarbeiter in die Firmenleitung und ihre Sorge um das Wohlergehen der Belegschaft.

Nehmen wir einmal an, dass Sie die Nachricht über geplante Entlassungen vermitteln müssen. Am besten organisieren Sie hierfür ein großes Belegschaftstreffen, bei dem alle gleichzeitig von Vertretern des Topmanagements informiert werden. Anschließend planen Sie kleinere

Gesprächsrunden, damit Ihre Mitarbeiter mit Ihnen über ihre Befürchtungen sprechen und Fragen stellen können.

Hüten Sie sich vor dem schlimmsten Fehler überhaupt: Schlechte Neuigkeiten zu ignorieren. Wenn Sie in schweren Zeiten nicht mit Ihren Mitarbeitern reden, machen Sie alles nur noch schlimmer. In Krisensituationen kann man gar nicht genug miteinander kommunizieren. Außerdem geben Sie durch Schweigen Ihrerseits der Gerüchteküche neue Nahrung.

Denken Sie auch daran, dass Ihre Mitarbeiter nicht nur wissen möchten, was in Ihrem Unternehmen passiert, sondern auch *weshalb*. Es liegt in der menschlichen Natur, den Dingen auf den Grund gehen zu wollen, und gerade Gerüchte über schlimme Ereignisse verbreiten sich in der Regel wie ein Lauffeuer unter den Angestellten, sofern keine ausreichenden Informationen über die Geschehnisse verfügbar sind.

Mehr Informationen darüber, wie Sie Ihre Mitarbeiter auch in schweren Zeiten motivieren können, finden Sie in Kapitel 18 und 19.

Gegen die Gerüchteküche angehen

Bei dem Begriff Gerüchteküche denkt man normalerweise an Klatsch und Tratsch – und der ist meist nicht besonders nett, gerade deshalb aber für viele so interessant. In der Gerüchteküche können jedoch durchaus auch positive Neuigkeiten verbreitet werden.

Ob es Ihnen nun behagt oder nicht, auch in Ihrem Unternehmen gibt es eine Gerüchteküche, und daran wird sich auch in Zukunft nichts ändern. Was Sie tun können ist, korrekte Informationen in Umlauf zu bringen, die das demotivierende Potenzial der Gerüchte begrenzen und gleichzeitig die Firmenkultur stärken.

Damit auch gute Nachrichten in Ihrem Unternehmen kursieren, müssen Sie wichtige Informationen schnell an Ihre Mitarbeiter weiterleiten. Klar ist, dass immer irgendeiner weiß, wenn irgendetwas Neues passiert ist. Und aus dem einen Mitwisser werden in kürzester Zeit viele. Sie müssen also rechtzeitig eingreifen und die Dinge gerade rücken, bevor sich Unwahrheiten verbreiten.

Erinnern Sie sich noch an das beliebte Kinderspiel »Stille Post«? Genau, man sitzt in einer Reihe und jeder flüstert seinem linken Nachbarn den Satz ins Ohr, den man von seinem rechten Nachbarn verstanden hat. Die letzte Person in der Reihe spricht den Satz laut aus, und meist hat dieser mit dem ursprünglichen Satz nicht mehr viel Ähnlichkeit. So etwas kann auch in Ihrem Unternehmen passieren – mit ernsten Folgen.

Da Sie die Klatsch und Tratsch sowieso nicht völlig unterbinden können, sollten Sie zumindest folgendes tun:

✔ **Verbreiten Sie korrekte Informationen.** Sorgen Sie dafür, dass allen Mitarbeitern richtige Daten zur Verfügung stehen. Ansonsten machen nämlich Halbwahrheiten die Runde – lassen Sie es erst gar nicht so weit kommen.

- **Verbreiten Sie Neuigkeiten schnell.** Sie gewinnen das Vertrauen Ihrer Mitarbeiter eher, wenn Sie keine Informationen zurückhalten. Je länger Sie damit warten, Ihre Mitarbeiter zu informieren, umso misstrauischer werden sie.
- **Nehmen Sie sich Zeit für Fragen Ihrer Mitarbeiter.** Wenn Ihre Mitarbeiter wissen, dass sie jederzeit mit Fragen zu Ihnen kommen können, ist es wahrscheinlicher, dass sie Ihre Antwort abwarten, bevor sie Gerüchte in die Welt setzen.
- **Vereinbaren Sie regelmäßige Gruppenbesprechungen.** Ihre Mitarbeiter müssen sich darauf verlassen können, dass sie regelmäßig mit neuen Informationen versorgt werden. Somit wird vermieden, dass sie diese woanders suchen.
- **Halten Sie sich an die Wahrheit.** Man wird Ihnen bald auf die Schliche kommen, wenn Sie Halbwahrheiten verbreiten oder versuchen, Ihre Mitarbeiter zu manipulieren. Das Einzige, was Sie damit erreichen, ist, dass die Arbeitsmoral sinkt.

Sobald die Gerüchteküche so richtig am Brodeln ist, wird keiner mehr gegenteiligen Behauptungen glauben – auch wenn diese der Wahrheit entsprechen.

Wollen Sie die kursierenden Gerüchte unter Kontrolle halten, dürfen Sie Ihren Mitarbeitern keinen Anlass zu Spekulationen geben. Beantworten Sie alle Fragen offen und ehrlich und halten Sie keine Informationen zurück. Sprechen Sie aus, was Ihrer Meinung nach passieren wird und reden Sie auch über Dinge, die im Moment zur Entscheidung anstehen. Vermeiden Sie unter allen Umständen, dass Ihre Mitarbeiter das Gefühl haben, dass andere mehr wissen als sie selbst. Mitarbeiter wissen in der Regel, dass es so etwas wie Betriebsgeheimnisse und vertrauliche Informationen gibt, doch auch in diesem Fall sollten Sie zumindest erklären, worum es geht, und dass Sie leider nicht mehr sagen dürfen.

Die Presseabteilung meldet sich zu Wort

Haben Sie auch schon einmal die Zeitung aufgeschlagen und Neuigkeiten über Ihre Firma gelesen, über die Sie überhaupt nichts wussten? So etwas fördert nicht gerade das Vertrauen in die Firma, oder? Viel eher drängt sich dann die Frage auf, ob das Management vielleicht Informationen vor dem Personal zurückhält.

Genau aus diesem Grund ist die offene innerbetriebliche Kommunikation so wichtig für die Motivation der Mitarbeiter. Gibt es in Ihrem Unternehmen eine eigene Presseabteilung? Wenn ja, wird man Ihnen bestimmt gerne dabei behilflich sein, Ihre Mitarbeiter auf dem Laufenden zu halten. Mithilfe dieser Kommunikationszentrale können Sie Ihre Informationen sicherlich professionell »unter das Volk bringen« und vermeiden widersprüchliche oder unvollständige Botschaften und Informationen.

Normalerweise erstellt die Presseabteilung einen strategischen Kommunikationsplan, der festlegt, wie Informationen intern (Mitarbeiter) und extern (Medien, Kunden und so weiter) weitergegeben werden.

Zu den Aufgaben der Presseabteilung zählt auch die Vermittlung der Firmenvision. Leiten Sie Erfolgsgeschichten Ihrer Mitarbeiter an die Presseabteilung weiter – wenn erst einmal im Newsletter darüber berichtet wird, beflügelt das die Kollegen enorm. Stimmen Sie die Einführung neuer Mitarbeiterprogramme mit der Presseabteilung ab, damit sichergestellt ist, dass wirklich alle Mitarbeiter davon erfahren.

Auch wenn Ihnen die Presseabteilung bei der Erstellung und Verteilung des vierteljährlichen Newsletters mit Rat und Tat zur Seite steht, sollten Sie als Manager Beiträge und Themen nennen, die für Ihr Team und andere von Interesse sind. Achten Sie bei Ihren alltäglichen Kommunikation auf diese Punkte:

- ✔ Versuchen Sie, aus der gesamten innerbetrieblichen Kommunikation Nutzen zu ziehen. Wurde im Newsletter zum Beispiel eine andere Abteilung lobend erwähnt, sollten Sie in Ihrer wöchentlichen Teambesprechung darauf eingehen.
- ✔ Bitten Sie Ihre Mitarbeiter um Vorschläge, was die Presseabteilung tun könnte. Lassen Sie sie wissen, dass sie dieser Abteilung eine große Hilfe sind, wenn sie interessante Themen vorschlagen.

Das Management muss hinter der Presseabteilung stehen, sonst sind all ihre Bemühungen zum Scheitern verurteilt.

Sämtliche Mitarbeiter müssen über Mission und Vision Ihres Unternehmens Bescheid wissen. Ist das nicht der Fall, gibt es ein Kommunikationsproblem, das Sie mithilfe der Presseabteilung bestimmt in den Griff kriegen.

Damit die Zusammenarbeit mit der Presseabteilung von Erfolg gekrönt ist, sollten Sie sich einmal Gedanken zu diesen Fragen machen:

- ✔ **An wen richten sich die Informationen?** An alle, die davon betroffen sind.
- ✔ **Was ist der Sinn und Zweck?** Sie dürfen sich nicht nur darauf konzentrieren, was Sie vermitteln möchten, sondern auch darauf, was Ihre Zielgruppe erfahren möchte. Kein Mensch kann sich alles merken, was er mal gelesen oder gehört hat. Überlegen Sie sich, auf welche Informationen es besonders ankommt und stellen Sie diese auch besonders heraus.
- ✔ **Wie viele Informationen sollen vermittelt werden?** Erklären Sie Ihren Mitarbeitern zum Beispiel, warum Sie eine bestimmte Entscheidung getroffen haben, die im Zusammenhang mit dem Thema steht, das Sie gerade kommunizieren und kündigen Sie bevorstehende Änderungen an.

- **Wer kommuniziert die Informationen?** Ist in Ihrem Unternehmen die Einführung einer Betriebsrente geplant, sollte der Personalleiter diese Informationen weiterleiten, da er der Experte dafür ist.
- **Welcher Kommunikationskanal ist optimal?** Stimmen Sie das jeweilige Medium – E-Mail, Voice-Mail, Memo und so weiter – auf die Botschaft ab, die vermittelt werden soll.

Wie beurteilen Sie die stattfindende Kommunikation?

Bevor Sie sich auf die Kommunikation über die Presseabteilung Ihres Unternehmens stürzen, sollten Sie beurteilen, wie gut die momentane Kommunikation mit Ihren Mitarbeitern eigentlich klappt. Auf diese Weise verschaffen Sie sich eine Vergleichsmöglichkeit für später und finden heraus, was sich verbessern ließe.

Versuchen Sie mithilfe von Focusgruppen, Umfragen, inoffiziellen Gesprächen und offiziellen Besprechungen Antwort auf folgende Fragen zu finden:

- Welche Kommunikationsmittel werden eingesetzt?
- Wie effizient sind diese?
- Welche Informationen werden von den Mitarbeitern für ihren Job gebraucht und an welchen sind sie interessiert?

Teil IV

Talente fördern – im eigenen Haus!

In diesem Teil ...

Glauben Sie, dass Ihre Mitarbeiter zufrieden sind, nur weil sie jeden Tag pünktlich zur Arbeit erscheinen, ihren Job erledigen und am Abend wieder nach Hause gehen? Wenn ja, unterliegen Sie vielleicht einem Irrtum, denn damit ist es einfach nicht getan – schließlich handelt es sich bei Ihren Mitarbeitern um das wertvollste Gut Ihres Unternehmens. In diesem Teil erfahren Sie, wie Sie Ihren Mitarbeitern mehr Befugnisse einräumen können. Außerdem lesen Sie Wissenswertes zum Thema Leistungsbeurteilung und Schulungen, bei denen Ihre Mitarbeiter wirklich etwas lernen. Und zu guter Letzt erfahren Sie, welche Rolle Mentoren für die Karriere des Einzelnen spielen.

Doch, doch, Sie können es – Mitarbeitern Verantwortung übertragen!

10

In diesem Kapitel

- Macht abgeben
- Vertrauen in die Mitarbeiter entwickeln
- Das Projekt die Vorgehensweise bestimmen lassen
- Originelle Ideen umsetzen

Geben Sie es doch einfach zu: Wären Ihre Mitarbeiter Roboter und darauf programmiert, tagein, tagaus denselben Job zu verrichten, wären Sie auf einen Schlag jede Menge Sorgen los, nicht wahr? Glücklicherweise gibt es aber keine programmierbaren Mitarbeiter, und gerade deshalb ist es so wichtig, dass sie wissen, warum sie etwas tun sollen. Als guter Manager sollten Sie noch einen Schritt weitergehen und ihnen Verantwortung übertragen. Es bringt weder Ihnen, noch Ihren Mitarbeitern etwas, wenn Sie Informationen für sich behalten und sich scheuen, Zuständigkeiten zu verteilen, sondern richtet im Gegenteil großen Schaden an.

Die Zauberworte lauten *Teilhaberschaft* und *Identifikation* – Begriffe, die Ihnen sicherlich bekannt sind. Wer sich mit seiner Arbeit identifiziert und an ihrem Erfolg teilhaben kann, ist viel motivierter. Denken Sie nur einmal an einen Preisboxer. Glauben Sie allen Ernstes, er würde sich so ins Zeug legen, wenn er nichts von dem Preisgeld sehen würde? So ähnlich verhält es sich auch mit Ihren Mitarbeiter: Wenn sie die Bedeutung ihrer Arbeit nicht kennen und nicht wissen, was sie von einem erfolgreichen Projektabschluss haben, schrumpft ihre Motivation auf den Nullpunkt.

Mitarbeiter wollen ihren Beitrag leisten

Denken Sie doch bitte einmal an den Beginn Ihrer beruflichen Laufbahn zurück. Möglicherweise waren Sie dafür zuständig, dass immer ausreichend Büromaterial vorhanden war. Eine Aufgabe, über die Sie nicht sonderlich begeistert waren. Dann aber kam der Tag, an dem in Ihrer Abteilung der Toner für den Drucker ausging. Mit nur einem Griff in den Schrank konnten Sie verhindern, dass das Chaos ausbrach und die ganze Arbeit lahm gelegt wurde. (Oder haben Sie Ihren Job etwa nicht ernst genommen und mussten auf die harte Tour lernen, dass auch die Beschaffung von Büromaterial eine verantwortungsvolle Aufgabe ist?) Da erkannten Sie, wie wichtig Ihr Beitrag eigentlich ist. Genauso verhält es sich auch mit Ihren Mitarbeitern.

Wenn Sie wissen, welche Rolle ihre Arbeit für das ganze Unternehmen spielt, schätzen sie ihre Tätigkeit mehr und sind bestrebt, ihr Bestes zu geben, um entsprechende Resultate zu erzielen.

Für jede Aufgabe in einem Unternehmen gilt dasselbe wie für den Job der Büromittelbeschaffung. Man leistet einfach bessere Arbeit, wenn man weiß, wofür sie gut ist, wenn man seinen Beitrag am großen Ganzen kennt (oder – noch besser – sich als wichtigen Teil fühlt). Wenn Sie erstklassige Arbeit von Ihren Mitarbeitern erwarten, müssen Sie ihnen erklären, welche Folgen ihre Tätigkeit für das Wohl des gesamten Unternehmens hat. Wenn Sie Informationen für sich behalten und keinen Deut Verantwortung abgeben, nutzen Sie das Potenzial Ihrer Abteilung nicht so wie es eigentlich möglich wäre.

Ironischer Weise halten gerade die Manager, die im Grunde genommen nur wenig zu sagen haben, wichtige Informationen zurück und scheuen sich davor, Verantwortung abzugeben. Sie hängen an ihrer Macht und wollen nichts davon hergeben. Lernen Sie aus deren Fehlern und machen Sie es anders.

Mitarbeiter zu etwas *ermächtigen* heißt, etwas von der eigenen Macht abzugeben. Damit schaffen Sie eine Situation, die für jeden Vorteile bringt. Indem Sie Routineaufgaben delegieren, verschaffen Sie sich mehr Zeit für wichtigere Dinge, die nur Sie selbst erledigen können, während Ihre Mitarbeiter Erfahrungen sammeln und sich neuen Herausforderungen stellen können. Das Unternehmen wiederum profitiert, weil durch die Teamarbeit des Personals immer bessere Leistungen erzielt werden.

Wenn Ihnen Aussagen wie »Das muss ich erst mit meinem Vorgesetzten klären« oder »Das kann ich nicht entscheiden« oder auch »Das haben wir aber noch nie so gemacht« zu Ohren kommen, sind das eindeutige Anzeichen dafür, dass diese Mitarbeiter zu keinerlei Entscheidungen ermächtigt sind. In Tabelle 10-1 finden Sie eine Auflistung weiterer Anzeichen dieser Art.

Ein autorisierter Mitarbeiter	Ein nicht autorisierter Mitarbeiter
scheut sich nicht vor Herausforderungen	wartet ab, bis ein anderer die Probleme löst
erkennt und verfolgt Chancen	hält am Status quo fest
trägt zu Entscheidungen bei, die seine Kollegen und Mitarbeiter betreffen	hat keinerlei Entscheidungsgewalt
kann in einem bestimmten Rahmen auch finanzielle Entscheidungen treffen	muss immer Rücksprache mit seinem Vorgesetzten halten
scheut sich nicht, auch einmal ungewöhnliche Ideen vorzuschlagen	sagt zu allem »Ja und Amen«

Tabelle 10.1 Wird Macht geteilt?

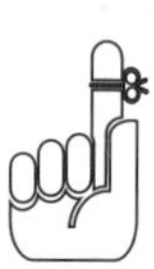

Macht abzugeben, hat nichts mit Machtverlust zu tun. Ganz im Gegenteil – Sie gewinnen an Einfluss, wenn Sie nicht mehr an vorderster Front mitmischen, sondern im Hintergrund die Fäden ziehen. Dann gewinnen Ihre Worte an Bedeutung und Einfluss.

Was soll das denn nun wieder?

Sehr wahrscheinlich werden auch in Ihrem Unternehmen manchmal Entscheidungen verkündet, die Sie für ziemlich merkwürdig halten. Vielleicht ein großes Mitarbeiterfest, bei dem Anwesenheitspflicht herrscht. (Schließlich ist doch ein Fest keine Zwangsveranstaltung, oder?) Oder vielleicht die Entscheidung, dass an einem Tag im Jahr jeder seinen Job mit dem eines Kollegen tauschen soll. Bereiten Sie sich darauf vor, dass auch Ihre Mitarbeiter es ziemlich merkwürdig finden könnten, wenn Sie ihnen auf einmal mehr Befugnisse einräumen.

Leider scheitern diese Vorhaben häufig. Die meisten Mitarbeiter reagieren mit einer Mischung aus Skepsis und Optimismus auf die Ankündigung, dass sie ab nun mehr Verantwortung tragen werden. An sich klingt es ja nicht schlecht, mehr Verantwortung zu übernehmen – aber bedeutet das nicht auch mehr Arbeit!?

Und diese Skepsis ist durchaus berechtig, denn es ist keine Seltenheit, dass das Mehr an Verantwortung so aussieht, dass die Mitarbeiter zusätzlich zu ihrer normalen Arbeit auch noch Projekte ihrer Manager aufgehalst bekommen. Die Folge? Chaos, überarbeitete Mitarbeiter, die sich unterbezahlt fühlen und sich gegen das Mehr an Verantwortung sträuben. Keine schöne Vorstellung, und ganz bestimmt nicht Sinn und Zweck der Entscheidung, seinen Mitarbeitern mehr Befugnisse einzuräumen.

Den Anfang machen

Hat Ihnen auch schon mal jemand gesagt, was Sie tun und lassen dürfen? Vielleicht Ihr großer Bruder, der Ihnen verboten hat, in sein Zimmer zu kommen? Oder Ihr Lehrer, der Ihnen das Schwätzen mit dem Nachbarn untersagt hat? Und wahrscheinlich fanden Sie das gar nicht in Ordnung, oder? Zur richtigen Zeit und in der richtigen Situation sind Anweisungen natürlich angebracht, doch im Berufsleben sind sie in der Regel strategisch unklug.

Macht abzugeben heißt nicht, jemandem zu sagen, was er tun soll oder einfach nur Aufgaben zu delegieren. Es heißt, Verantwortung und die notwendigen Befugnisse zu übertragen. Ein ausreichend autorisierter Mitarbeiter kann eigenständig Entscheidungen treffen und selbst bestimmen, wie ein bestimmtes Projekt erledigt wird. Wer hingegen nur Anweisungen erhält, hat diese Freiheit nicht, und wird sich auch kaum Gedanken über seine Aufgabe machen oder gar nach kreativen Lösungen suchen. Autorisierte Mitarbeiter dagegen können ihre Kreativität produktiv entfalten.

Wenn Ihnen wirklich daran gelegen ist, Ihren Mitarbeitern mehr Macht einzuräumen, müssen Sie ihnen bei der Erledigung ihrer Arbeit freie Hand lassen. Indem Sie ihnen Verantwortung übertragen, stellen Sie Ihr Vertrauen in sie und ihre Fähigkeiten unter Beweis und bieten ihnen die Möglichkeit, sich weiterzuentwickeln. Es reicht aber nicht, wenn Sie ihnen Projekte auftragen und sie dann damit alleine lassen. Sie müssen ihnen schon die nötigen Informationen geben, damit sie diesen Job gut erledigen können. Wenn Sie jemandem mit verbundenen Augen in Ihr Auto setzen und losfahren lassen, können Sie ja auch darauf warten, dass ein Unfall geschieht, nicht wahr? Erklären Sie ihm, welche Regeln gelten und wie man ein Auto fährt, bevor die Fahrt beginnt.

Fehler lassen sich nicht vermeiden. Wichtig ist vor allem, wie Sie damit umgehen.

Wenn Sie von der Vorstellung, Ihren Mitarbeitern Befugnisse einzuräumen, begeistert sind (und das sollten Sie sein!), sollten Sie nun überlegen, welche Aufgaben immer wieder anfallen, und welche davon auch ein anderer erledigen kann.

Sie sind deshalb Manager geworden, weil Sie über bestimmte Fähigkeiten verfügen, die manch anderer nicht hat. Wenn Sie Ihre Zeit damit vergeuden, Aufgaben zu erledigen, die ohne Weiteres auch jemand anders übernehmen könnte, schaden Sie Ihrem Unternehmen. Außerdem sind Sie dann überbezahlt. Erledigen Sie Ihren Job und lassen Sie andere das ebenfalls tun!

Wenn Sie sich nicht so recht mit der Idee anfreunden können, Ihren Mitarbeitern mehr Verantwortung zu übertragen, sollten Sie in kleinen Schritten damit beginnen. So fällt es Ihnen vermutlich leichter, einen Mitarbeiter damit zu beauftragen, den vierseitigen Newsletter anstatt gleich den Jahresbericht für die Aktionäre zu erstellen.

Halten Sie sich an diese Tipps, wenn Sie noch nicht viel Erfahrung damit haben, Mitarbeitern Befugnisse einzuräumen:

- **Wählen Sie für jedes Projekt die geeignete Person aus.** Sobald Sie wissen, welche Aufgaben Sie abgeben können, müssen Sie überlegen, wer dafür in Frage kommt. Er oder sie muss über die erforderlichen Fähigkeiten verfügen, wobei mangelnde Erfahrung nicht unbedingt ein Grund ist, jemandem ein Projekt nicht anzuvertrauen. Mangelt es an den Fähigkeiten, sollten Sie in jedem Fall eine Einweisung oder Schulungen anbieten, schließlich sollen Ihre Mitarbeiter ja dazulernen. Neue Mitarbeiter sollten Sie zunächst kleinere Projekte bearbeiten lassen, damit Sie sich ein Bild über deren Fähigkeiten und Qualifikation machen können.
- **Bestimmen Sie einen Mitarbeiter, der die ganze Verantwortung übernimmt.** Es muss für jedes Projekt einen Projektleiter geben, der zu 100 Prozent für die erzielten Ergebnisse verantwortlich ist – und auch für sämtliche Zwischenergebnisse. Sie können schließlich niemanden zur Rechenschaft ziehen – oder loben – wenn es keinen Verantwortlichen gibt.
- **Erklären Sie, welche Rolle das Projekt spielt.** Ihre Mitarbeiter brauchen alle Informationen, über die Sie verfügen. Warum ist dieses Projekt wichtig? Welchen Beitrag leistet der Mitarbeiter damit? Wie lautet das Ziel? Welches Ergebnis wird gewünscht?
- **Halten Sie keine Informationen zurück.** Sie müssen Ihr gesamtes Wissen über das Projekt teilen. Schließlich sollen Ihre Mitarbeiter fundierte Entscheidungen treffen können –

und dafür sind Informationen ein Muss. Klären Sie Ihre Mitarbeiter über wichtige Aspekte wie die langfristige Geschäftsstrategie, Vorgehensweisen der Konkurrenz, abteilungsübergreifende Maßnahmen und alles andere auf, das sich auf das aktuelle Projekt auswirken kann.

- ✔ **Nennen Sie mögliche Ansprechpartner.** Wenn Sie irgendwelche Fragen nicht beantworten können, sollten Sie Ihre Mitarbeiter an kompetente Kollegen verweisen. Sie können ihnen Ihre Mitarbeiter vorstellen oder zu Besprechungen mitnehmen, wenn dies dem Abschluss des Projektes dient.

Ihr Ziel lautet, alles dafür zu tun, dass Ihre Mitarbeiter gute Arbeit leisten können.

Spielen Sie nicht den Diktator. Sie und Ihre Mitarbeiter sind ein Team und sollten gemeinsam an Ideen für Ihre Projekte arbeiten. Das Projekt selbst, und nicht Sie, bestimmt, wo es langgeht. (Zu diesem Thema finden Sie weiter hinten in diesem Kapitel noch mehr Informationen.) Sagen Sie Ihren Mitarbeitern nicht, wer was wie zu tun hat; Ihre Mitarbeiter sollten Ihnen statt dessen mitteilen, was zur Abwicklung des Projekts nötig ist. Frust und Hilflosigkeit lassen die Motivation sinken. Lassen Sie es nicht soweit kommen.

- ✔ **Legen Sie Termine fest und halten Sie sich auf dem Laufenden.** Sie sollen das Team nicht mit Argusaugen überwachen, aber Sie müssen über den jeweiligen Stand der Dinge informiert sein. Sie müssen wissen, wenn etwas anders läuft als geplant, damit Sie Hektik oder Krisen in der allerletzten Sekunde vor dem Projektabschluss verhindern können. (Auch dieses Thema wird weiter hinten noch ausführlicher behandelt.)

Ach, Sie sind nicht ausgelastet, überqualifiziert und überbezahlt?

Wenn Sie Ihren Arbeitstag damit verbringen, sämtliche Memos und Berichte, die bereits ein Kollege überprüft hat, noch einmal zu prüfen, vergeuden Sie Ihre Zeit – und das Geld Ihres Arbeitgebers.

Bei Warner-Lambert Co., einem weltweit operierenden Pharmakonzern aus Morris Plains, New Jersey, wurde 1996 eine Wirtschaftlichkeitsanalyse durchgeführt und festgestellt, dass das Unternehmen weit weniger wirtschaftlich operierte als geplant.

Die Manager von Warner-Lambert konzentrierten sich nicht auf ihre eigentlichen Managementaufgaben, sondern verbrachten 76 Prozent ihres Arbeitstages mit administrativen Aufgaben. Das musste sich ändern.

Das Unternehmen handelte sofort und eröffnete ein ausgelagertes Call-Center. Außerdem wurde eine firmeninterne Abteilung gegründet, die für die Ablage, Buchhaltung und Organisation von Vorstellungsgesprächen zuständig war. Des Weiteren wurde das Intranet so modernisiert, dass die Mitarbeiter schnellen Zugriff auf sämtliche Daten hatten und sich der Papierkram erheblich reduzierte.

- **Räumen Sie Ihren Mitarbeitern Entscheidungsbefugnis ein.** Je mehr ein Mitarbeiter bei einem Projekt zu sagen hat, umso stärker identifiziert er sich damit und umso besser ist seine Arbeit. Muss jede Kleinigkeit von höherer Stelle genehmigt werden, kostet das zu viel Zeit und geht zu Lasten der Effizienz – und das können Sie sich nicht leisten! Als Ladenbesitzer könnten Sie Ihr Verkaufspersonal zum Beispiel autorisieren, Kunden einen Rabatt von bis zu zehn Prozent zu gewähren.

Entscheidungsfreiheit motiviert

Welche Befugnisse Sie Ihren Mitarbeitern einräumen, liegt ganz an Ihnen. Nehmen Sie sich zum Beispiel Hewlett Packard zum Vorbild. In der Betriebsstätte in Vancouver dürfen erfahrene Mitarbeiter auch zu Hause arbeiten, verfügen von dort aus über einen vom Unternehmen gestellten Internetzugang und über Voice-Mail. Alles, was zählt, ist die Arbeit; und die Mitarbeiter können frei entscheiden, wie sie erledigt wird.

Die tägliche Übung

Sie wissen mittlerweile, dass Verantwortung übertragen mehr bedeutet, als einem Mitarbeiter ein komplettes Projekt zuzuweisen. Sie müssen schon noch Teil dieses Projekts sein, doch es ist nicht nötig, dass Sie sich täglich darum kümmern.

Beherzigen Sie diese Tipps – dann haben Sie mit Sicherheit Erfolg:

- **Stehen Sie Ihren Mitarbeitern zur Verfügung.** Ihre Mitarbeiter müssen Sie jederzeit aufsuchen oder eine Besprechung einberufen können, um mit Ihnen über mögliche Lösungen oder Vorschläge diskutieren zu können. Sie sind ihr Ratgeber.
- **Feedback ist das A und O.** Reden Sie nicht nur mit Ihren Leuten, wenn etwas schief läuft, sondern geben Sie regelmäßig Feedback, auch über Teilerfolge.
- **Bitten Sie Ihrerseits um Feedback.** Kommunikation ist immer eine zweiseitige Angelegenheit. Fragen Sie Ihre Mitarbeiter, ob Sie etwaige Befürchtungen hegen oder neue Ideen haben.
- **Lernen Sie aus Fehlern.** Wenn Ihnen Ihre Eltern Ihr Fahrrad weggenommen hätten, als Sie bei den ersten Fahrversuchen heruntergefallen sind, könnten Sie vermutlich bis heute noch nicht Rad fahren. Fehler sind kein Anlass für Standpauken und Repressalien, sondern bieten die Gelegenheit, etwas daraus zu lernen.

Wenn Mitarbeiter ihren Beitrag an einem erfolgreichen Projekt kennen und darauf stolz sein können, steigt ihre Zufriedenheit.

Anderen vertrauen und etwas zutrauen

Jemandem Verantwortung zu übertragen, heißt nicht nur, Macht zu teilen. Es heißt auch, dem anderen zu vertrauen. Sagen wir einmal, Manager A weist Mary ein Projekt mit den Worten »Das ist extrem wichtig, schauen Sie zu, dass Sie es ja nicht vermasseln« zu. Mary wird das sicherlich nicht als Vertrauensbeweis in ihre Fähigkeiten auffassen.

Es könnte doch auch so ablaufen: Manager B überträgt Mary das Projekt so: »Dieses Projekt ist sehr wichtig. Ich weiß, dass Sie so etwas noch nie gemacht haben, aber ich bin mir aufgrund Ihrer bisherigen Leistungen sicher, dass Sie das schaffen werden.« So bestärkt, geht Mary doch gleich ganz anders an die Sache heran, nicht wahr?

Wenn Sie Ihren Mitarbeitern etwas zutrauen, trauen sich es sich selbst auch zu. Sind Ihre Mitarbeiter entsprechend qualifiziert (mehr darüber in Kapitel 11) und sparen Sie nicht mit Informationen über das Projekt, besteht für Sie kein Anlass zur Sorge. Trifft jedoch all das zu, und das Ergebnis lässt trotzdem zu wünschen übrig, sollten Sie überlegen, ob Sie vielleicht dem falschen Mitarbeiter die Verantwortung übertragen haben – oder ob Sie sich womöglich ganz von ihm trennen sollten.

Eine wichtige Voraussetzung, Ihr Vertrauen in andere unter Beweis zu stellen ist, Ihren eventuell vorhandenen Wunsch nach Kontrolle zu zügeln. Schauen Sie Ihren Leuten ständig über die Schulter? Beobachten Sie Ihre Mitarbeiter auf Schritt und Tritt? Sehen Sie jedes Memo auf Fehler durch? Möchten Sie in jede Entscheidung einbezogen werden? Wenn das alles zutrifft, betreiben Sie das so genannte Mikromanagement.

Kein Grund zur Panik! Mikromanager werden nicht als solche geboren, sie entwickeln sich zu einem. Sie müssen Ihren Mitarbeitern einfach zutrauen, dass sie ihren Job gut erledigen – dafür werden sie schließlich bezahlt. Wenn es in die Zuständigkeit Ihres Mitarbeiters fällt, Memos zu verfassen und zu verteilen, dann lassen Sie gefälligst die Finger davon. Sie haben schließlich besseres zu tun!

Es gibt nichts Schlimmeres für die Arbeitsmoral und die Risikobereitschaft als Mikromanagement.

Mag schon sein, dass Sie Tausende von Gründen nennen können, warum Ihr Mikromanagement unbedingt notwendig ist. Zum Beispiel, weil keiner so gut und gründlich arbeitet wie Sie, oder weil Sie befürchten, Sie hätten vielleicht doch den falschen Mann für Ihr Projekt ausgewählt, weil er doch erst neulich einen Riesenfehler gemacht hat. Oder Sie befürchten einen Macht- oder Imageverlust. Möglicherweise macht es Ihnen gar keinen Spaß, Manager zu sein und Sie vermissen Ihren früheren Job. Doch kein einziges dieser Argumente zählt. Das einzige, was Sie mit Ihrem Mikromanagement erreichen, ist, dass Sie Ihren Mitarbeitern und sich selbst – und natürlich Ihrem Unternehmen – schaden. Also: Lassen Sie es sein!

Wenn Sie einen Mitarbeiter permanent kontrollieren, weil er in letzter Zeit nicht mehr die gewohnt guten Leistungen bringt, wird das Problem nur noch schlimmer. Stempeln Sie ihn unter keinen Umständen zum Sündenbock ab, sondern überlegen Sie, ob Sie für seinen Fehler nicht mitverantwortlich sind. Treffen Sie sich mit diesem Mitarbeiter an einem neutralen Ort und reden Sie darüber. Wo liegen die Stärken und Schwächen dieses Mitarbeiters? Anschließend vereinbaren Sie gemeinsam ein Leistungsziel und bleiben in Kontakt.

Das Projekt bestimmt, wo es lang geht

Das hört sich doch ganz gut an, aber was ist konkret damit gemeint? Ein Beispiel soll dies verdeutlichen:

Wann immer Allison auf ein Problem stößt oder nicht weiter weiß, wendet sie sich an ihren Vorgesetzten, aber nicht, damit er sich dieses Problems annimmt. Statt dessen schlägt sie ihm drei oder vier mögliche Lösungen vor, erklärt, was jeweils dafür und was dagegen spricht und bittet ihren Boss dann um seine Meinung oder weitere Vorschläge. Die ganze Zeit leitet also Allison den Entscheidungsfindungsprozess. Die Richtung, die das Ganze nimmt, diktiert jedoch das Projekt selbst, und nicht ihr Vorgesetzter.

Und genau das ist damit gemeint, dass das Projekt bestimmt, wo es lang geht.

Sie übernehmen die Rolle eines Beraters – und halten sich ansonsten zurück. Wenn Sie die Dinge in die Hand nehmen und Anweisungen durch die Gegend brüllen, obwohl Sie Ihren Mitarbeitern angeblich doch Befugnisse eingeräumt haben, läuft etwas total verkehrt.

Allein das Projekt bestimmt, was getan werden muss. Ihre Aufgabe als Berater ist es, die erforderlichen Mittel zur Verfügung zu stellen, damit der Job erledigt werden kann.

Im Idealfall klären die Mitarbeiter, wie welches Projekt (der große Boss) abzuwickeln ist und übernehmen die volle Verantwortung für ihre Aufgaben. Dann zählt auf einmal nicht mehr so sehr, wer was unter wessen Kommando macht, sondern viel mehr, was gemeinsam geschafft wird und ob der Kunde zufrieden ist. In dieser entspannten Atmosphäre und in dem Gefühl, dass alle am selben Strang ziehen, kann sich jeder einbringen und seine Vorschläge äußern. Muss keiner befürchten, durch »falsche« oder ungeeignete Ideen anzuecken, entfaltet sich die Kreativität, wovon Ihr Unternehmen profitiert. (Wie Sie die Kreativität Ihrer Mitarbeiter fördern können, steht in Kapitel 8.)

Wenn Sie zulassen, dass das Projekt die Vorgehensweise diktiert, spielen Titel und Positionen keine Rolle mehr, und es wird ein Schlussstrich unter Machtkämpfe und veraltete Konventionen gezogen. Außerdem erhöht sich die Produktivität und Ihre Mitarbeiter werden zu Recht stolz auf das Erreichte sein und sich stärker mit ihrem Job identifizieren können.

Karriereplanung mit den richtigen Mitteln

11

In diesem Kapitel

- Wie man eine Leistungsbewertung durchführt
- Wie man Schulungsprogramme entwickelt
- Welche Fort- und Weiterbildungsmöglichkeiten gibt es für mich?
- Wie lässt sich die Karriere der Mitarbeiter fördern?

Die Aussicht auf Karriere ist eine der besten Motivationsmittel überhaupt – und doch wird sie häufig übersehen. Wer sich die Zeit nimmt, seine Mitarbeiter zu fördern, zeigt deutlich sein Interesse an deren beruflichem Werdegang. Das Unternehmen selbst profitiert natürlich auch davon, wenn es in begabte und fähige Mitarbeiter investiert, die sein intellektuelles Kapital darstellen.

In diesem Kapitel erfahren Sie mehr über eines der wichtigsten Werkzeuge, die Ihnen als Manager zur Verfügung stehen – die Leistungsbewertung. Diese jährliche Beurteilung genießt inzwischen zwar einen leicht negativen Ruf, ist aber immer noch ein unverzichtbares Mittel für die berufliche Weiter- und Fortbildung. Außerdem stelle ich Ihnen zahlreiche Möglichkeiten zur aktiven Förderung Ihrer Mitarbeiter vor. Zu guter Letzt erfahren Sie, welchen Vorteil Karriereplanung und abteilungsübergreifende Schulungen für die Belegschaft und das Unternehmen haben.

Die Leistungsbewertung

Mitarbeiter brauchen kontinuierliches Feedback. Aus diesem Grund sind Leistungsbewertungen so produktiv. Ohne sie ist die berufliche Karriereplanung eigentlich nicht möglich, auch wenn Ihnen der Gedanke daran, die Leistungen Ihrer Mitarbeiter formell bewerten zu müssen, ganz und gar nicht behagt. Wenn Sie diese Aufgabe unter den Tisch fallen lassen, berauben Sie Ihre Mitarbeiter einer Möglichkeit, die berufliche Weiterentwicklung zu planen.

Eine formelle Leistungsbewertung nützt Ihren Mitarbeitern in vielerlei Hinsicht. Sie stellt eine Gelegenheit dar,

- ✔ vorherige Leistungen zu beurteilen,
- ✔ Erwartungen zu erfüllen,
- ✔ mit den Mitarbeitern persönlich zu kommunizieren,

- ✔ Karrierewünsche zu besprechen und
- ✔ die Stärken und Schwächen einzelner Mitarbeiter zu dokumentieren.

Die Leistungsbewertung - leicht gemacht

Für eine Leistungsbewertung ist es normalerweise erforderlich, die in einem Jahr erbrachten Leistungen eines Mitarbeiters zusammen zu fassen – keine einfache Aufgabe. Sie können es sich aber auch einfacher machen.

Versuchen Sie, die Leistungsbewertung nicht als einmalige Aufgabe im Jahr zu betrachten, sondern als andauernden Prozess. Machen Sie sich das ganze Jahr über Notizen über die Leistungen Ihrer Mitarbeiter. Was klappt gut? Was sollte verbessert werden? Schreiben Sie die entsprechenden Vorfälle auf. Nutzen Sie diese Notizen zu einem Gespräch mit Ihren Leuten, wenn der richtige Moment dafür gekommen ist. Haben Sie zum Beispiel festgestellt, dass es bei einer Mitarbeiterin an zwischenmenschlichen Qualitäten hapert, worunter die Teamarbeit leidet, sollten Sie umgehend ein Gespräch unter vier Augen mit ihr führen. Beobachten Sie dann, ob sie Fortschritte macht. Wenn ja, sollten Sie sie das ebenfalls umgehend wissen lassen.

Leistungsbewertungen dürfen keine bösen Überraschungen enthalten. Ihre Mitarbeiter sollten anhand Ihres kontinuierlichen Feedbacks immer wissen, was sie noch verbessern müssen und was sie gut machen. Vermeiden Sie, dass ein Mitarbeiter wegen einer schlechte Leistungsbeurteilung aus allen Wolken fällt.

Feedback geben

Die größte Schwierigkeit bei den Leistungsbeurteilungen ist, dass Sie faktisch gezwungen sind, Ihren Mitarbeiter Feedback zu geben – und nicht immer positives. Manche Mitarbeiter möchten vielleicht lieber nicht wissen, was Sie ihnen zu sagen haben.

Wenn Sie Ihre Mitarbeiter loben oder (konstruktiv) kritisieren, sollten Sie an folgende Punkte denken:

Arbeiten Sie die Leistungsbewertungen schriftlich aus. Vermutlich gibt es in Ihrem Unternehmen bereits ein entsprechendes Formular oder Sie erstellen selbst eines (fragen Sie aber vorher in der Personalabteilung nach). Wie auch immer, schreiben Sie Ihre Argumente und Bewertungen auf, um eine Art Leistungsprotokoll anzulegen, was auch bei einem eventuellen Rechtsstreit sehr hilfreich sein kann.

- ✔ **Feedback muss im persönlichen Gespräch erfolgen.** Planen Sie etwa eine Stunde ein, um mit dem betreffenden Mitarbeiter über seine Leistungsbewertung zu reden. Es ist ja kein Problem, wenn Sie früher fertig werden, aber so vermeiden Sie, bei diesem Gespräch gestört zu werden.

- **Die Leistungsbewertung muss sich auf die Unternehmensziele beziehen.** Zeigen Sie auf, inwieweit sich die guten und weniger guten Leistungen auf den Erfolg des gesamten Unternehmens auswirken.
- **Lassen Sie auch Ihren Mitarbeiter zu Wort kommen.** Die Leistungsbewertung sollte kein Monolog, sondern ein Dialog sein. Eine gute Idee ist auch, Ihre Mitarbeiter vor dem Treffen eine Selbstbeurteilung erstellen zu lassen (Siehe Kasten weiter hinten in diesem Kapitel).
- **Belegen Sie Ihre Bewertung durch konkrete Beispiele.** Wenn sich Ihre Mitarbeiter verbessern sollen, müssen sie wissen, wo sie Ihren Erwartungen nicht genügen. Formulieren Sie Ihre Kritik höflich und taktvoll, aber direkt. Mit einer Aussage wie »Beim letzten Projekt haben Sie sich nicht sonderlich viel Mühe gegeben« ist niemandem gedient. Sagen Sie direkt, was Sache ist: »Beim letzten Projektbericht haben Sie zwei wichtige Punkte vergessen.«
- **Konzentrieren Sie sich auf Verbesserungsvorschläge.** Obwohl Sie natürlich Ihre Kritik mit konkreten Beispielen stützen müssen, sollten Sie sich dennoch darauf konzentrieren, Ihrem Mitarbeiter zu erklären, wie er Fehler in Zukunft vermeiden kann.
- **Sagen Sie unter keinen Umständen »nie« oder »immer«.** Wenn Sie sich dabei erwischen, dass Sie einem Mitarbeiter vorwerfen, er käme *immer* zu spät oder würde *nie* etwas richtig machen, sollten das sofort zurücknehmen. Solche Aussagen entsprechen nur in äußerst seltenen Fällen der Wahrheit.
- **Setzen Sie Ziele für das nächste Jahr fest.** Stellen Sie Ziele auf, die sich mit der Karriereplanung Ihrer Mitarbeiter decken oder besprechen Sie im Detail, wie Verbesserungen aussehen sollten. So können Ihre Mitarbeiter konkrete Vorgaben aus dem Treffen mitnehmen und sich in den kommenden Monaten darauf konzentrieren.

Auch wenn es in Ihrem Unternehmen üblich ist, die Leistungsbeurteilung mit einer möglichen Gehaltserhöhung zu koppeln, sollten Sie das nicht tun. Vereinbaren Sie für finanzielle Angelegenheiten lieber ein gesondertes Gespräch. Andernfalls laufen Sie Gefahr, dass die Beurteilung in den Hintergrund tritt und sich alles nur ums Geld dreht. Außerdem muss Ihr Mitarbeiter die Gelegenheit haben, mit Ihnen über seine Beurteilung zu diskutieren. Sind Leistungsbewertung und Gehaltserhöhung gekoppelt, muss erst das Gespräch über die Leistung stattfinden, bevor über eine Lohnerhöhung entschieden werden kann. Denkbar ist doch zum Beispiel, dass Sie eine Mitarbeiterin in einem bestimmten Bereich schlecht bewertet haben, doch in dem Gespräch stellt sich heraus, dass Sie gute Leistungen von ihr einfach übersehen haben. Das spiegelt sich natürlich in der Gesamtbewertung wider, und auch die Gehaltserhöhung rückt damit wieder in greifbare Nähe. Diese beiden Themen sollten Sie wirklich getrennt voneinander besprechen. Außerdem erwecken Sie dann nicht den Eindruck, als wäre (k)eine Gehaltserhöhung bereits beschlossene Sache.

Ziele setzen

Eine Ihrer Hauptaufgaben als Manager ist es, die Ziele für Ihre Abteilung und Ihre Mitarbeiter festzulegen und dafür zu sorgen, dass sie auch erreicht werden. Zielsetzungen sind wichtig, damit Ihre Mitarbeiter wissen, worauf sie hinarbeiten müssen. Außerdem verfügen Sie damit über ein hervorragendes Mittel, um ihre Leistungen zu beurteilen. Die Leistungsbewertung ist die beste Gelegenheit für Sie und Ihre Mitarbeiter, individuelle Zielsetzungen aufzustellen.

Gute Leistungsbewertungen spiegeln nicht nur die Leistungen des Mitarbeiters im ganzen Jahr wider, sondern enthalten auch einen Aktionsplan für seinen weiteren beruflichen Erfolg.

Alle Mitarbeiter – sogar außergewöhnlich gute – brauchen Ziele und Richtlinien, damit sie wissen, was von ihnen erwartet wird und wie sie die Erwartungen erfüllen können.

Hier einige allgemeine Tipps, wie man Ziele am besten setzt:

- **Setzen Sie Ziele gemeinsam mit Ihren Mitarbeitern.** Wenn Sie gemeinsam mit Ihren Mitarbeitern bestimmte Ziele festlegen, wecken Sie ihren Ehrgeiz, diese auch zu erreichen und sie verstehen deren Sinn und Zweck. Ziele einfach vorzugeben, ist kein guter Managementstil.
- **Schreiben Sie die Ziele auf.** Schriftlich festgelegte Ziele – wie zum Beispiel in der Leistungsbewertung – wirken greifbarer und wichtiger. Ihre Mitarbeiter werden sich allein schon deshalb anstrengen, weil sie wissen, dass sie in ihrer Personalakte stehen.
- **Ziele sollten eine Herausforderung darstellen, die aber dennoch zu schaffen ist.** Alle Ziele – ob nun langfristige oder kurzfristige – müssen erreichbar sein. Nichts ist demotivierender und entmutigender als ein Blick auf die gesteckten Ziele, nur um festzustellen, dass sie unerreichbar sind.
- **Formulieren Sie konkrete Ziele.** Die Faustregel lautet hier: Konkret ist, was messbar ist. Sie und Ihr Team müssen genau wissen, was wann von wem erwartet wird.

Vielleicht denken Sie nun, dass es in einigen Bereichen unmöglich ist, ein konkretes Ziel festzulegen, zum Beispiel beim Schreiben von Dokumenten oder im Kundendienst. Weit gefehlt! Sie könnten zum Beispiel das Ziel festsetzten, die Endfassung eines Dokuments mit weniger Entwürfen zu erreichen oder nach Umfragen mehr Feedback vom Kunden zu erhalten. Mit ein bisschen Kreativität fallen Ihnen bestimmt für alle Bereiche Ziele ein.

- **Setzen Sie Termine fest.** Ohne Termine gehen Ziele in der Alltagshektik unter.
- **Stimmen Sie die Ziele auf die jeweilige Karriereplanung ab.** Sämtliche Ziele müssen auf den beruflichen Werdegang des Mitarbeiters ausgerichtet sein. Strebt ein Mitarbeiter zum Beispiel eine Karriere als Manager an, sollten Sie

gemeinsam Ziele vereinbaren, um seine Erfahrung und sein Wissen zu vertiefen.

- ✔ **Ziele sollten mit einer gewissen Anstrengung verbunden sein.** Alle Ziele müssen realistisch, aber nicht zu einfach sein. Ihre Mitarbeiter sollen schließlich ihre Fähigkeiten auch ausschöpfen können. Gegebenenfalls bieten Sie entsprechende Schulungen an. Zeigen Sie Ihren Mitarbeitern, dass Sie an ihre Fähigkeiten glauben.

- ✔ **Setzen Sie nicht zu viele Ziele.** Ihre Mitarbeiter können sich nicht auf zu viele Ziele auf einmal konzentrieren. Im Allgemeinen sind zwei bis drei Ziele genug.

Ziele haben etwas stark motivierendes an sich. Sie weisen Mitarbeitern den richtigen Weg, und in der Regel lässt sich das Ziel in mehreren kleinen Schritten erreichen. Nehmen wir einmal an, ein Mitarbeiter muss ein Riesenprojekt abwickeln. Er kann das Projekt (oder Ziel) in kleinere, einfacher zu erreichende Zwischenschritte wie Berichtsentwurf, Recherchen, Berichterstellung und Kommentare einholen aufteilen. Auch wenn das Ziel noch in weiter Ferne scheint, kommt er ihm doch mit jedem Schritt näher und näher. Wenn es dann abgeschlossen ist, kann er einen Blick zurück werfen und sich an seinem Erfolg erfreuen.

Wenn sich ein Mitarbeiter angesichts eines Riesenprojekts überfordert fühlt, sollten Sie in einem persönlichen Gespräch die Zwischenschritte festlegen.

Die eigene Leistungsbewertung erstellen

Bitten Sie Ihre Mitarbeiter doch einfach darum, eine Leistungsbewertung über sich selbst zu erstellen. Zum einen muss sich jeder Mitarbeiter dann Gedanken über seine Fähigkeiten machen und zum anderen können Sie sich ein Bild darüber machen, wie sie sich und ihre Arbeit einschätzen.

Allison hält sich vielleicht für eine gute Rednerin, weil sie in Teambesprechungen häufig das Wort ergreift. Sie halten sie jedoch für sehr dominant, weil sie andere kaum zu Wort kommen lässt. Nutzen Sie solche Diskrepanzen für ein klärendes Gespräch. Außerdem zeigt Ihnen so etwas, dass Sie die Kommunikation speziell mit dieser Mitarbeiterin verbessern müssen. Wenn Sie regelmäßig über das ganze Jahr Feedback geben und Ihre Erwartungen erläutern, sollte es solche unterschiedlichen Auffassungen aber eigentlich gar nicht geben.

Die Rundum-Leistungsbewertung

Wenn Sie die herkömmliche Leistungsbewertung für zu einseitig halten, probieren Sie einmal die so genannte Rundum-Leistungsbewertung aus, die immer mehr an Beliebtheit gewinnt. In diese Art der Leistungsbewertung von Managern fließen nicht nur die Bewertungen ihrer Vorgesetzten ein, sondern auch die ihrer Kollegen und Untergebenen (wobei diese manchmal von dem jeweiligen Manager selbst ausgesucht werden).

Bei einer korrekt durchgeführten Rundum-Leistungsbewertung steigert sich die Produktivität in vielen Bereichen. Sie machen deutlich, wo Verbesserungsbedarf besteht – zum Beispiel, dass die Moderation der Teambesprechungen zu wünschen übrig lässt oder alle Teilnehmer in Diskussionen einbezogen werden sollten – was ansonsten vielleicht gar nicht aufgefallen wäre. Außerdem erfolgt das Lob für gute Leistung nicht nur durch den Vorgesetzten, sondern durch viele andere auch.

Wichtig dabei ist vor allem, dass die Bewertung anonym erfolgen sollte. Bei der Bewertung durch Kollegen sollte außerdem nicht über eine Gehaltserhöhung oder Beförderung entschieden werden. Diese Art der Leistungsbeurteilung dient ausschließlich der beruflichen Karriere.

Schulungs- und Karriereprogramme

Den meisten Mitarbeitern ist bewusst, dass ihre Leistungen im Beruf viel mit entsprechenden Schulungen zu tun haben. Vielen Stellensuchenden liegt vor allem die Aussicht, Karriere zu machen, am Herzen. Sie sollten bei Vorstellungsgesprächen damit rechnen, dass man Ihnen über interne Fortbildungsmöglichkeiten und Karrierechancen Löcher in den Bauch fragt.

Fortbildung und *Karriereplanung* erfüllen die unterschiedlichsten Bedürfnisse. Diese beiden Begriffe werden meist in einem Atemzug genannt, obwohl sie eigentlich unterschiedliche Bedürfnisse erfüllen. *Fortbildung* zielt darauf ab, Wissenslücken möglichst schnell zu schließen – zum Beispiel durch Computerkurse oder verbesserte Arbeitsmethoden. *Karriereplanung* zielt dagegen auf langfristige Perspektiven ab – was muss ich können, damit ich demnächst befördert werde.

Lässt die Leistung eines Mitarbeiters zu wünschen übrig, sollten Sie überlegen, ob und inwieweit Sie dafür verantwortlich sind. Haben Sie ihm überhaupt gesagt, dass seine Leistungen nicht Ihren Erwartungen entsprechen und was er tun kann, damit dieses Problem ein für alle Mal aus der Welt ist? Haben Sie ihm einen Mentor zugeteilt? Möglicherweise haben Sie ihm nicht die nötige Unterstützung gegeben, die er für seinen Erfolg in Ihrem Unternehmen braucht.

Als Manager sind Sie für die Karriereplanung Ihrer Mitarbeiter zuständig. Eine Karriere macht man nicht einfach so. Neben einer gewissen Begabung und Motivation braucht es auch eine Förderung, damit die Mitarbeiter ihr Potenzial voll ausschöpfen können.

Den Schulungsbedarf ermitteln

Moment noch! Bevor Sie sich jetzt Hals über Kopf in die Mitarbeiterförderung stürzen, sollten Sie erst klären, wer was braucht. Nicht jede Schulungsmaßnahme ist für jeden Mitarbeiter gleichermaßen geeignet. Jeder Mitarbeiter hat individuelle Bedürfnisse, und es ist Ihr Job, diese herauszufinden. Die jeweilige Leistungsbewertung gibt Ihnen sicherlich schon einige Anhaltspunkte. Sie sollten sich jedoch nicht nur auf Ihre eigene Meinung verlassen, wenn es um die Bedürfnisse Ihrer Mitarbeiter geht.

Sprechen Sie mit Ihren Mitarbeiter über die Bereiche, in denen sie gefördert werden möchten. Vielleicht mangelt es an Computerkenntnissen, und mit einem entsprechenden Kurs ließe sich die Arbeit in der Hälfte der Zeit erledigen. Oder Ihr Wunschkandidat für eine leitende Position ist noch nicht so weit, die Teambesprechung zu leiten. Hier könnte ein Kurs in Vortragstechnik helfen.

Denken Sie bitte auch an zwischenmenschliche Fähigkeiten. Arbeitet Ihr Technikfreak auch gut im Team? Wie läuft die Kommunikation mit seinen Kollegen? Auch dafür gibt es viele Kurse und Schulungen.

Wenn Sie den Schulungsbedarf ermitteln, sollten Sie sich nicht nur auf die Schwachpunkte Ihrer Mitarbeiter konzentrieren. Interessant sind auch bereits vorhandene Stärken und die Pläne Ihrer Mitarbeiter. Hat sich Brian als ausgemachtes Sprachtalent erwiesen, könnten Sie ihn – seinem Wunsch entsprechend – mit der Aufsicht über die gesamte interne Korrespondenz betrauen. Und vielleicht möchte er sein Talent noch durch einem entsprechenden Kurs ausbauen, um auch das nötige Selbstbewusstsein zu gewinnen.

Überlegen Sie zunächst, welche Bedürfnisse am dringlichsten sind und befassen Sie sich anschließend mit langfristigen Plänen.

Wenn Sie so gar nicht mit der Ermittlung des Schulungsbedarfs zurechtkommen, sollten Sie Rücksprache mit der Personalabteilung halten oder einen Berater hinzuziehen. Diese Experten setzen unter anderem Focusgruppen ein und führen Umfragen durch, um den Bedarf zu ermitteln.

Die richtige Methode auswählen

Steht fest, dass ein Schulungsbedarf in bestimmten Bereichen besteht, stellt sich die Frage nach der geeigneten Schulungsmethode. Braucht zum Beispiel die komplette Abteilung einen Computerkurs, dürfte eine Inhouse-Schulung die kostengünstigste Möglichkeit sein. Sollen jedoch nur ein oder zwei Mitarbeiter ihre Kenntnisse – sagen wir einmal im Projektmanagement – vertiefen, empfiehlt es sich, einen externen Kurs zu belegen.

Fernlernen

Dieser Trend setzt sich immer mehr durch. Beim *Fernlernen* können Mitarbeiter aus unterschiedlichen Zweigstellen denselben Kurs oder dasselbe Seminar belegen, da der Lerninhalt über das Internet oder Videokonferenzen vermittelt wird.

Fernlernen bietet viele Vorteile. Da die persönliche Anwesenheit nicht erforderlich ist, können zahlreiche Mitarbeiter daran teilnehmen, und es fallen keine Spesen und Übernachtungskosten mehr an. Außerdem können die Mitarbeiter die Lerngeschwindigkeit selbst bestimmen und ihre eigenen Lernziele setzen. Die Kursleiter wiederum können mehr auf den Einzelnen und seine Bedürfnisse eingehen.

Häufig genutzt werden diese drei Formen des Fernlernens:

Videokonferenzen: Mitarbeiter unterschiedlicher Standorte nehmen am selben Seminar teil, der Lehrgang findet zu festgelegten Zeiten statt.

Internet: Die Teilnehmer bestimmen selbst, wann sie welche Kurse belegen. Teilnehmer und Kursleiter kommunizieren über Nachrichtenboxen oder E-Mail.

Intranet: Bei dieser Methode, die zunehmend an Popularität gewinnt, wird der Lerninhalt über das firmeninterne Netzwerk vermittelt. Denken Sie jedoch daran, dass es ziemlich lange dauert, bis alles eingerichtet ist und funktioniert.

Nehmen Sie sich für die Auswahl der Schulungsmethode Zeit. Die Kosten sollten nicht das einzige Entscheidungskriterium sein. Mithilfe einer Mitarbeiterbefragung können Sie nach Kursabschluss feststellen, ob Sie die richtige Wahl getroffen haben.

Zusätzlich zu den oben genannten Methoden gibt es auch noch diese Möglichkeiten:

- **In-House-Training:** Je nach Unternehmen besteht die Möglichkeit, dass die Personalabteilung Kurse zum Beispiel über Verkaufstechniken oder Zeitmanagement anbietet oder organisiert, während die IT-Abteilung Workshops für bestimmte Programme halten könnte. In-House-Training ist nicht nur eine kosteneffiziente Methode, ihr Vorteil ist auch, dass sich diese Schulungen ohne weiteres an das Arbeitspensum der Mitarbeiter anpassen lassen, und sich kursbedingte Störungen des Arbeitsablaufs somit in Grenzen halten.
- **Externe Seminare und Konferenzen:** Seminare und Konferenzen bieten sich vor allem dann an, wenn niemand in Ihrem Unternehmen über die erforderlichen Kenntnisse verfügt. Denken Sie an die rechtzeitige Anmeldung Ihrer Mitarbeiter, da diese Fortbildungsmaßnahmen in der Regel in größeren Hotels oder Konferenzzentren stattfinden. Die Kosten liegen je nach Kurs bei etwa 100 Euro bis zu 500 Euro pro Teilnehmer und Tag. Vielleicht können Sie ja einen Rabatt aushandeln, wenn Sie die ganze Abteilung hinschicken möchten.

Sie bekommen genau das, wofür Sie zahlen. Da die meisten Seminare größere Teilnehmergruppen ansprechen und eher weitgefächerter Lerninhalt vermittelt werden soll, erwerben die Teilnehmer in der Regel nur allgemeine Kenntnisse. Außerdem hängt die Qualität eines Seminars direkt von der Erfahrung und dem Wissen des Leiters ab.

- ✔ **Kostenerstattung für Fortbildungsmaßnahmen:** Kostenerstattungsprogramme für Fortbildungsmaßnahmen der Mitarbeiter gehören in die Kategorie Karriereplanung. Diese Programme zielen auf den Schulungsbedarf für eine langfristige Karriereplanung ab und ermöglichen den Mitarbeitern die Teilnahme an Kursen in Mitarbeiterführung und anderen Aufbaukursen. Die Firma übernimmt die Kosten für die Fortbildungsmaßnahme komplett oder teilweise. Manche Unternehmen erstatten lediglich die Anmeldegebühr, nicht jedoch die Kosten für die Kursunterlagen, während andere nur dann die Seminarkosten übernehmen, wenn sich die Fortbildung auf den momentanen Aufgabenbereich bezieht. In einigen Unternehmen werden die Kosten vollständig erstattet, wenn der Teilnehmer den Kurs mit einer guten Note abschließt.

Die Karriereplanung

Wenn Sie möchten, dass Ihre Mitarbeiter Spaß bei der Arbeit haben, sich nicht unterfordert fühlen und ihr ganzes Arbeitsleben in Ihrem Unternehmen verbringen wollen, ist eine sorgfältige Karriereplanung unverzichtbar. Dazu gehört, langfristige Aufstiegsmöglichkeiten festzulegen und einen Plan zu entwickeln, um dieses Ziel zu erreichen.

Wichtig für die Karriereplanung ist, wie der Name schon sagt, einen Plan zur Verfolgung der Karriere aufzustellen. In diesem werden die Ziele und die zugehörigen Termine festgelegt und bestimmt, wie der Fortschritt gemessen werden soll. Außerdem sollten Sie auch gleich die erforderlichen Schulungen notieren, die der Mitarbeiter für die Verwirklichung seiner Karrierepläne benötigt. Die Karriereplanung ist die perfekte Ergänzung zu den individuellen Zielsetzungen in der Leistungsbewertung.

In Tabelle 11.1 finden Sie einige Tipps, die Ihr Mitarbeiter bei der Ausarbeitung seiner Karriereplanung berücksichtigen sollte. Berücksichtigen Sie sowohl persönliche Interessen, Wertvorstellungen, Arbeitsweisen, Charaktereigenschaften als auch Kenntnisse. In der ersten Spalte sind die einzelnen Kategorien aufgeführt. Aufgabe Ihres Mitarbeiters ist es dann, in der Spalte rechts daneben Punkte von eins bis fünf zu vergeben, wobei 5 für oberste Priorität steht. Wie viele Bereiche Ihr Mitarbeiter einträgt, ist von Mensch zu Mensch unterschiedlich und hängt von den jeweiligen Interessengebieten und Überzeugungen ab. Selbst wenn zehn Bereiche eingetragen werden, bleibt die Werteskala unverändert von eins bis fünf. (Dann wird eben eine Zahl öfter vergeben.). Nachfolgend eine Erklärung der Überschriften dieser Tabelle:

- ✔ Zu **Werten** gehören Dinge wie Gehaltsvorstellungen, Schulungswünsche, ob der Mitarbeiter lieber im Team oder allein arbeitet und wie wichtig es ihm ist, Zeit mit seiner Familie zu verbringen. Bitten Sie Ihren Mitarbeiter, diese Themen geordnet nach Priorität einzutragen.

- Zum **Arbeitsstil** zählt, welche Arbeiten dem Mitarbeiter am meisten Spaß machen, ob er viel Abwechslung braucht, sich gerne mit kniffligen Aufgaben beschäftigt, seine Kreativität ausleben will oder wie ausgeprägt sein Bedürfnis nach Sicherheit ist.
- Die **Stärken** und **Schwächen** ergeben sich aus den Leistungen der letzten Jahre. Worin ist der Mitarbeiter gut und welche Fähigkeiten sollten gefördert werden? Eine eins bedeutet hier eine unwesentliche Schwäche oder Stärke, während eine fünf akuten Handlungsbedarf bei Schwächen oder eine besonders ausgeprägte Stärke signalisiert.

Fragen Sie Ihren Mitarbeiter auch, ob er sich vorstellen kann, auch in fünf Jahren noch für Ihr Unternehmen tätig zu sein, wie viel er dann verdienen möchte und wie viel Entscheidungsgewalt er gerne hätte. Außerdem sollten Sie ihn nach seinen Vorstellungen zu einem optimalen Arbeitsumfeld und seinem Schulungsbedarf befragen.

Vielleicht trägt eine Ihrer Mitarbeiterinnen ja ein, dass der Höhepunkt ihrer Karriere die Beförderung zur Bereichsleiterin wäre. Um dieses Ziel zu erreichen, muss sie auch in anderen Abteilungen Erfahrungen sammeln, als Managerin eingesetzt werden, ihre betriebswirtschaftlichen Kenntnisse vertiefen oder sogar eine Zeit lang als Ausbilderin arbeiten. Tragen Sie dann in den Handlungsplan folgende Aufgaben ein: sich über freie Stellen in anderen Abteilungen erkundigen, ein Managementseminar besuchen oder einen zusätzlichen Berufsabschluss nachholen.

Sie haben nun also gemeinsam mit Ihren Mitarbeitern einen Karriereplan aufgestellt. Gut, aber Sie sollten daran denken, ihn hin und wieder zu aktualisieren und die Umsetzung des Aktionsplans zu prüfen und zu besprechen. Bleiben Sie dabei aber realistisch.

Damit Ihre Mitarbeiter ihre Karriereträume auch verwirklichen können, sollten sie wissen, wo ihre berufliche Laufbahn enden soll. Aus diesem Grund ist eine Karriereplanung so wichtig.

Bitten Sie Ihre Mitarbeiter, ihre Karrierewünsche mit Ihnen zu besprechen, damit sie sich keine unrealistischen Ziele setzen. Hat ein Mitarbeiter beispielsweise den Wunsch, zum Manager befördert zu werden, schreckt aber vor jeder Entscheidung zurück und wagt es nicht, einem Vorgesetzten gegenüber den Mund aufzumachen, sollten Sie ihn darauf hinweisen, dass er sich vielleicht ein wenig zu viel vorgenommen hat.

Denken Sie bitte auch daran, dass eine Karriereplanung flexibel sein muss, um auch unerwartete Ereignisse berücksichtigen zu können.

Kategorie	Ihre Antworten
Werte	
Arbeitsstil	
Stärken	
Schwächen	

Tabelle 11.1 Einen Karriereplan erstellen

Bereichsübergreifende Schulungen

Früher gab es für jeden Mitarbeiter eine Stellenbeschreibung, in der die speziellen Aufgaben für den jeweiligen Posten festgelegt waren. Doch damit ist es längst vorbei, und *bereichsübergreifende Schulungen* setzen sich mehr und mehr durch.

Bereichsübergreifende Schulungen sorgen dafür, dass Mitarbeiter sowohl innerhalb ihrer eigenen als auch in anderen Abteilungen des Unternehmens Aufgaben ihrer Kollegen übernehmen können.

So kann ein Techniker bei Bedarf in der Marketingabteilung aushelfen oder das Verkaufspersonal bei der Produktentwicklung mitarbeiten. Die Dauer von bereichsübergreifenden Schulungen ist recht unterschiedlich und reicht von ein paar Stunden am Tag bis hin zu Monaten.

Zu den Vorteilen von bereichsübergreifenden Schulungen gehören:

- ✔ Die Angestellten können die Zuständigkeiten, den Druck und die Prioritäten ihrer Kollegen besser nachempfinden.
- ✔ Die »Ellenbogenmentalität« wird verdrängt, Team- und Zusammenarbeit rücken in den Vordergrund.
- ✔ Die Mitarbeiter erfahren aus erster Hand, wie jeder Job dazu beiträgt, die Unternehmensziele zu verwirklichen.
- ✔ Das Personal begreift die Zusammenhänge besser und vertieft sein Wissen.
- ✔ Die Unternehmen laufen weniger Gefahr, zu viele Mitarbeiter einzustellen, da alle Mitarbeiter überall eingesetzt werden können. Außerdem können Mitarbeiter einer Abteilung, in der es gerade ruhig zugeht, sofort ihren überlasteten Kollegen aushelfen.
- ✔ Die Motivation der Mitarbeiter steigt und die Arbeit macht mehr Freude.
- ✔ Man lernt, die Fähigkeiten der Kollegen besser zu schätzen.
- ✔ Die Produktivität des Unternehmens ist nicht gefährdet, wenn Mitarbeiter kündigen, da die Nachfolger sofort einsetzbar sind.

Die Kehrseite der Medaille ist, dass bereichsübergreifende Schulungen zeitintensiv sind und sorgfältigster Planung bedürfen. Sie können schließlich nicht einfach zwei Mitarbeiter bitten, am Nachmittag die Arbeitsplätze zu tauschen. Bereichsübergreifende Schulungen stellen Sie vor die folgenden Herausforderungen:

- ✔ **Bereichsübergreifende Schulungen erfordern in jedem Fall viel Zeit und Arbeit vom zuständigen Manager.** Vielleicht stellen Sie fest, dass sich jemand an seinem »neuen« Arbeitsplatz noch nicht so gut auskennt, als dass er Entscheidungen treffen könnte. Rechnen Sie damit, dass Sie immer wieder um Rat und Hilfe gebeten werden.

- **Nimmt man in Ihrem Unternehmen bereichsübergreifende Schulungen tatsächlich in Angriff und lässt die Mitarbeiter für drei Monate die Arbeitsplätze tauschen, sollten Sie sich klar machen, dass Sie es anschließend vielleicht mit lauter »Alleskönnern« zu tun haben.** Für manche Unternehmen mag das ja gut sein, aber es könnte ja sein, dass ihre Firma auf Experten angewiesen ist.
- **Ihre Mitarbeiter brauchen klare Instruktionen.** Welche Befugnisse haben sie an ihrem Schulungsarbeitsplatz? Sollen Sie gleich loslegen und ihre Arbeit machen, so gut sie können oder besser erst einmal abwarten und beobachten? Sie müssen hierfür ganz klare Richtlinien aufstellen, damit kein Chaos entsteht, wenn tatsächlich Entscheidungen anstehen.
- **Bereichsübergreifende Schulungen decken sich nicht immer mit den Karriereplänen.** Wenn Ihre Mitarbeiter ihre jetzige Arbeit als Traumjob empfinden und zum Beispiel überhaupt kein Interesse am Verkauf haben, macht es keinen Sinn, sie für kurze oder längere Zeit in die Vertriebsabteilung zu versetzen, sondern geht eher zu Lasten ihrer Motivation.

Bereichsübergreifender Mitarbeitereinsatz ist nicht unbedingt eine Maßnahme, die sich auf Dauer empfiehlt. Doch das ganze mal einen Tag lang auszuprobieren fördert mit Sicherheit die Teamarbeit in Ihrem Unternehmen. Denken Sie daran, wenn Sie etwas für die Motivation Ihrer Mitarbeiter tun wollen.

Mentorenprogramme für professionellen Erfolg

12

In diesem Kapitel

- Die Vorteile eines Mentorprogramms
- Wie man ein Mentorprogramm entwickelt
- Die richtige Wahl von Mentor und Zögling

Sicherlich hatten auch Sie schon einmal einen Mentor oder sind selbst in diese Rolle geschlüpft. Ein *Mentor* ist jemand, der in einem bestimmten Gebiet über sehr viel Erfahrung verfügt und seinem *Zögling* mit Rat und Tat zur Seite steht. Ob Ihr Mentor nun ein Lehrer oder Ihr großer Bruder war, spielt keine große Rolle. Sicher ist nur, dass Sie bestimmt viel von dieser Person gelernt haben. Genauso haben auch Sie als Mentor anderen geholfen, sich besser in einem bestimmten Gebiet zurechtzufinden.

Mentoren sind in der Arbeitswelt ebenso wichtig wie in der Kindheit. Mitarbeiter profitieren, wenn sie von erfahrenen Kollegen oder Vorgesetzten angeleitet werden. Und die Mentoren genießen das Erfolgserlebnis, ihr Wissen mit weniger erfahrenen Mitarbeitern zu teilen. Keine Frage, dass davon natürlich auch die Unternehmen profitieren. In diesem Kapitel erfahren Sie, welche Vorzüge mit der Betreuung durch einen Mentor einhergehen. Außerdem erfahren Sie, wie Sie ein Mentorenprogramm entwickeln können, falls das in Ihrem Unternehmen nicht schon längst geschehen ist.

Was sind Mentorenprogramme?

Bei einem Mentorenprogramm geht es darum, Mitarbeitern, die in einem bestimmten Bereich Unterstützung brauchen oder sich bestimmte Fähigkeiten aneignen möchten, erfahrene Fachkräfte als Mentoren zuzuweisen, oder die Einarbeitung neuer Mitarbeiter »alten Hasen« zu übertragen. Mentoren geben allgemeine Tipps (zum Beispiel, was unter legerer Kleidung zu verstehen ist) oder fachmännischen Rat (Nein, eine Versetzung ist keine gute Idee, wenn Sie Manager werden möchten). Mentoren helfen ihren Kollegen oft schon alleine dadurch, dass sie ihnen eine psychologische Stütze sind.

Mentor und Mitarbeiter arbeiten eng zusammen und tauschen Wissen und Erfahrungen aus. Die besten Mentoren bieten eine gesunde Mischung aus Bestärkung und ehrlicher Kritik. Sie geben jedoch keine Anweisungen, sondern leiten den Mitarbeiter an. Diese Form der Zusammenarbeit kann sogar ein ganzes Arbeitsleben lang anhalten. Bei einer von Robert Half International durchgeführten Umfrage gaben 82 Prozent der befragten Führungskräfte an, dass sie noch immer in Kontakt zu ihren Mentoren stehen.

Supervisoren, sprich Vorgesetzte, sollten niemals gleichzeitig die Rolle eines Mentors übernehmen. Die Mitarbeiter sollten offen und ehrlich mit ihrem Mentor über alles reden können, angefangen mit der Büroordnung bis hin zu ihren Karriereplänen, was nicht ganz einfach ist, wenn ihr Mentor zugleich auch ihr Vorgesetzter ist oder zum selben Team gehört.

Mentorenprogramme gibt es schon ziemlich lange. Laut oben stehender Umfrage gaben 75 Prozent der Befragten an, dass sie selbst in ihrer Anfangszeit einen Mentor gehabt hätten. Das Einzige, was sich seitdem geändert hat, ist, dass die Mitarbeiter sich ihren Mentor nicht mehr selbst suchen müssen, sondern das vom Unternehmen erledigt wird.

Selbst wenn es in Ihrem Unternehmen bereits ein Mentorenprogramm gibt, dürfen Sie nicht davon ausgehen, dass es ohne Ihr Zutun funktioniert. Viele Berufsanfänger machen die Erfahrung, dass ihre Mentoren nicht immer Zeit für sie haben und trauen sich dann nicht, sie zu stören. Andererseits haben manche Mentoren Hemmungen, Ratschläge zu geben, da sie fürchten, dies könne als Bevormundung verstanden werden. Als Manager müssen Sie dafür sorgen, dass Mentor und Mitarbeiter miteinander auskommen und effizient zusammenarbeiten.

Mentoren zahlen sich aus

Durch den Einsatz von Mentoren wird die Weitergabe von Best Practices und die Talentförderung innerhalb Ihrer Abteilung oder in der ganzen Firma zum Kinderspiel. Immer mehr Unternehmen haben die Vorteile von Mentorenprogrammen erkannt und sie zum offiziellen Bestandteil ihrer Unternehmenspolitik gemacht.

Neuen Mitarbeitern die Eingewöhnungszeit erleichtern

In einer von Robert Half International durchgeführten Umfrage gaben 94 Prozent der befragten Führungskräfte an, dass Mentoren gerade für Berufsanfänger eine große Hilfe seien. Erfahrene Mentoren bringen ihnen die Firmenkultur nahe und zeigen ihnen Karrieremöglichkeiten auf. Außerdem helfen sie neuen Mitarbeitern dabei, sich schnell einzugewöhnen, da die Mentoren sie den Kollegen vorstellen, Fragen beantworten und eine unverzichtbare Hilfe sind.

Denken Sie doch einmal an die ersten Monate in Ihrer jetzigen Arbeitsstätte zurück. Waren Sie sich nicht auch etwas unsicher darüber, wie die Kleiderordnung eigentlich genau zu verstehen war oder wer Ihr erstes wichtiges Projekt zumindest inoffiziell genehmigen musste? Oder waren Sie einer der Glücklichen, dem ein Mentor zuteilt worden war, an den Sie sich jederzeit wenden konnten? Wenn nicht, hatten Sie vermutlich den Eindruck, man hätte Sie in kaltes Wasser geworfen und Sie müssten nun selbst zusehen, wie Sie da wieder raus kommen.

Es gibt auch Mentorenprogramme, die von externen Firmen angeboten werden, aber firmeninterne sind besser, da sie die Mitarbeiterloyalität und den Teamgeist fördern.

Karriere ermöglichen

Mentorenprogramme sind jedoch nicht nur für Berufsanfänger oder neue Mitarbeiter geeignet. Jeder Berufstätige – egal wie lange er schon arbeitet – kann von der Erfahrung eines Mentors profitieren. Selbst ein Manager, der schon Jahre lang für Ihr Unternehmen tätig ist, kann sich das Wissen und die Erfahrung eines Mentors zunutze machen und so seine Führungsqualitäten verbessern oder sogar bis zum Vorstand aufsteigen.

Die Vorteile für den Mentor

Der Mentor profitiert von einem Mentorenprogramm ebenso wie sein »Zögling«. Mitarbeiter, die gebeten werden, die Rolle eines Mentors zu übernehmen, wissen, dass sie dieses Angebot aufgrund ihrer Erfahrung und ihres Wissens erhalten. Mentor zu sein ist Ehre und Verantwortung zugleich. Viele Mentoren empfinden es als Kompliment und Anerkennung ihrer Fähigkeiten, dass gerade sie dazu ausgewählt wurden, die Rolle eines Mentors zu übernehmen.

Viele Mitarbeiter werden durch ihre Aufgabe als Mentor ein Stück weit die Karriereleiter hinauf befördert. Sie profitieren, weil sie lernen, ihr Wissen weiterzugeben und können wahre Führungsqualitäten entwickeln.

Noch etwas: Fast jeder hilft anderen gerne weiter. Als Mentor kann man aktiv zur Karriere eines weniger erfahrenen Mitarbeiters beitragen. Die meisten Mentoren genießen ihre Verantwortung, und Mitarbeiter, denen ihre Arbeit Spaß und Freude bereitet, sind – genau, das haben Sie sich schon gedacht – motiviert.

Die Vorteile für das Unternehmen

Lohnt sich das denn auch für die Firmen? Oder profitieren hauptsächlich nur der Mentor und sein Zögling? Nein, keineswegs. Mentorenprogramme tragen zum Erfolg eines Unternehmens bei. Hier alle Vorteile auf einen Blick:

- ✔ **Steigerung der Produktivität.** Mitarbeiter, die während ihrer Einarbeitungszeit von einem Mentor unterstützt werden, können schneller produktive Arbeit leisten und schneller die richtigen Entscheidungen treffen, da sie in Zweifelsfällen immer ihren Mentor fragen können.
- ✔ **Schaffung einer umfassenden Wissensbasis.** Da die Mentoren ihr Wissen und die Best Practices ihrer Branche an andere Mitarbeiter weitergeben, profitiert das ganze Unternehmen. Werden in Ihrem Unternehmen Stellen frei, brauchen Sie wahrscheinlich nicht lange nach geeigneten Nachfolgern zu suchen – sie sitzen vermutlich schon vor Ihnen.

- **Konkurrenzvorteil.** Sicherlich suchen Ihre Konkurrenten ebenso wie Sie qualifizierte Mitarbeiter. Ein Mentorenprogramm ist ein überzeugendes Argument für jeden Stellensuchenden, vor allem wenn ihm erklärt wird, dass er zunächst einen Mentoren zur Seite gestellt bekommt, er später jedoch selbst diese Funktion übernehmen kann.

Ein Mentorenprogramm auf die Beine stellen

Haben Sie sich auch schon einmal gewünscht, dass Sie Ihren besten Mitarbeiter klonen könnten? Mit einem Mentorenprogramm ist das möglich... okay, zugegeben, das ist etwas übertrieben! Natürlich ist es nicht möglich Ihren besten Mitarbeiter zu klonen, aber Sie können dafür sorgen, dass er sein Wissen und seine Erfahrung an die Kollegen weitergibt. Und im Handumdrehen verfügen Sie über ein Topteam aus lauter loyalen Spitzenmitarbeitern.

Es gibt kein Mentorenprogramm in Ihrem Unternehmen? Kein Problem, im Rest dieses Kapitels zeige ich Ihnen, wie Sie eines auf die Beine stellen können.

Wie lauten Ihre Ziele?

Als erstes müssen Sie klären, was Sie sich von einem Mentorenprogramm versprechen. Haben erst neulich einige Mitarbeiter die Kündigung eingereicht, obwohl sie erst wenige Jahre in Ihrem Unternehmen tätig waren? Nun, dann möchten Sie vermutlich etwas unternehmen, um Ihre Mitarbeiter zu halten. Eine gute Lösung ist, Neueinsteigern erfahrene Mitarbeiter zuzuweisen.

Vielleicht liegt Ihr Problem aber auch darin, dass zu wenige qualifizierte Mitarbeiter zur Verfügung stehen, wenn es darum geht, offene Managementposten zu besetzen. Dann liegt Ihnen wahrscheinlich daran, Wissen und Fähigkeiten – auch abteilungsübergreifend – zu vertiefen. Wenn Mitarbeiter wissen, dass sie gute Arbeit leisten und entsprechend qualifiziert sind, ist eine Kündigung so ziemlich das Letzte, woran sie denken.

Wie soll das Mentorenprogramm organisiert werden?

Dazu stehen zwei Möglichkeiten zur Auswahl. Sie können es entweder Ihren Mitarbeitern überlassen, wer wessen Mentor wird oder selbst bestimmen, wer mit wem zusammenarbeitet.

Die erste Möglichkeit gestattet Ihren Mitarbeitern zwar mehr Flexibilität, doch ein von Ihnen organisiertes Mentorenprogramm wird erfahrungsgemäß die besseren Ergebnisse erzielen. Aus diesem Grund lohnt es sich, wenn Sie sich die Zeit für die Vorbereitung nehmen.

Bitte denken Sie daran, dass eine gute Zusammenarbeit zwischen Mentor und Zögling nicht erzwungen werden kann. Wenn Sie Ihre Mitarbeiter selbst wählen lassen, mit wem sie zusammen arbeiten möchten, stellt sich dieses Problem natürlich nicht, da sich keiner freiwillig jemanden aussucht, den er nicht leiden kann. Bei einem gut vorbereiteten und vor allem auch funktionierenden Mentorenprogramm ist jedoch sichergestellt, dass sich »Paare« ergeben, die sich gegenseitig ergänzen.

Welches Programm eignet sich am besten für Ihr Unternehmen?

Wie Eiscreme gibt es auch Mentorenprogramme in verschiedenen Geschmacksrichtungen. Was für Ihr Unternehmen optimal ist, scheitert in anderen vielleicht komplett. Hier nun ein paar Möglichkeiten, aus denen Sie Ihre Wahl treffen können.

- ✔ **Traditionelles Mentoring.** Ein erfahrener Mitarbeiter wird einem neuen oder weniger erfahrenen Mitarbeiter zur Seite gestellt, um ihn anzuleiten und zu fördern.
- ✔ **Gruppenmentoring.** In diesem Fall hat ein Mentor mehrere Zöglinge. Die Gruppe entscheidet selbst, wann und wie oft sie sich treffen. Der Mentor klärt über die Firmenkultur, den Entscheidungsfindungsprozess und die Büroabläufe auf.
- ✔ **Teammentoring.** Der Unterschied zum Gruppenmentoring besteht darin, dass hier mehrere Mentoren für einen Mitarbeiter zuständig sind. Diesem Ansatz liegt der Gedanke zugrunde, dass ein Einzelner nicht alles wissen kann. Jeder Mentor ist also für ein bestimmtes Gebiet zuständig.
- ✔ **Wissensübergreifendes Mentoring.** In diesem Fall erhält der Zögling einen Mentor, der sich in ganz anderen Fachgebieten auskennt als der Zögling.
- ✔ **Mentoring durch externe Berater.** Hier wird ein externer Berater damit beauftragt, sein Wissen über ein bestimmtes Sachgebiet zur Verfügung zu stellen. Wenn Sie sich für diese Möglichkeit entscheiden, sollten Sie überlegen, ob es nicht sinnvoll wäre, auch einen firmeninternen Mitarbeiter zum Mentor zu bestimmen, der bei internen Angelegenheiten weiter hilft.
- ✔ **Umgekehrtes Mentoring.** Umgekehrt zum traditionellen Mentoring dienen hier Neuzugänge als Mentoren für erfahrene und langjährige Mitarbeiter. Dieser Ansatz bietet sich vor allem dann an, wenn der neue Mitarbeiter aufgrund seiner Ausbildung den älteren Kollegen neue technische Entwicklungen und Methoden vermitteln kann. Außerdem bringen neue Mitarbeiter in der Regel frischen Wind ins Unternehmen und sehen Produkte oder Arbeitsabläufe aus einem anderen Blickwinkel.

Wissen Sie jetzt, welches Mentorenprogramm für Ihr Unternehmen das richtige ist? Nehmen wir einmal an, Sie sind Manager eines Krankenhauses und möchten gerne, dass gerade erst eingestellte Krankenschwestern von einem Mentor betreut werden. Vielleicht ist ja das umgekehrte Mentoring genau das richtige, da sich die neuen Mitarbeiterinnen hinsichtlich neuester Entwicklungen besser auskennen als ihre Kolleginnen. Andererseits könnte sich auch das Gruppenmentoring anbieten, wenn nur wenige der erfahrenen Krankenschwestern Zeit für ein Mentorenprogramm haben, und gerade viele neue Pflegekräfte eingestellt wurden. Stimmen Sie Ihr Mentorenprogramm auf die in Ihrem Unternehmen vorliegenden Gegebenheiten und Ihren Bedarf ab.

Das »Traumpaar« finden

Sie müssen genau überlegen, welche Mitarbeiter Sie zu Mentoren ernennen und wem Sie diese zuteilen. Nicht jeder ist zum Mentor geeignet, und erzwingen lässt sich das schon gleich gar nicht.

Ein Mentor muss schon jemand Besonderes sein. Nicht jeder Mitarbeiter ist dafür geeignet. Ein optimaler Mentor muss über folgende Eigenschaften und Fähigkeiten verfügen:

- ✔ Ausgeprägte Führungsqualitäten, Kommunikationsstärke und Fachwissen
- ✔ Verständnis für andere
- ✔ Positive Grundeinstellung
- ✔ Freude am Beruf
- ✔ Wissen um die Bedeutung der Rolle, die damit einhergehende Verantwortung und den Beitrag zum Gesamtwohl
- ✔ Hilfsbereitschaft
- ✔ Gut zuhören können
- ✔ Muss positives Feedback und konstruktive Kritik geben können
- ✔ Muss Mitarbeiter führen, aber nicht bevormunden
- ✔ Muss ein Vorbild sein

Doch selbst wenn all diese Punkte auf jemanden zutreffen, muss das nicht zwangsläufig bedeuten, dass er und sein Zögling gut zusammenpassen. Denken Sie bitte daran, dass auch die Persönlichkeiten und Arbeitsweisen miteinander harmonieren müssen.

Stellt sich heraus, dass ein Mentor wider Erwarten doch nicht mit seinem Zögling zurechtkommt, weisen Sie letzterem umgehend einen anderen Mentor zu. Sie halsen sich nur noch mehr Probleme auf, wenn Sie das auf die lange Bank schieben.

Ein paar Tipps für die Mentoren

Es könnte sein, dass Sie Ihren Traumkandidaten für einen Mentor vor sich haben, doch derjenige zweifelt daran, ob er Ihren Erwartungen gerecht werden kann. Geben Sie Ihren Mentorenkandidaten folgende Tipps mit auf den Weg:

- ✔ **Geben Sie Ratschläge, keine Befehle.** Ein Mentor ist kein Boss. Seine Aufgabe ist es, seinem Zögling mit Rat und Tat zur Seite zu stehen. Befehle haben in dieser Beziehung nichts verloren.

- ✔ **Passen Sie sich an den bevorzugten Lernstil Ihres Zöglings an.** Manche Menschen lernen etwas am besten, wenn sie es hören, andere bevorzugen, aus Unterlagen zu lernen. Und wieder andere lernen am besten, wenn man es ihnen zeigt. Ein Mentor sollte diese Vorlieben berücksichtigen.
- ✔ **Erst zuhören, dann reden.** Ein guter Mentor überlässt seinem Zögling die Gesprächsführung und hört ihm aufmerksam zu. Wenn der Zögling um Rat bittet, sollte er selbst auf die Lösung seines Problems gebracht werden. Wenn der Mentor ihm nämlich alle Hürden aus dem Weg räumt, kann der Zögling nichts lernen.

Wenn Sie Hilfe brauchen ...

Wenn Sie ein Mentorenprogramm auf die Beine stellen möchten, aber irgendwie nicht so recht wissen, wo Sie anfangen sollen oder einfach keine Zeit haben, wäre Hilfe nicht schlecht, oder? Stöbern Sie ruhig mal im Internet nach entsprechenden Dienstleistungsunternehmen wie zum Beispiel die **Mentor IT and Business Consulting GmbH.** Sie ist ein im Jahr 1998 gegründetes Informatik Beratungs- und Systemhaus, das kompetente Leistungen für ein modernes und effizientes Informationsmanagement anbietet. Systementwicklung und Technologieberatung für die Branchen Banken, Industrie und Öffentlicher Dienst sind die Schwerpunkte des Leistungsangebots von Mentor IT. Erklärtes Ziel von Mentor IT ist es, als fachkundiger Technologiepartner mit wirtschaftlichen und effizienten Problemlösungen zum Geschäftserfolg ihrer Kunden entscheidend beizutragen.

Telefon: +49 6155 605 219

FAX +49 6155 605 100

Im Leuschnerpark 4, 64347 Griesheim

Allgemeine Information: `info@mentor-it.de`

Auf der Suche nach Führungspersönlichkeiten

Was macht denn nun eine wahre Führungspersönlichkeit aus? Die Meinungen darüber gehen ziemlich weit auseinander, doch jeder wird wohl der Behauptung zustimmen, dass sie mit gutem Beispiel vorangehen, für andere Vorbild sein muss und sich mit Haut und Haar der Firmenkultur verschrieben haben muss. Außerdem sollten wahre Führungskräfte diese Eigenschaften besitzen:

- ✔ Elan und Engagement
- ✔ Fairness, Ehrlichkeit und Objektivität in allen Angelegenheiten

- Fähigkeit, Entscheidungen zu treffen
- Mut, einschätzbare Risiken einzugehen

Suchen Sie nach Mitarbeitern, die diese Qualitäten besitzen, denn haben Sie auch diejenigen gefunden, die sich optimal für die Rolle eines Mentor eignen.

Teil V

Ein gutes Gehalt – und ein kräftiges Lob!

»Ich habe meinem Chef gesagt, dass ich mich mit einer bloßen Gehaltserhöhung nicht zufrieden gebe ...«

In diesem Teil ...

Kennen Sie jemanden, der umsonst arbeitet? Eben. Geld spielt nun einmal eine wichtige Rolle bei der Motivation von Mitarbeitern. Allerdings gibt es einen richtigen und einen falschen Weg, Mitarbeiter für Ihre Arbeitszeit zu belohnen. In Kapitel 13 erfahren Sie mehr darüber.

Selbst wenn in Ihrem Unternehmen Spitzengehälter bezahlt werden, möchten Ihre Mitarbeiter noch mehr: Lob und Anerkennung. Geld ist nun einmal nicht alles. In Kapitel 14 erfahren Sie, wie Sie Ihren Mitarbeitern die nötige – und verdiente – Anerkennung zollen.

Belohnung besteht nicht nur aus Lohn!

13

In diesem Kapitel

- Was unbedingt enthalten sein muss
- Wie viel sollte man wem zahlen?
- Weitere Vergünstigungen – aber welche?
- Extras in barer Münze

Seine Mitarbeiter zu motivieren, ist nicht mit einigen Worten getan. (Ach, wenn es doch nur so einfach wäre!) Motivation erfordert harte Arbeit, ganz nach dem Motto: Dran bleiben! Alles, was Sie als Manager tun, wirkt sich in irgendeiner Weise auf Ihre Mitarbeiter aus. Außerdem kommt es auch darauf an, wie das Unternehmen funktioniert: Wenn der Laden läuft, sind alle Mitarbeiter höchst motiviert. Laufen die Geschäfte aber schlecht, sinkt gleichzeitig auch die Motivation der Belegschaft. Einer der wichtigsten Faktoren für die Motivation der Angestellten ist das Lohn- und Gehaltssystem, und wie es den Mitarbeitern präsentiert wird.

Es ist relativ wahrscheinlich, dass Sie in Sachen Bezahlung Ihrer Mitarbeiter nicht das alleinige Sagen haben (meistens ist dafür die Personalabteilung zuständig), aber Sie können sich natürlich für die Belange Ihres Teams einsetzen. Wenn Sie zum Beispiel der Ansicht sind, dass Ihre Mitarbeiter mehr von Sonderurlaub als von gelegentlichen Sonderprämien haben, könnten Sie das mit Ihrem Vorgesetzten besprechen oder sich gleich an die Personalabteilung wenden.

Das Belohnungspaket schnüren

Belohnung besteht nicht nur aus dem Lohn, der Ihren Mitarbeitern monatlich überwiesen wird. Dazu gehören zum Beispiel auch Sonderprämien, Zuschüsse für die Kinderbetreuungskosten oder die Arbeitgeberzuschüsse für eine private Alterszusatzversicherung. All diese Dinge sind heutzutage ein Muss, zumal die Konkurrenz auch nicht schläft.

Der *Grundlohn* beziehungsweise das *Grundgehalt* bezeichnet die Summe, die Ihre Mitarbeiter ohne Abzug von Steuern und Sozialversicherungsbeiträgen oder Aufschlägen verdienen. Um genau zu sein, basiert ein *Lohn* immer auf der geleisteten Arbeitszeit, während ein *Gehalt* das Entgelt bezeichnet, das meist monatlich immer in derselben Höhe und unabhängig von den Arbeitsstunden bezahlt wird.

Zu *Sonderleistungen* zählen sämtliche sonstigen finanziellen Anreize, die Sie Ihren Mitarbeitern bieten wie Prämienzahlungen, die zusätzlich zum Lohn oder Gehalt gezahlt werden.

Zusätzlich zu den Sonderleistungen gibt es auch noch freiwillige *Arbeitgeberleistungen* wie Aktienoptionen, Urlaubs- und Weihnachtsgeld oder Zuschüsse zur privaten Altersvorsorge.

Manche Mitarbeiter arbeiten auf *Provision*, das heißt, sie sind am Umsatz beteiligt. Es gibt die Möglichkeit, ausschließlich auf Provision zu arbeiten oder zusätzlich ein Grundgehalt bezahlt zu bekommen.

Wenn Sie Ihren Mitarbeitern ein angemessenes Gehalt einschließlich attraktiver Lohnnebenleistungen bieten, brauchen Sie keine Angst davor zu haben, dass sie aus finanziellen Gründen zur Konkurrenz wechseln. Wenn Sie sicher sind, dass die Bezahlung in Ihrem Unternehmen fair ist, die Mitarbeiterfluktuation jedoch ziemlich hoch, sollten Sie sich einmal fragen, ob das am Management oder bestimmten Managern liegen kann.

Missionsbezogenes Gehalt

In manchen Unternehmen spiegelt die Höhe eines Gehalts das Verhältnis des jeweiligen Arbeitsplatzes zur Firmenmission wider. Je mehr diese Stelle dazu beiträgt, die Mission zu erfüllen, umso höher das Gehalt.

Damit Sie sich ein Bild über die hierarchische Struktur der Arbeitsplätze Ihres Unternehmens machen können, befolgen Sie bitte diese Schritte:

1. Notieren Sie alle in Ihrer Firma vorhandenen Stellen – vom Geschäftsführer bis zum Hauspostverteiler.
2. Teilen Sie diese Stellen je nach Funktion in einzelne Kategorien wie Vertrieb, Management, Verwaltung und Marketing auf.
3. Nun ordnen Sie diese Jobs auf der Grundlage ihres Verhältnisses zur Firmenmission.

Bestimmte Arbeiten tragen unmittelbar zur Umsetzung der Firmenmission bei, während andere nur unterstützende Wirkung darauf haben. Die Verleger und Autoren eines Verlags tragen zum Beispiel direkt zur Realisierung des Firmenziels, nämlich Bücher zu veröffentlichen, bei, während die Mitglieder der firmeninternen IT-Abteilung indirekt dazu beitragen.

Wenn Sie unsicher sind, welchen Beitrag eine bestimmte Stelle in Ihrem Unternehmen für die Umsetzung der Firmenmission leistet, sollten Sie sich die folgenden Fragen stellen:

- ✔ Wie eng hängt diese Position mit der Firmenmission zusammen?
- ✔ Inwieweit könnte auf diese Stelle verzichtet werden?
- ✔ Werden für diese Position bestimmte Qualifikationen gebraucht? Anders ausgedrückt, wie schwierig ist der Job?
- ✔ Wird durch diese Position Umsatz erzeugt oder trägt sie maßgeblich dazu bei?

Ihr Ziel lautet, sämtliche Stellen hierarchisch zu ordnen und zwar nach dem Kriterium, inwieweit sie zur Firmenmission beitragen. Bedenken Sie dabei jedoch, dass es lediglich um die Positionen geht, und nicht um die Mitarbeiter, die diese Stellen besetzen. Sie ermitteln lediglich, wie wichtig eine bestimmte Position im Zusammenhang mit der Umsetzung der Firmenmission und der strategischen Ziele ist.

Gehaltstabellen - ein absolutes Muss!

Jedes Unternehmen sollte Gehaltstabellen festlegen. Es geht schließlich nicht, Mitarbeiter gewissermaßen nach dem Zufallsprinzip zu entlohnen. Für jede Stelle in Ihrem Unternehmen muss das zu zahlende Gehalt festgelegt werden.

Sollte es in Ihrem Unternehmen diesbezüglich keine allgemein gültigen Richtlinien geben, sollten Sie unverzüglich über diese Fragen nachdenken:

- ✔ Möchten Sie Ihren Mitarbeitern durchschnittliche Gehälter zahlen oder darf es etwas mehr sein, als normalerweise in Ihrer Branche gezahlt wird?
- ✔ Finden Sie es sinnvoller, jeder Position Ihres Unternehmens ein bestimmtes Gehalt zuzuteilen oder möchten Sie die Höhe des Gehalts lieber den Leistungen des Mitarbeiters anpassen?
- ✔ Sind Sie bereit, Prämien und Lohnnebenleistungen wie Aktienoptionen oder Urlaubs- und Weihnachtsgeld zu zahlen? Gelten diese Zahlungen dann als Teil des Gehalts oder Lohns oder als wohl verdientes Extra? In welcher Größenordnung sollen sich diese Zahlungen bewegen?
- ✔ Richten sich Gehaltserhöhungen nach Dauer des Arbeitsverhältnisses oder nach den Leistungen?

Gehaltstabellen festlegen

Sobald die allgemeine Richtlinie für Ihre Gehalts- und Lohnpolitik feststeht, werden die Gehaltstabellen entwickelt. Nachfolgend einige bewährte Methoden:

- ✔ **Das gängige Lohnniveau.** Dabei ermitteln Sie oder die Personalabteilung, was andere Unternehmen aus derselben Region und Branche für ähnliche Jobs bezahlen und bieten dasselbe an. Diese Methode ist einfach durchzuführen und der Verwaltungsaufwand ist relativ gering. Der Nachteil ist, dass es manchmal nicht einfach ist, zu definieren, was ein ähnlicher Job ist. Ganz kompliziert wird es, wenn Ihr Unternehmen einzigartige oder außergewöhnliche Produkte und Dienstleistungen anbietet, da es dann kaum Vergleichsmöglichkeiten gibt. (Lesen Sie auch den TIPP, um herauszufinden, wie Sie die Lohn- und Gehaltspolitik Ihrer Mitbewerber ermitteln können.)

- **Stellenbewertung und Gehaltsklassen.** Bei dieser Methode wird jede Arbeitsstelle nach bestimmten Kriterien bewertet, zum Beispiel, inwiefern sie das Kerngeschäft betrifft, wie schwierig oder gefährlich sie ist und welche Ausbildung für sie erforderlich. Dieses System wird meist in Großkonzernen angewendet, bei denen sich die Hierarchie der Stellen auch in den Gehaltszahlungen widerspiegeln soll. Der Nachteil dieser Methode liegt darin, dass sie relativ zeitaufwändig und arbeitsintensiv ist und außerdem ständig aktualisiert werden muss.
- **Managemententscheidung.** Die Entscheidung darüber, wie viel ein Mitarbeiter verdient, liegt hier einzig und allein beim Management oder Firmeninhaber. Wie Sie sich denken können, ist das Ergebnis recht willkürlich. Die Mitarbeiter können sich schnell ungerecht behandelt und entlohnt fühlen, und dann sinkt die Motivation und es machen sich Feindseligkeit und Widerstand im Unternehmen breit.

Es gibt natürlich auch noch andere Lohn- und Gehaltssysteme, bei denen es mehr auf die tatsächliche Leistung eines Mitarbeiters und weniger auf die eigentliche Arbeitstelle ankommt.

- **Qualifikationsabhängige Bezahlung.** Hier richtet sich die Höhe des Verdiensts nach der jeweiligen Qualifikation des Mitarbeiters, nicht nach dem Titel. Für jeden Arbeitsplatz wird zum einen festgelegt, welche Qualifikationen dafür erforderlich sind und zum anderen, nach welchen Kriterien sich die Qualifikationsebenen differenzieren lassen. Erreicht ein Mitarbeiter eine neue Qualifikationsebene, wird er durch eine Gehaltserhöhung belohnt.

  Dieses System ist vor allem in Amerika weitverbreitet, da man dort Arbeitnehmer dafür gewinnen kann, unter dem gesetzlichen Mindestlohn zu arbeiten, und mit steigender Qualifikation entsprechende Lohnerhöhungen in Aussicht stellt. Das Unternehmen profitiert durch steigende Qualität und Produktivität. Insbesondere in teamorientierten Unternehmen ist dieses System sehr beliebt.

  Andererseits ist es sehr zeit- und kostenintensiv, ein solches System zu entwickeln (vielleicht sind sogar externe Berater notwendig) und permanent auf dem aktuellsten Stand zu halten. Außerdem können die Mitarbeiter auf ihr Recht der Höchstbezahlung für ihren Job pochen, sobald sie die entsprechenden Qualifikationskriterien erfüllen. Damit muss natürlich von der Unternehmensseite her sicher sein, dass allen Mitarbeitern der Höchstlohn gezahlt werden kann. Ändern sich die Anforderungen an einen bestimmten Job zudem noch ständig, muss dieses System kontinuierlich angepasst werden.
- **Kompetenzabhängige Bezahlung.** Bei diesem System richtet sich die Höhe des jeweiligen Gehalts nach der Kompetenz und den Eigenschaften eines Mitarbeiters, nicht nach den erforderlichen Fertigkeiten. Lohn- und Gehaltserhöhungen basieren darauf, wie gut die Mitarbeiter die Hauptanforderungen ihrer jeweiligen Position beherrschen. Zwar belohnt dieses System Engagement und Leistungen der Mitarbeiter, aber viele empfinden es als unfair und subjektiv. Damit es darüber zu keinen Rechtsstreitigkeiten oder Prozessen kommen kann, müssen die einzelnen Kompetenzen exakt definiert sein.

- **Gehaltsgruppen.** Hier werden verschiedene Jobs, die miteinander vergleichbar sind, wie zum Beispiel die Stelle einer Bürokraft und die einer Empfangsdame, in einer Gehaltsgruppe zusammengefasst – in diesem Fall Verwaltungsangestellte. Je nach Gehaltsgruppe gilt eine bestimmte Gehaltsklasse. Bei diesem System können Mitarbeiter an andere Arbeitsplätze innerhalb einer Gehaltsgruppe versetzt werden, fast ohne den lästigen Papierkram, der ansonsten gerne mit Versetzungen einhergeht. Der Nachteil dieser Methode liegt darin, dass in einer anderen Abteilung dieselbe Arbeit vielleicht anders entlohnt wird, was dazu führen könnte, dass man Sie der Benachteiligung von Mitarbeitern bezichtigt. Dagegen helfen nur eindeutig definierte Richtlinien.
- **Variables Gehalt.** Ein bestimmter Prozentsatz des jeweiligen Gehalts ist leistungsgebunden. Zunächst wird die Höhe des Grundgehalts und anschließend werden die vom Team beziehungsweise von Angestellten zu erreichenden Ziele festgelegt. Nur wenn diese Leistungen erbracht werden, kommt dieser Teil des Gehalts zur Anweisung. Der Vorteil dieses Systems liegt darin, dass die Angestellten ihre Festbezüge genau kennen und natürlich motiviert sind, sich anzustrengen, um mehr zu verdienen. Andererseits drückt es die Motivation, wenn die gesetzten Ziele nicht erreicht werden. Außerdem ist dieses System ziemlich verwaltungsintensiv.

Das Individuum als Faktor in der Gleichung

Nachdem Sie für jede Stelle in Ihrem Unternehmen die entsprechende Gehaltsklasse festgelegt haben, müssen Sie nun entscheiden, wer wie viel verdienen soll. Dabei sollten Sie die Leistung, das Dienstalter und die Karrieremöglichkeiten der einzelnen Angestellten berücksichtigen.

In den meisten Positionen leistet derjenige die beste Arbeit, der über die meiste Erfahrung oder die höchste Qualifikation verfügt. Doch diese Verallgemeinerung trifft nicht immer zu – denn manchmal sind überqualifizierte Mitarbeiter weniger produktiv als ihre Kollegen. Aus diesem Grund müssen die tatsächlichen Leistungen eines Mitarbeiters sich auch in dessen Gehalt widerspiegeln.

Richtet sich das Lohn- und Gehaltssystem nach den Leistungen Ihrer Mitarbeiter, brauchen Sie eine Leistungsbewertung. Sie können aber auch denjenigen Mitarbeitern mehr zahlen, die das größte Potenzial haben, ihre Leistungen noch zu verbessern.

Eigentlich wurde bei der Festlegung des Gehalts immer das Dienstalter besonders berücksichtigt. Denken Sie bitte daran, dass jahrelange Berufserfahrung und gute Leistungen nicht immer Hand in Hand gehen. Aus diesem Grunde rate ich Ihnen davon ab, das Gehalt mit steigendem Alter automatisch zu erhöhen.

Sonstige Vergünstigungen

Wenn in Ihrem Unternehmen Wert darauf gelegt wird, dass die Angestellten möglichst lange dabei bleiben, müssen Sie zusätzlich zu Spitzengehältern noch weitere attraktive Vergünstigungen anbieten. Selbst wenn es keine gesetzliche Verpflichtung dafür gibt, bleibt oft nichts anderes übrig, um Mitarbeiter zu gewinnen und vor allem zu halten.

Die Palette dieser Zusatzleistungen reicht von einem umfassenden Versicherungsschutz für Angestellte und Familienmitglieder über die Erstattung von Fortbildungskosten bis hin zum Angebot von Dienstleistungen wie eine interne Wäschereinigung oder ähnliches. Welche Zusatzleistungen angeboten werden bleibt jedem Unternehmen selbst überlassen. Kapitel 6 beschreibt Möglichkeiten, um die Vereinbarkeit von Berufs- und Privatleben zu fördern, während in diesem Kapitel allgemeine, jedoch unverzichtbare Zusatzleistungen erläutert werden.

Am besten ist es, wenn sich Ihre Mitarbeiter die einzelnen Zusatzleistungen selbst heraussuchen können. Schließlich hat jeder Mitarbeiter andere Bedürfnisse, und dann ist es optimal, wenn man die freie Auswahl hat.

Was zahlt eigentlich die Konkurrenz?

Wenn Sie dabei sind, die Löhne und Gehälter für Ihre Angestellten festzulegen, sollten Sie zunächst einmal herausfinden, was in Ihrer Branche üblich ist. Keine Angst, das ist nicht halb so schwer wie Sie denken.

Befolgen Sie ganz einfach diese Tipps:

- ✔ Reden Sie mit »Headhuntern« und Personalberatern.
- ✔ Wenden Sie sich an die Personalabteilung anderer Unternehmen.
- ✔ Fordern Sie Gehalts- und Lohntabellen von der örtlichen Industrie- und Handelskammer an.
- ✔ Achten Sie auf Stellenangebote in der Tageszeitung, in Fachmagazinen und im Internet.

Natürlich werden Sie auch im Fachhandel einschlägige Literatur finden. Ein Besuch Ihres Buchladens lohnt sich also!

Bedenken Sie aber, dass die Höhe der Löhne und Gehälter je nach Unternehmensgröße und Region schwankt. Außerdem sollten Sie berücksichtigen, wie viele Bewerbungen bei Ihrem Unternehmen eingehen, ob Ihre Branche zukünftig wachsen wird und wie hoch die Lebensunterhaltskosten in Ihrer Gegend sind.

Versicherungen

In Deutschland sind die Möglichkeiten des Arbeitgebers, die über die gesetzlich vorgeschriebenen Leistungen hinausgehen, stark beschränkt. Erkundigen Sie sich doch, ob durch eine entsprechende Gehaltserhöhung der Wechsel in eine private Krankenversicherung möglich ist, was gerade für Singles ein sehr attraktives Angebot ist.

Altersvorsorge

Mit Einführung der so genannten Riester-Rente ändern sich auch die vom Arbeitgeber zu erbringenden Leistungen. Lassen Sie sich von Steuerberatern oder Versicherungsexperten beraten, was für Ihr Unternehmen am besten ist und welche Zusatzleistungen es in dieser Hinsicht noch gibt.

Bezahlter Urlaub

Zusätzlich zu dem gesetzlich vorgeschriebenen Mindesturlaub und den gesetzlichen Feiertagen sollten Sie Ihren Angestellten ruhig ein paar extra freie Tage gönnen, damit der halbjährliche Gesundheitsscheck oder der Zahnarztbesuch kein Problem ist. Achten Sie auch darauf, dass Angestellten bestimmte Sonderurlaubstage wie zum Beispiel am Tag ihrer Heirat oder bei einem Umzug zustehen. Viele Mitarbeiter feiern ihre Überstunden lieber ab, als sie sich ausbezahlen zu lassen. Erkundigen Sie sich in der Personalabteilung, wie das in Ihrem Unternehmen geregelt werden kann.

Unbezahlter Urlaub

Es kommt sicherlich immer wieder einmal vor, dass sich einer Ihrer Mitarbeiter mit der Bitte um unbezahlten Urlaub an Sie wendet, oder?

Unbezahlter Urlaub wird meist über eine vereinbarte Frist gewährt, nach deren Ablauf der Angestellte wieder an seinen Arbeitsplatz zurückkehrt.

Manche Mitarbeiter bitten nach der Geburt ihres Kindes, krankheitsbedingt, wegen Eintritts eines Pflegefalls in der Familie, für längere Reisen oder aus sonstigen privaten Gründen um unbezahlten Urlaub. Im Allgemeinen muss der entsprechende Antrag schriftlich gestellt wird. In den meisten Unternehmen entscheidet entweder der Personalleiter oder der direkte Vorgesetzte des Antragstellers, ob dem Antrag stattgegeben wird.

Wenn Sie sich unsicher über die für Deutschland geltenden gesetzlichen Bestimmungen für unbezahlten Urlaub, Mutterschaftsurlaub, Erziehungsjahr und ähnliches sind, sollten Sie fachmännischen Rat einholen.

Hilfe bei der Kinderbetreuung

Heutzutage gibt es zum einen viele Familien, in denen beide Elternteile arbeiten und zum anderen viele allein Erziehende. Aus diesem Grund zählt die Kinderbetreuung zu den wichtigsten Themen für Arbeitnehmer.

Nachfolgend einige Möglichkeiten, was Unternehmen in diesem Bereich für ihre Angestellten tun können:

- ✔ **Mithilfe bei der Suche nach Kindertagesstätten.** In der Regel übernimmt diese Aufgabe die Personalabteilung.
- ✔ **Betriebliche Kindertagesstätten.** In vielen größeren Unternehmen gibt es eigene Kindergärten und Tagesstätten, was sehr praktisch für die Angestellten ist, da es kaum Mühe macht, die Kinder dort abzugeben und wieder zu holen.
- ✔ **Erstattung von Kinderbetreuungskosten.** Das Unternehmen übernimmt diese Kosten entweder ganz oder zu einem bestimmten Teil.

Weitere finanzielle Anreize

Sinn und Zweck jeglicher sonstiger finanziellen Anreize ist es, die Mitarbeiterloyalität und Produktivität langfristig zu steigern. Beispiele hierfür sind Umsatzbeteiligungen oder Aktienoptionen, die weiter hinten in diesem Kapitel noch besprochen werden.

Lohnerhöhungen und Sonderprämien zählen nicht dazu, da sie eher kurzfristige Wirkung zeigen. Fest steht aber, dass auch sie sich auf die Mitarbeitermotivation auswirken.

Im Prinzip spielt es keine Rolle, ob in Ihrem Unternehmen kurz- oder langfristige Strategien verfolgt werden. Wichtig ist vor allem, dass Ihre Mitarbeiter verstehen, welche Kriterien erfüllt sein müssen, um in den Genuss dieser zusätzlichen Leistungen des Arbeitgebers zu kommen, wie sich die jeweilige Summe zusammensetzt und wer sie daraufhin beurteilt. Bitte stellen Sie sicher, dass messbare Ergebnisse erzielt werden können, denn damit lassen sich Missverständnisse und Streitigkeiten vermeiden. Außerdem müssen diese Ziele realistisch sein.

Brechen Sie niemals Ihre Versprechen, wenn Sie einen finanziellen Anreiz in Aussicht gestellt haben.

Aktienoptionen

Wenn Sie Ihren Mitarbeitern die Möglichkeit auf *Aktienoptionen* bieten, bedeutet das, dass sie das Recht haben, Unternehmensaktien während einer bestimmten Frist zu einem Festpreis zu erwerben. Dieser Preis liegt normalerweise unter dem Marktpreis.

Viele Aktiengesellschaften haben sich dafür entschieden, gewähren es aber nur langjährigen Mitarbeitern.

Aktienoptionen veranlassen die Belegschaft, mehr im Sinne eines Geschäftspartners zu handeln, da sie persönlich vom Erfolg des Unternehmens profitieren, wenn die Aktienkurse steigen. Außerdem können sie sich damit ein (in manchen Fällen nicht unerhebliches) Zusatzeinkommen sichern, was sie selbstverständlich daran hindert, sich einen neuen Arbeitsplatz zu suchen.

Wenn Sie glauben, dass Aktienoptionen auch für Ihre Mitarbeiter eine tolle Sache wären, sollten Sie einen Anwalt um Hilfe bitten, der sich auf Aktienrecht spezialisiert hat.

Gewinnbeteiligung

Manche Unternehmen beteiligen ihre Belegschaft am Profit. Je bessere Ergebnisse die Firma erzielt, umso höher die Beteiligungen. Auch das veranlasst viele Mitarbeiter, sich mächtig ins Zeug zu legen.

Gewinnbeteiligung sind eine gute Alternative für kleinere Unternehmen oder Unternehmen, die nicht an der Börse vertreten sind.

Lohn- und Gehaltserhöhungen

Lohn- und Gehaltserhöhungen gehören in den meisten Unternehmen zu den Jahresereignissen, auf die die gesamte Belegschaft hinfiebert. Die jeweilige Höhe richtet sich nach den Leistungen des einzelnen Mitarbeiters und nach der Firmenphilosophie.

Unabhängig davon, wie Lohnerhöhungen in Ihrem Unternehmen durchgeführt werden, müssen die dafür geltenden Richtlinien für jeden Mitarbeiter klar sein. Nichts verbreitet schneller Misstrauen und Feindseligkeit im Unternehmen als vage Vermutungen darüber, worauf Lohnerhöhungen basieren.

Wie fast überall, gibt es auch hier mehrere Möglichkeiten. Lohn- und Gehaltserhöhungen können auf der Dauer der Betriebszugehörigkeit basieren, das heißt, sie erfolgen in der Regel automatisch. Erkundigen Sie sich, ob die Gewerkschaften hier ein Wörtchen mitreden können.

Lohn- und Gehaltserhöhungen können aber auch eine Form der Anerkennung für gute Leistungen eines Mitarbeiters sein, zum Beispiel in Folge von Weiterbildung. In der Regel geht ihr eine Leistungsbewertung voraus.

Auch die Höhe variiert von Unternehmen zu Unternehmen. In vielen Fällen wird eine automatische Anpassung an die gestiegenen Lebensunterhaltskosten vorgenommen, die der jährlichen Inflationsrate entspricht.

Prämien

Prämien können einmal oder mehrmals im Jahr bezahlt werden. Hierbei handelt es sich um freiwillige Leistungen des Arbeitgebers, die mehrere Tausend Euro oder eben gar nichts ausmachen. Die Angestellten dürfen sich also nicht auf diese Zahlungen verlassen, selbst wenn sie regelmäßig alle drei Monate erfolgen.

Grundlage für Bonuszahlungen sind die Ergebnisse des Unternehmens oder vom Team beziehungsweise Mitarbeiter erreichte Ziele oder eine Kombination aus diesen drei Punkten. Normalerweise werden sie zusätzlich zum Gehalt bezahlt, sie können aber auch in Form von Aktienoptionen oder einer nachträglichen Vergütung erfolgen.

Egal, für welche Möglichkeiten Sie sich entscheiden, die folgenden Voraussetzungen müssen grundsätzlich erfüllt werden:

- ✔ Bonus- und Prämienzahlungen sind an bestimmte Leistungen gekoppelt.
- ✔ Die zugrundeliegenden Richtlinien sind fair und eindeutig.
- ✔ Sie stellen eine Belohnung von besonderen Leistungen oder Engagement seitens des Mitarbeiters dar.

Sie können Prämien- und Bonuszahlungen aber auch dann anbieten, wenn Ihre Mitarbeiter in ihrer Freizeit neue Kollegen oder Kunden angeworben haben, sich neue Wege ausgedacht haben, wie sich die Firmenziele verwirklichen lassen oder ein besonderes Projekt erfolgreich abgeschlossen wurde.

14

Gut gemacht! Ein dickes Lob für Ihre Mitarbeiter

In diesem Kapitel

- Was Anerkennung alles bewirken kann
- Gibt es so etwas wie ein Programm dafür?
- Welche Verhaltensweisen sollen verstärkt werden?
- Welche Formen der Anerkennung gibt es?

Sicherlich kennen Sie das berauschende Gefühl, wenn sich Ihr Vorgesetzter bei Ihnen für Ihre Leistungen bedankt. Vielleicht sind Sie vor lauter Stolz ganz rot geworden und wussten diese Anerkennung sehr zu schätzen.

Ein *ernst* gemeintes Dankeschön kann jede Menge bewirken, doch selbst die glänzendsten Pokale und Ernennungen zum besten Mitarbeiter des Jahres sind eher kontraproduktiv, wenn der Empfänger das Gefühl hat, Ihr Dank käme nicht von Herzen.

Der Job eines Managers ist nicht damit getan, dass er die Dinge am Laufen hält. Eigentlich ist er Manager, Trainer und Cheerleader in einer Person, der sein Team ständig bestärken muss. Anerkennung und Lob zu verteilen gehört zu seinen Hauptaufgaben. Wer das nicht macht, wird bald mit ernsten Problemen zu kämpfen haben.

In diesem Kapitel erfahren Sie, warum ein Dankeschön so einschlägige Wirkung hat und wie Sie Ihren Mitarbeitern zeigen, dass Sie aufrichtig an Ihrem Wohl interessiert sind. Weiterhin stelle ich Ihnen einige Möglichkeiten vor, Ihren Dank auszudrücken, ohne dabei zu tief in die Tasche greifen zu müssen.

Warum ist Anerkennung so wichtig?

Es ist völlig egal, ob Sie als Vorstand, Abteilungsleiter oder in der unteren Managementebene tätig sind, Sie können es sich schlichtweg nicht leisten, Ihren Mitarbeitern Dank und Anerkennung zu verweigern. Natürlich werden Ihre Mitarbeiter für ihre Arbeit bezahlt, das steht völlig außer Frage. Doch wenn eine bestimmte Aufgabe in Rekordgeschwindigkeit erledigt wird, Ihre Erwartungen bei weitem übertroffen werden, jede Menge Geld eingespart wird, also Spitzenleistungen erbracht werden, müssen Sie den Erfolg Ihrer Mitarbeiter anerkennen oder Sie riskieren es, Ihre tollen Mitarbeiter an Ihre Konkurrenz zu verlieren, die mit Lob und Anerkennung nicht so geizt wie Sie!

Eine aktuelle Umfrage von Robert Half International hat ermittelt, dass Mangel an Lob und Anerkennung der Hauptgrund dafür ist, dass Mitarbeiter sich nach einem anderen Arbeitsplatz umsehen – dicht gefolgt von Unzufriedenheit mit der Bezahlung, beschränkten Befugnissen und persönlichen Konflikten.

Schon ein kurzes Dankesschreiben kann wahre Wunder bewirken und sollte Teil Ihrer Unternehmenskultur sein, da diese die Teamarbeit unter den Mitarbeitern fördert. Ein herzliches Dankeschön ist unerlässlich – wie Sie es auch drehen und wenden. Eine positive Firmenkultur erhöht die Mitarbeiterloyalität, hebt die Arbeitsmoral und (Tusch) erhöht die Gewinnspanne.

Wenn Sie die Teamarbeit in Ihrem Unternehmen fördern und eine positive Arbeitsatmosphäre erzeugen möchten, sollten Sie es einmal mit einem simplen »Danke« ausprobieren. Sie werden sehen, dass Sie damit zwei Fliegen mit einer Klappe schlagen: Sie fühlen sich gut und Ihre Mitarbeiter genießen es, anerkannt und geschätzt zu werden. Außerdem wird Ihre gesamte Abteilung aufblühen!

Anerkennung mit System

Schön, wenn es in Ihrem Unternehmen schon jahrelang Brauch ist, den Mitarbeiter des Monats zu wählen. Doch glauben Sie nicht, Sie könnten sich nun auf Ihren Lorbeeren ausruhen – ganz im Gegenteil: Damit ist noch längst nicht alles getan. Machen Sie es sich zur täglichen Gewohnheit, Ihren Mitarbeiter persönlich und spontan die nötige Anerkennung zu zollen. Ein Zettel auf dem Schreibtisch eines Mitarbeiters, auf dem Sie ein »Danke! Tolle Leistung!« hinterlassen, beflügelt und motiviert den ganzen Tag über. Trotzdem sollte es in Ihrem Unternehmen auch offizielle Formen der Anerkennung geben.

Selbst ein gut gemeintes Anerkennungsprogramm, das jedoch nicht mehr in Einklang mit den Firmenzielen steht, wirkt sich eher nachteilig aus. Wenn Sie zum Beispiel Ihren Mitarbeitern immer wieder sagen, dass Qualität das A und O in Ihrem Unternehmen ist, bei der Leistungsbewertung aber nur Quantität positiv vermerkt wird, widerspricht das Ihren Unternehmenszielen.

Ein effizientes Anerkennungsprogramm muss nicht viel kosten. Eine Schachtel Pralinen nach dem erfolgreichen Abschluss eines kleinen Projekts dürfte Ihren Etat wohl nicht sprengen, oder?

Auch wenn Sie gute Leistungen Ihrer Mitarbeiter am liebsten unmittelbar belohnt sehen möchten, sollten Sie sich ausreichend Zeit nehmen, ein ausgereiftes Anerkennungssystem auszuarbeiten.

Zunächst sollten Sie sich überlegen, wie die Anerkennung guter Mitarbeiter zurzeit gehandhabt wird. Erhalten Ihre Mitarbeiter überhaupt Anerkennung und wenn ja, zeigt sie Wirkung? Entspricht sie den Unternehmenszielen? Mögen oder schätzen Ihre Mitarbeiter diese Formen der Anerkennung?

Alle Jahre wieder ...

Die Vorweihnachtszeit – der Duft von Plätzchen und Tannenzweigen, der sich in der Kantine ausbreitet und diese friedvolle Stimmung. Weihnachten ist die Zeit des Jahres, in der man anderen gerne eine Freude bereitet. Warum sollte das nicht auch in der Arbeitswelt so sein?

Manche Unternehmen lassen sich da etwas ganz besonderes einfallen wie eine Urlaubsreise auf Firmenkosten oder einen schicken Mietwagen, der über die Feiertage zur Verfügung gestellt wird.

Sie müssen sich aber nicht vor lauter Dankbarkeit finanziell ruinieren. Probieren Sie es doch einfach einmal damit aus:

Nutzen Sie die Vorweihnachtszeit für Lob und Anerkennung. Gerade der Jahreswechsel bietet sich an, Sonderprämien auszubezahlen, Aktienoptionen zu gewähren oder ein üppiges Weihnachtsgeld zu zahlen.

Planen Sie dafür Mitte Dezember eine Weihnachtsfeier ein. Feiern Sie mit allen Mitarbeitern Ihre Erfolge, entweder an einem weiteren Tag oder zum Anlass Ihrer traditionellen Weihnachtsfeier.

Erkennen Sie außergewöhnliche Leistungen an und stellen Sie Sondervergütungen und ähnliches dafür in Aussicht. Nichts motiviert mehr als die (finanzielle) Anerkennung von Produktivität und Initiative.

Lockern Sie die Kleiderordnung und bieten Sie flexiblere Arbeitszeiten an. Eine entspannte Atmosphäre und hin und wieder mal ein freier Nachmittag kann Ihren Mitarbeitern helfen, diese an sich stressige und hektische Zeit gelassener zu ertragen.

Ihr Anerkennungsprogramm muss flexibel auf Änderungen reagieren können. Überprüfen Sie regelmäßig, ob Ihre Methoden überhaupt noch Wirkung bei Ihren Mitarbeitern zeigen.

In den nächsten Abschnitten lernen Sie, wie Sie ein erfolgreiches Anerkennungsprogramm erstellen können. Denken Sie aber bitte daran, dass es sorgfältig vorbereitet und immer wieder an die aktuellen Gegebenheiten angepasst werden muss. Es nützt weder Ihnen noch Ihren Mitarbeitern etwas, wenn Sie schon morgen mit einem brandneuen Programm ins Büro eilen – so etwas braucht Zeit!

Stellen Sie Ihr Ziel auf

Wenn Sie das Gefühl haben, dass Ihr Anerkennungsprogramm mal wieder etwas aufgefrischt werden sollte oder dass es an der Zeit ist, ein neues zu erstellen, müssen Sie zunächst klären, was Sie damit eigentlich bewirken möchten.

Sagen wir einmal, Sie hätten festgestellt, dass Ihre Mitarbeiter vor allem hohe Stückzahlen interessieren, was bedauerlicherweise zu einem Qualitätsverlust geführt hat. Es liegt dann doch bestimmt in Ihrem Interesse, wenn Ihr Anerkennungsprogramm verbesserte Qualität der Produkte belohnt und nicht die Quantität.

In Tabelle 14.1 sind einige der gängigen Ziele eines Anerkennungsprogramms aufgeführt, die von Managern in einer von Incentive Marketing Association und Ralph Head & Affiliates Ltd. durchgeführten Studie aus dem Jahr 1999 angegeben wurden

Ziel	Wie viel Prozent der befragten Unternehmen nutzen ein Anerkennungsprogramm, um diese Ziele zu erreichen?
Umsatz steigern oder auf gleichem Niveau halten	84
Arbeitsmoral stärken	85
Kundentreue erhöhen	51
Marktanteil erhöhen	51
Mitarbeiterloyalität aufbauen	49
Kundenservice verbessern	49
Neue Märkte gewinnen	44
Teamarbeit fördern	42
Arbeitsleistungen verbessern	40
Fürsorge für die Belegschaft demonstrieren	32

Tabelle 14.1: Allgemeine Ziele von Anerkennungsprogrammen

Wem möchten Sie denn Anerkennung zollen?

Da jedes Anerkennungsprogramm eine Zielgruppe hat, nämlich diejenigen, denen Sie Lob und Anerkennung zuteil werden lassen möchten, sollten Sie sich reiflich überlegen, wie Sie die Zielgruppe auch wirklich erreichen.

Schließen Sie jeden Mitarbeiter, vom Manager bis hin zur Aushilfskraft in Ihre Überlegungen mit ein, sonst fühlt sich vielleicht jemand ausgeschlossen, was nur zu sinkender Arbeitsmoral und Motivationsverlust führt. Es ist bestimmt nicht einfach, sich für jeden einzelnen Mitarbeiter etwas auszudenken, aber die Mühe lohnt sich. Ihr Ziel lautet in jedem Fall, die Teamarbeit zu fördern. Es kommt zum Beispiel gut an, wenn Sie sich nicht nur bei einzelnen Mitarbeitern bedanken, sondern auch beim ganzen Team. Unterstützen Sie auf keinen Fall das Einzelkämpfersyndrom. Am besten, Sie beziehen Ihre Mitarbeiter in die Entwicklung eines Anerkennungsprogramms ein.

Die Anzahl Ihrer Mitarbeiter bestimmt die Höhe Ihres Budgets für das Anerkennungsprogramm.

Bitte denken Sie auch an die Mitarbeiter, die zu Hause arbeiten. Auch ihnen gebührt Lob und Anerkennung. Handeln Sie ja nicht nach dem Motto: Aus den Augen, aus dem Sinn.

Die Kriterien aufstellen

Sie müssen festlegen, welche Kriterien erfüllt sein müssen, damit jemand eine Belohnung wie eine Gehaltserhöhung erhält. Dieser Teil Ihres Anerkennungsprogramms muss äußerst sorgfältig erarbeitet werden. Zwar müssen die jeweiligen Ziele durch harte Arbeit und Einsatz erreicht werden können, andererseits dürfen sie aber nicht zu niedrig gesteckt sein. Alle Ziele, für die eine Belohnung – in welcher Form auch immer – winkt, sollten die Firmenmission bestärken und keine persönlichen Ziele sein. (Mehr Information zum Thema Zielsetzung finden Sie in Kapitel 11.)

Nehmen wir einmal an, Sie möchten, den Mitarbeitern, die den besten Kundenservice leisten, Anerkennung zollen. Beim Aufstellen Ihrer Kriterien dafür sollten Sie eindeutige und vor allem messbare Verhaltensweisen definieren wie zum Beispiel die proaktive Kommunikation mit den Kunden, Bereitschaft, Probleme zu lösen, eine positive Ausstrahlung, die den Kunden auch an hektischen Tagen klar macht, dass man sich um sie kümmert, und so weiter. Ihre Kriterien müssen realistische, aber nicht zu einfache Vorgaben sein.

Wichtig ist vor allem, dass Sie mit ganzem Herzen dabei und konsequent sind, wenn es um die Anerkennung Ihrer Mitarbeiter geht. Ihren Mitarbeitern muss klar sein, welches Verhalten gewünscht und entsprechend belohnt wird. Sobald ein Mitarbeiter dieses Verhalten an den Tag legt, muss er merken, dass es sich gelohnt hat. Sie dürfen unter keinen Umständen parteiisch sein. Wenn Sie Glanzleistungen ignorieren und mittelmäßige Leistungen belohnen, breitet sich Unzufriedenheit schneller unter Ihren Mitarbeitern aus als Sie bis drei zählen können.

Das Budget kalkulieren

Vermeiden Sie auf jeden Fall, ein Anerkennungsprogramm zu starten, für das Ihnen womöglich bald Ihr Budget ausgeht. Sorgfältige Planung ist auch für dieses Budget ein absolutes Muss.

Wie viel Geld Sie dafür veranschlagen sollten, hängt von folgenden Faktoren ab:

- ✔ Auf wie viele Mitarbeiter ist Ihr Programm zugeschnitten? Auf die gesamte Belegschaft oder zum Beispiel nur auf das Verkaufspersonal? (Vielleicht gibt es in Ihrem Unternehmen ja mehrere Programme, damit die Beiträge der verschiedenen Unternehmensebenen entsprechend gewürdigt werden können.

- Ist Ihr Programm von bestimmter Dauer oder läuft es sozusagen auf unbegrenzte Zeit? Im ersten Fall müssen Sie die Dauer – zum Beispiel drei Monate – festlegen.
- Welche Geschenke möchten Sie Ihren Mitarbeitern gerne machen? Soll es zum Beispiel ein Strauß Blumen oder eine Essenseinladung sein, ist das Budget natürlich niedriger als bei einer vierzehntägigen Urlaubsreise auf Firmenkosten. (Am Ende dieses Kapitels finden Sie einige kostengünstige Möglichkeiten der Mitarbeiteranerkennung.)

Wer kriegt was?

Belohnungen oder Geschenke müssen eine Bedeutung haben, sonst verpufft ihr eigentlicher Sinn. Schenken Sie nicht jedem dasselbe und vor allem keinen unnützen Kram.

Eine wetterfeste Jacke mit dem Firmenlogo ist auf jeden Fall besser als ein Kuchen, der schnell gegessen und damit vergessen ist. Es muss ja nicht das Teuerste vom Teuersten sein. Ein gravierter Kugelschreiber oder Briefbeschwerer reicht aus, um einem Mitarbeiter seine Dankbarkeit und Anerkennung zu zeigen.

Wann immer Sie die Möglichkeit haben, sollten Sie Ihre Mitarbeiter aus mehreren Möglichkeiten auswählen lassen. Mancher geht lieber mit dem Geschäftsführer Essen anstatt noch einen weiteren Kugelschreiber sein eigen nennen zu dürfen. (Im ersteren Fall sollten Sie unbedingt ein Foto machen, und es dem Mitarbeiter als Erinnerung an einen unvergesslichen Abend schenken.)

Weitere Vorschläge, womit Sie Ihren Mitarbeitern eine Freude machen können, finden Sie weiter hinten in diesem Kapitel unter »Belohnungen und Geschenke je nach Mitarbeiterleistung«.

Das Anerkennungsprogramm verwalten

Auch ein sorgfältig geplantes Anerkennungsprogramm läuft nicht von selbst. Mindestens einer Ihrer Mitarbeiter sollte für dessen Verwaltung und Organisation verantwortlich sein.

Am wichtigsten ist, dass sämtliche Mitarbeiter wissen, dass es dieses Programm überhaupt gibt. Stellen Sie das Programm doch ins Intranet oder schreiben Sie im Newsletter darüber. Außerdem sollten Sie sich die Zeit nehmen, sich über eventuelles Feedback zu informieren.

Nachdem das Programm einige Zeit durchgeführt wurde, sollten Sie überprüfen, ob Ihre Ziele damit erreicht wurden. Es ist nie zu spät, um Verbesserungen durchzuführen.

Die Incentive Marketing Association und Ralph Head & Affiliates Ltd. führten im Jahr 1999 eine Studie über Kommunikationsmöglichkeiten zwischen Managern und Angestellten bezüglich Anerkennungsprogrammen durch. Die Ergebnisse sind in Tabelle 14-2 aufgeführt.

Kommunikation mittels	Nutzer in Prozent
Rundschreiben an die Mitarbeiter	62
Firmen-Newsletter	50
Memos (intern oder extern)	48
Besprechungen	48
E-Mail	44
Persönliche Gespräche	38
Voice-Mail	37
Anschlag am Schwarzen Brett	30

Tabelle 14.2: Kommunikationskanäle für Anerkennungsprogramme

Welches Verhalten soll verstärkt werden?

Wenn Sie möchten, dass sich bestimmte Verhaltensweisen durchsetzen, müssen Sie diese belohnen.

Regelmäßiges Erscheinen am Arbeitsplatz – eigentlich eine Selbstverständlichkeit – braucht nicht belohnt zu werden. Hüten Sie sich davor, das falsche Verhalten zu verstärken. Belohnen Sie Ihre Mitarbeiter nicht, wenn zum Beispiel bestimmte Aufgaben pünktlich erledigt werden, das aber auf Kosten der Sicherheit, Gesundheit oder der Moral ging.

Zu diesen Gelegenheiten ist eine Belohnung angebracht:

- ✔ Ein Meilenstein eines Projekts wurde erreicht.
- ✔ Ein schwieriges oder langfristiges Projekt wurde abgeschlossen.
- ✔ Neue Kunden wurden gewonnen oder Verträge abgeschlossen.
- ✔ Die Verkaufsprognosen wurden überschritten.

Machen Sie nicht den Fehler, es mit Ihren Belohnungen zu übertreiben – sie verlieren sonst an Bedeutung.

Belohnungen und Geschenke je nach Mitarbeiterleistung

Schön, Sie wissen nun also, welches Verhalten belohnt werden soll. Jetzt stellt sich nur noch die Frage, wie. Denken Sie bitte daran, dass es nichts Teures sein muss. Einer neulich von Robert Half International durchgeführten Studie zufolge zählt ein persönliches Dankeschön bei den Mitarbeitern zu den beliebtesten Formen der Anerkennung, dicht gefolgt von einem handschriftlichen Kompliment ihres Vorgesetzten.

Lassen Sie Ihrer Kreativität freien Lauf – Ihnen wird mit Sicherheit etwas einfallen, worüber sich Ihre Mitarbeiter freuen. Andere Unternehmen greifen zum Beispiel darauf zurück:

- ✔ Die Firma Busch Gardens, Tampa, verteilt Rubbelkärtchen an ihre Angestellten. Unter der Rubbelfläche verbirgt sich ein Gutschein für das Geschenk.
- ✔ Das gemeinnützige Unternehmen Trinity Services, Inc., das im Bereich der Altenpflege tätig ist, schenkt Mitarbeitern ein Maskottchen, einen Frosch namens Lillie Leapit, (frei übersetzt: Lilly Springinsfeld) der symbolisieren soll, dass sie ihrer Konkurrenz einen weiten Sprung voraus sind.

Immer noch keine eigene Idee? Na gut, dann haben wir hier noch ein paar weitere Vorschläge:

- ✔ Ein Dankesschreiben
- ✔ Ein persönliches Geschenk wie ein Poster oder ein Buch
- ✔ Kinokarten
- ✔ Ein gerahmtes Foto des Mitarbeiters, das bei einem wichtigen Ereignis aufgenommen wurde.
- ✔ Eine Einladung zum Essen
- ✔ Ein freier Nachmittag
- ✔ Die Veröffentlichung seines Fotos mit Namen am Schwarzen Brett
- ✔ Kaffee und Kuchen
- ✔ Selbstgebackene Plätzchen
- ✔ Eine Besprechung, in der Sie lobend auf seine oder ihre Leistungen eingehen

Für welche Form der Anerkennung Sie sich auch entscheiden, wichtig ist, dass der Mitarbeiter den Grund für diese Belohnung kennt.

Eine nette Idee ist es auch, einen neuen Mitarbeiter an seinem ersten Arbeitstag mit einem Strauß Blumen zu empfangen und ihn zum Mittagessen einzuladen – gewissermaßen als Vorschusslorbeeren für seine künftige gute Arbeit.

Werden Sie selbst gelobt oder befördert, müssen Sie sich bei Ihrem Team bedanken, denn ganz alleine hätten Sie Ihre gute Leistung vermutlich nicht erreicht. Wenn Sie auch in Zukunft mit der Unterstützung Ihres Teams rechnen wollen, sollten Sie Ihrer Dankbarkeit Ausdruck verleihen.

Ganz alleine zu feiern, macht überhaupt keinen Spaß. Wenn es etwas zum Feiern gibt, sollte das im Team stattfinden.

Anregungen und Unterstützung zur Ausarbeitung von Anerkennungsprogrammen finden Sie auch im Internet. Geben Sie einfach den Suchbegriff »Anerkennungsprogramme für Mitarbeiter« in einer Suchmaschine ein. So gelangen Sie zum Beispiel zu den Adressen `www.innovationtransfer.com` oder `www.our-ideas.de`.

Schwierige Aufgaben spielerisch bewältigen

Eines der Managementteams einer kalifornischen Versicherungsgesellschaft weiß genau, wie man Spaß ins Arbeitsleben bringt – auch dann, wenn man vor einer ganz und gar nicht spaßigen Herausforderung steht.

Die Projektleiter wurden gebeten, den Rückstand an Bearbeitungsvorgängen – etwa ein ganzer Monat Arbeit – in nur drei Tagen abzuarbeiten. Ihnen war sofort klar, dass es in dieser Situation vor allem darauf ankam, die Mitarbeiter zu motivieren und zu ermutigen. Aus diesem Grund dachten sie sich eine Veranstaltung aus, die sie die »Option-4-Meisterschaft« tauften (Option 4 ist der Name ihres Teams).

Die Abteilung wurde in ein rotes Team und ein blaues Team eingeteilt. Nach der Erledigung bestimmter Aufgaben erhielt jedes Team einen Punkt. Punkte gab es auch für das Erscheinen in Baseballkleidung und für die Dekoration des Büros als Sportplatz. Neben der Qualität ihrer Arbeit zählte natürlich auch die Quantität. Wenn eine Aufgabe noch einmal gemacht werden musste, wurde ein Punkt abgezogen. Außerdem wurde natürlich auch für das leibliche Wohl während dieser hektischen Arbeitsphase gesorgt. Es gab Würstchen, Chips, Erdnüsse, Zuckerwatte und Limonade, um den Sportfestcharakter noch zu unterstreichen. Beide Teams wurden auf dieselbe Art und Weise für ihren Einsatz belohnt – Trophäen und Meisterschaftsabzeichen.

Natürlich haben die Teams es gemeinsam geschafft, diesen Riesenberg an Arbeit abzutragen. Außerdem haben sich dadurch das Zusammengehörigkeitsgefühl und die Motivation stärker denn je ausgebildet. Was ein Spaß!

Mitarbeiter trotz eines knappen Budgets motivieren

Jedes Unternehmen kann sich ein Anerkennungsprogramm leisten. Ein einfaches Dankeschön kostet schließlich gar nichts. Solange Ihr Dank oder Lob von Herzen kommt, reicht es auch, wenn Sie sich mit einigen netten Worten begnügen.

Wenn Sie es sich leisten können, ein paar Euro für Ihre Mitarbeiter auszugeben, könnten Sie ja auch ein Stofftier als Maskottchen verschenken. Wie wäre es zum Beispiel mit einem Teddybär für bärenstarke Leistung?

Lassen Sie das Geld lieber stecken

Ob Sie es nun glauben oder nicht, Bargeld ist nicht unbedingt geeignet dafür, sich bei Mitarbeitern erkenntlich zu zeigen.

Viele Mitarbeiter möchten nicht einfach nur mit ein paar hingeblätterten Scheinen abgespeist werden. Sie legen Wert auf eine persönliche Art der Anerkennung, der anzusehen ist, dass Sie sich über die Person Gedanken gemacht haben.

Wann immer Ihnen etwas Positives über einen Mitarbeiter zu Ohren kommt, sollten Sie ihn das wissen lassen. Wenn ein Mitarbeiter bei Ihnen von der tollen Hilfe eines Kollegen schwärmt oder Ihr Vorgesetzter hellauf begeistert vom Projekt einer Ihrer Mitarbeiter ist, sollten Sie das demjenigen sofort mitteilen. Er oder sie wird vor Stolz und Freude strahlen.

Hier noch einige Vorschläge, wie Sie Ihrer Dankbarkeit Ausdruck verleihen können, auch wenn Ihr Budget ziemlich knapp ist:

- ✔ Erlauben Sie, die Mittagspause zu verlängern oder eher Feierabend zu machen.
- ✔ Lassen Sie alle Kollegen eine Runde Applaus spenden.
- ✔ Verteilen Sie Kinokarten.
- ✔ Geben Sie eine Feier.
- ✔ Bieten Sie interessante Projekte an.
- ✔ Bringen Sie etwas zu Essen vorbei.
- ✔ Spendieren Sie einen oder mehrere Tage Sonderurlaub.
- ✔ Sorgen Sie dafür, dass sich der Vorstand persönlich bedankt.
- ✔ Spendieren Sie einen Gutschein für ein romantisches Abendessen für zwei Personen.
- ✔ Sorgen Sie dafür, dass ein Parkplatz für den besten Mitarbeiter des Monats reserviert wird.
- ✔ Veröffentlichen Sie einen Artikel samt Foto über die Glanzleistungen eines bestimmten Mitarbeiters im Firmen-Newsletter.
- ✔ Laden Sie das ganze Team zum Essen ein.
- ✔ Verteilen Sie kleine Präsente mit dem Firmenlogo.
- ✔ Besuchen Sie Veranstaltungen, zu denen auch die engsten Familienangehörigen eingeladen sind, wie den Jahrmarkt oder einen Trödelmarkt.

Die beste Möglichkeit, einen Mitarbeiter für seine tollen Leistungen zu belohnen, ist ihm noch interessantere Projekte und mehr Verantwortung zu übertragen.

Teil VI

Teamarbeit - Motivation zur Zusammenarbeit

»Ich finde, Dick Foster sollte das neue Projekt leiten. Er hat die richtige Perspektive und steckt voller Energie, und eigentlich ist doch dieser große weiße Hut auch ganz praktisch, oder?«

In diesem Teil ...

Kennen Sie die Aussage »das Ganze ist größer als die Summe seiner Teile«? Dasselbe gilt für die Teamarbeit. Teamarbeit bringt einem höchst motivierenden Synergieeffekt, auf den Sie ganz bestimmt nicht verzichten möchten. In diesem Teil lernen Sie, wie Sie die Teamarbeit Ihrer internen und externen Mitarbeiter fördern können.

Teamarbeit fördern

15

In diesem Kapitel

- Was bringt Teamarbeit eigentlich?
- Über die unterschiedlichen Formen der Teamarbeit
- Im Team auf ein gemeinsames Ziel hinarbeiten
- Die Teambildung vereinfachen

Teamarbeit zu fördern ist keine einfache Aufgabe. Kennen Sie das Gefühl, dass Sie sich bei Ihrer nächsten Präsentation noch mehr ins Zeug legen müssen, weil Ihr gerade einen fantastischen Bericht abgeliefert habt? Fragen Sie sich nicht auch manchmal, ob nicht besser Sie befördert werden sollten, wenn Ihnen zu Ohren kommt, dass ein Kollege einen wichtigen Termin versäumt hat?

Nun, Konkurrenz ist nicht immer etwas Schlechtes. Trotzdem sollten sich alle Mitarbeiter eines Unternehmens auf ein gemeinsames Ziel konzentrieren: die Firmenmission. Es spielt keine Rolle, ob Sie der oberste Boss oder nur ein kleiner Verwaltungsangestellter sind, Sie sind Teil eines Teams, das ein Ziel verfolgt. Wann immer Sie sich für ein Projekt engagieren, sollten Sie eines nie vergessen: Ihr Ziel.

Wenn in Ihrem Team der Konkurrenzkampf überhand nimmt, wird es nicht lange dauern, bis das gesamte Unternehmen darunter zu leiden hat. Die Kommunikation gerät ins Stocken, die rechte Hand weiß nicht, was die linke tut und Chaos breitet sich aus.

In diesem Kapitel wird erklärt, warum Teamarbeit so wichtig für den Erfolg eines Unternehmens ist, wie Sie den Teamgeist fördern, und wie Sie ein gemeinsames Ziel aufstellen können.

Warum ist Teamarbeit so wichtig?

Haben Sie schon jemals eine Party gegeben? Ziemlich anstrengend, sich um alles auf einmal kümmern zu müssen, oder? Einkaufen, Kochen, die Tür öffnen, Gäste begrüßen und bewirten, sauber machen und sich dabei auch noch zu amüsieren. An diesem Punkt sollten eigentlich Ihre Helfershelfer – Ehepartner, Kinder oder gute Freunde – ins Spiel kommen! So eine Party lässt sich schon fast mit einer Krisensituation im Büro vergleichen (okay, das ist vielleicht etwas übertrieben, schließlich macht eine Party trotz alledem viel mehr Spaß als eine Krise, aber Sie wissen, was ich meine, oder?) Was ich damit sagen will ist, dass es gerade in schwierigen Zeiten auf Ihre Teamkollegen ankommt.

Es gibt aber noch andere Gründe, weshalb es heute mehr denn je auf Teamarbeit ankommt. Haben Sie schon mal ganz alleine ein Brainstorming versucht? So ganz ohne ein Gegenüber, das Ihre Ideen aufgreift oder Geistesblitzen neue Nahrung gibt ist das ganz schön schwierig. Haben Sie schon einmal versucht, Ihren Job zu erledigen, ohne eine weitere Abteilung hinzuziehen? Selbst wenn Sie oft alleine vor Ihrem Computer sitzen, müssen Sie sich spätestens dann an die Techniker im Haus wenden, wenn der Rechner hoffnungslos abgestürzt ist. Wahrscheinlicher ist aber, dass Sie ständigen Kontakt zu anderen Kollegen und Abteilungen haben.

Die Krux bei der Teamarbeit ist, dass ein gut organisiertes Team mehr erreichen sollte als Mitarbeiter, die alleine dasselbe Ziel verfolgen. Der Synergieeffekt bedeutet, dass das Ganze größer ist als die Summe der einzelnen Teile. Von einem Team kann man erwarten, dass es bessere Ergebnisse erzielt und effizienter arbeitet als eine Gruppe von Mitarbeitern, in denen kein Zusammenhalt herrscht.

Die Arbeit im Team vermittelt den Mitgliedern das Gefühl der Zusammengehörigkeit – was sie vielleicht anderswo nicht empfinden. Wenn Sie selbst einmal Teil eines erfolgreichen Teams waren, wissen Sie ja, welch tolles Gefühl es ist, gemeinsam sein Bestes zu geben. Vielleicht arbeiten Sie mit Leuten zusammen, mit denen Sie sich in Ihrer Schulzeit niemals angefreundet hätten, aber plötzlich entdecken Sie viele Gemeinsamkeiten und beginnen, sie zu mögen und zu respektieren.

Unterschiedliche Arten von Team

Je nach Zielsetzung braucht es ein anderes Team. Soll Ihr Team zum Beispiel dafür sorgen, dass der Arbeitsfluss innerhalb Ihrer Abteilung effizienter wird, macht es keinen Sinn, ein abteilungsübergreifendes Team zusammenzustellen. Genauso unklug wäre es, bei der Vorgabe, die Kommunikation zwischen den Abteilungen zu verbessern, ein Team zu bilden, das nur aus Mitarbeitern Ihrer Abteilung besteht.

Wenn ich den Begriff *Team* verwende, meine ich damit eine Gruppe von Mitarbeitern, die entweder auf Dauer oder befristet zusammenarbeiten, um ein gemeinsames Ziel zu erreichen. So kann ein Team aus Ihrer gesamten Abteilung bestehen. Vielleicht haben Sie aber auch ein Team zusammengestellt, das Lösungen für bestimmte Problematiken entwickeln soll – und nach Projektabschluss wird das Team wieder aufgelöst.

In den folgenden drei Abschnitten werden die drei üblichsten Formen der Teamarbeit erklärt. Manchmal überschneiden sie sich, und je nach Unternehmen sind auch die Zuständigkeiten unterschiedlich, da diese zum Beispiel davon abhängen, wie lange das Team schon zusammenarbeitet.

Für jedes Team gilt, gemeinsam ein bestimmtes Ziel zu erreichen. Ein Team erreicht gemeinsam mehr als der beste und talentierteste Mitarbeiter im Alleingang. (Wie man ein gemeinsames Ziel aufstellt und verfolgt, können Sie in Kapitel 2 nachlesen.)

Teams sind groß im Kommen!

Einer von Robert Half International durchgeführten Studie zufolge vertraten über 80 Prozent der befragten Finanzleiter führender Unternehmen die Meinung, dass selbstständige Teams in den kommenden Jahren die Produktivität erhöhen werden. Als das amerikanische Institut Work in America seine Mitglieder, Repräsentanten der 100 führenden Unternehmen Amerikas, befragte, welches Forschungsgebiet für ihr Unternehmen am interessantesten wäre, entschieden sich 95 Prozent für Teamarbeit.

Projektteams

Ein *Projektteam* ist genau das, wonach es klingt – eine Gruppe, die zusammengestellt wurde, um ein bestimmtes Projekt zu bearbeiten. (Manchmal wird ein solches Projektteam auch als *Lenkungsausschuss* oder *Spezialeinheit* bezeichnet.) Denkbar ist beispielsweise, dass bei einer Mitarbeiterbefragung in Ihrem Unternehmen Dinge ans Tageslicht kamen, die geklärt werden müssen. Aus diesem Grund soll ein Team aus freiwilligen Mitgliedern gebildet werden. Natürlich könnten Sie auch ein Team darum bitten, die Betriebsfeier zu organisieren – eine wohl angenehmere Aufgabe. Normalerweise wird ein Projektteam aufgelöst, sobald sein Ziel erreicht wurde.

Nicht bei allen Aufgabenstellungen ist ein Team unbedingt nötig. Damit ein Projektteam erfolgreich arbeiten kann, muss die Aufgabe entsprechend umfangreich und dafür geeignet sein, dass sich mehrere Mitarbeiter damit befassen.

Abteilungsübergreifende Teams

Ein abteilungsübergreifendes Team ist – wie der Name schon sagt – ein Team, das sich aus Mitgliedern zusammensetzt, die aus unterschiedlichen Abteilungen kommen.

Nehmen wir einmal an, Sie sind in einem Verlag tätig und haben die Aufgabe, den Druckprozess zu beschleunigen. In diesem Fall bietet es sich geradezu an, dass Sie Kollegen aus der Redaktion, der Produktion und der Druckerei bitten, sich als Team zusammenzuschließen. Auf diese Weise können die Teammitglieder darüber diskutieren, welche Aufgaben die einzelnen Abteilungen haben und bei welchen Terminen es Spielraum gibt.

Vielleicht müssen Sie auch herausfinden, warum sich ein bestimmtes Produkt nicht mehr so gut verkauft. In diesem Fall wäre es sinnvoll, ein Team aus dem Vertrieb, Marketing und der Produktion zusammenzustellen. So ist dafür gesorgt, dass die Hauptverantwortlichen sich gemeinsam die Köpfe über die Ursachen zerbrechen und eine neue Verkaufsstrategie entwickeln können.

Selbstständige Teams

Auch hier sagt der Name eigentlich schon alles: Damit ist ein Team gemeint, das selbst bestimmt, wie eine bestimmte Aufgabe erledigt wird, und das über die entsprechenden Befugnisse und Etats verfügt.

Diese Bezeichnung ist jedoch in gewisser Weise irreführend, da damit beileibe nicht gemeint ist, dass ein Manager oder Teamleiter überflüssig ist. Gemeint ist aber, dass das Team verantwortlich für seine Entscheidungen ist und kein »Außenseiter« bestimmte Strategien vorgibt oder Vorschläge des Teams ablehnt.

Nehmen wir einmal an, es wird festgestellt, dass eine bestimmte Abteilung einen hohen Rückstand aufweist. Nun wird entschieden, ein Team aus freiwilligen Mitarbeitern zu bilden, das die Ursachen (sagen wir mal, zu viel Arbeit und zu wenig Zeit) herausfinden und möglichen Lösungen erarbeiten (wie zum Beispiel Umstrukturierungen) soll. Das Team schlägt dann detailliert vor, wie weiter vorzugehen ist und kümmert sich darum, dass alles so läuft wie geplant.

Warum Teams scheitern

Teams können aus zahlreichen Ursachen versagen, weshalb es Ihre Aufgabe ist, mögliche Probleme bereits im Vorfeld zu erkennen und gar nicht erst aufkommen zu lassen oder auf Schwierigkeiten sofort zu reagieren.

Zum Team unter der Leitung von Olivia gehören auch Fred und Joan. Das Team hat mit folgenden Schwierigkeiten zu kämpfen:

- ✔ Fred und Joan streiten sich um alles – das Restaurant für das gemeinsame Mittagessen und die nächsten Schritte bei einem großen Projekts.
- ✔ Fred und Joan konkurrieren miteinander um die nächste Beförderung, weshalb sie permanent versuchen, sich gegenseitig zu übertrumpfen und den anderen auszustechen. Sie wollen im Mittelpunkt stehen, was zu Lasten der Teamarbeit geht.
- ✔ Olivia möchte gern, dass ihr Team eigenverantwortlich arbeitet, kann jedoch andererseits nicht damit umgehen, bei Entscheidungen nicht gefragt zu werden und mischt sich deshalb dauernd ein.
- ✔ In Olivias Team arbeiten auch Mitarbeiter, die von Überstunden freigestellt sind. Trotzdem sollen sie länger dableiben.

Es schaut nicht unbedingt gut aus, oder? Hätte man bereits von Anfang an diese Probleme erkannt und etwas dagegen unternommen, wäre es vermutlich gar nicht erst so weit gekommen.

Ein gemeinsames Ziel aufstellen

Es spielt keine Rolle, ob ein Team eines kleinen Betriebs dafür zuständig ist, die Firmenmission zu erfüllen oder ob ein kleines Team einer Abteilung die Marketingstrategie ausarbeitet – beide Teams brauchen ein Ziel, auf das jedes Teammitglied hinarbeiten muss. Dieses Ziel sollte den einzelnen Mitgliedern wichtiger sein als persönliche Pläne. Anders ausgedrückt, persönliche Anerkennung (»Hey, das war doch meine Idee!«) sollte zweitrangig sein, da an oberster Stelle das gemeinsame Ziel steht.

Das gemeinsame Ziel vereint die Teammitglieder und lässt sie auch Krisensituationen zusammen bewältigen.

Selbstverständlich müssen alle Teammitglieder das Ziel kennen und wissen, warum das Team überhaupt zusammengestellt wurde, welche Aufgabe erledigt werden muss und inwieweit diese Aufgabe der Unternehmensvision dient. All dies ist schon bei der ersten Besprechung zu klären.

Stellen Sie doch eine Teamsatzung auf, in der die Mission des Teams und die Grundregeln der Zusammenarbeit beschrieben werden. Bei der ersten Teambesprechung sollte nur über das gemeinsame Ziel gesprochen und den Mitgliedern die Möglichkeit geboten werden, sich kennen zu lernen, vor allem wenn sie aus unterschiedlichen Abteilungen kommen. Die Zeit, die dadurch verloren geht, wird rasch durch die bessere Beziehung untereinander und eine größere Produktivität wett gemacht.

Teamarbeit fördern - gewusst wie

Ein gutes Team kann einen Job schnell und effizient erledigen – selbst unter größtem Druck. Nur leider reicht es nicht, wenn Sie eines morgens ins Büro spazieren und fröhlich verkünden: »Voila! Wir sind ab jetzt ein Team!« Um ein Team aufzubauen, ist Zeit und Arbeit erforderlich.

Wenn es darum geht, ein Team zu bilden, kommt es vor allem auf die Einstellung an. Vielleicht möchten manche Ihrer Mitarbeiter gar nicht im Team arbeiten. Denken Sie bitte immer daran, dass Sie nicht nur ein Ziel erreichen möchten, das sehr wichtig für Ihr Unternehmen ist, sondern dass sich im Team Kameradschaftsgeist entwickelt, Wissen weitergegeben und Erfolge geteilt werden. Die Grundvoraussetzung dafür ist eine positive Einstellung. Sorgen Sie dafür, dass dies Ihren Mitarbeitern bewusst ist und Sie selbst dieses Verhalten demonstrieren.

Ihr Job als Teamleiter ist jedoch nicht die Leitung des Projekts, vielmehr sollten Sie sich darum kümmern, ein Team zusammenzustellen und für echten Teamgeist zu sorgen. Als guter Teamleiter werden Sie nur selten hart durchgreifen oder Regeln festlegen müssen.

Es spielt keine Rolle, ob Sie jemand anderen zum Teamleiter machen oder selbst diese Funktion ausüben: Wichtig ist vor allem, was gute Teamleiter tun und was sie bleiben lassen müssen.

Gute Teamleiter:

- ✔ Können gut zuhören,
- ✔ Schlüpfen in die Rolle des Advocato diaboli.
- ✔ Schlagen Lösungen vor.
- ✔ Planen eine Tagesordnung und halten diese auch ein.
- ✔ Stellen offene Fragen.

Schlechte Teamleiter:

- ✔ Kritisieren die Vorschläge anderer.
- ✔ Überfordern die Teammitglieder.
- ✔ Setzen grundsätzlich ihre eigenen Ideen durch.
- ✔ Geben Kommandos.

In den folgenden Abschnitten erfahren Sie, wie Sie Ihre »Mannschaft« in ein harmonisches Team wandeln.

Positiv denken

Begeisterung ist ansteckend – und das ist gut so. Egal, welche Aufgabe ansteht, Nörgeleien darüber sollten tabu sein. Versuchen Sie stattdessen, positiv zu denken. Sobald Sie diese Aufgabe nämlich erledigt haben, können Sie einen Haken dahinter machen und sich reizvolleren Aufgaben widmen.

Sie können sich immer für Aktivität, Enthusiasmus und gute Laune, oder für Untätigkeit, Apathie und schlechte Laune entscheiden. Das heißt nicht, dass Sie jede Aufgabe ganz besonders toll finden müssen, aber es spricht nichts dagegen, Spaß dabei zu haben. Dasselbe gilt natürlich auch für Ihre Mitarbeiter. Denken Sie immer daran, dass Sie ihr Vorbild sind und sie Ihr Verhalten nachahmen.

Wenn Sie selbst gut gelaunt sind, genießen Ihre Mitarbeiter Ihre Gegenwart. (Ist Ihnen denn nicht auch schon aufgefallen, dass derjenige, der im Büro am häufigsten lächelt, zu den beliebtesten Kollegen zählt?)

Natürlich läuft nicht immer alles nach Plan. Doch Sie selbst entscheiden, wie Sie auf kleinere oder größere Katastrophen reagieren. Sie sind für Ihre Laune selbst verantwortlich. Was immer passiert, versuchen Sie, sich Ihre gute Stimmung nicht kaputt machen zu lassen.

Stolz auf seine Arbeit sein

Können Sie sich noch an Ihre Schulzeit erinnern und an das Gefühl, als Sie die Note 1 auf Ihre Hausarbeit bekommen haben (vor der Sie sich so lang es eben ging gedrückt haben)?

Oder an den Tanzkurs und das berauschende Gefühl, als Sie sich die Tanzschritte endlich merken konnten? Wenn man voller Energie steckt, von etwas begeistert ist und dann auch noch Erfolg hat, kann man gar nicht anders, als sich rundum glücklich und zufrieden zu fühlen. Genau deswegen sollten Sie auf Ihre Arbeit stolz sein.

Trifft das auf Sie zu, werden Sie auch Ihre Mitarbeiter und Kollegen anstecken. Fest steht, dass eine Person allein ein ganzes Team lähmen kann. Dasselbe gilt natürlich auch umgekehrt: Einer allein kann ein ganzes Team zu Höchstleistungen anspornen.

Es spielt keine Rolle, welche Arbeit gerade vor Ihnen liegt: Geben Sie Ihr Bestes, dann werden es Ihnen andere gleich tun. Und wenn jeder im Team gute Arbeit leistet, kommen wahre Wunderwerke zustande.

Die Ziele des Teams stehen an erster Stelle

Hüten Sie sich davor, Entscheidungen auf der Grundlage Ihrer Position und Bedürfnisse zu treffen. Sie müssen herausfinden, was das Team möchte und Ihren Teil zu dessen Erfolg leisten.

Nichts zerstört den Teamgeist so sehr wie jemand, der sich und seine Leistungen auf Kosten des Teams in den Mittelpunkt rückt.

Bei einem erfolgreichen Team werden die persönlichen Ziele des einzelnen zurückgestellt, da an oberster Stelle das gemeinsame Vorhaben steht.

Ein Team lässt sich durchaus mit einem Chor vergleichen. (Probieren Sie ruhig einmal, sich dieses Bild vorzustellen.) Die Sänger müssen ihre Stimmen zu einer einzigen vereinen. Keiner versucht, den anderen zu übertönen. Selbst ein Solist klingt nur dann wirklich gut, wenn er mit den anderen harmoniert. Und Sie müssen sich klar machen: Selbst als Chorleiter sind Sie nur eine Stimme unter vielen.

Wie Sie Ihren Mitarbeitern Teamarbeit schmackhaft machen können

Manche Menschen arbeiten gerne alleine, der bloße Gedanke daran, regelmäßig mit anderen zusammenzuarbeiten, lässt sie schaudern. Anderen hingegen gefällt die Geselligkeit im Team, doch von den Vorteilen der Teamarbeit scheinen sie nicht recht überzeugt, was vielleicht daran liegen kann, dass sie schon negative Erfahrungen mit Teams gemacht haben.

Wenn Sie Ihren Mitarbeitern vorschlagen, doch bitte im Team zu arbeiten, müssen Sie ihnen vor allem die Vorteile klar machen. Nur dann werden sie sich optimistisch und freudig an die Arbeit machen. Weisen Sie insbesondere auf die folgenden Punkte hin:

- ✔ Jedes Teammitglied wurde extra ausgewählt – in gewissem Sinn ist das eine Auszeichnung. Erläutern Sie das Ziel des Teams und wie es sich gemeinsam im Team erreichen lässt. Erläutern Sie, wer weshalb wofür zuständig ist, erzählen Sie so viel wie möglich von ihren Teamkollegen und wie alle von dieser Erfahrung profitieren können.
- ✔ Und jetzt zur wichtigsten Aufgabe: Stellen Sie klar, wie wichtig das neue Projekt ist und wie es sich mit ihren sonstigen Projekten vereinbaren lässt. Außerdem sollten Sie Ihrem Team schildern, an wen sie sich im Bedarfsfall mit der Bitte um Hilfe wenden können.
- ✔ Bitten Sie Ihr Team, keine voreiligen Schlüsse zu ziehen. Insbesondere bei abteilungsübergreifenden Teams können unterschiedliche Einstellungen, Überzeugungen und Kommunikationsstile aufeinander prallen. Jeder muss die unterschiedlichen Standpunkte seiner Kollegen kennen und offen dafür sein.

Sie müssen Ihre persönlichen Pläne zurückstellen und sich statt dessen mit vollem Einsatz dem Projekt und Ihrem Team widmen.

Übernehmen Sie Verantwortung

Geben Sie ruhig zu, wenn Sie einen Fehler gemacht haben. Wenn nicht, gelten Sie schon bald als nicht vertrauenswürdig. Wenn Sie Verantwortung übernehmen, werden Ihre Teamkollegen es Ihnen gleich tun.

Ideen sind ein gemeinsames Gut

Wenn jedes Teammitglied seinen Beitrag leistet, zum Beispiel bei Besprechungen, fühlt sich jeder dazugehörig und verantwortlich für das Projekt. Wenn Sie selbst den Part des Teamleiters übernehmen, sollten Sie nicht selbst die Antworten auf alle Fragen geben oder Lösungen vorschlagen, sondern dies dem Team überlassen – ob nun bei der Besprechung oder später. Erst wenn Sie merken, dass sich das Team schwer tut, sollten Sie helfend eingreifen.

Gute Mitarbeiter neigen dazu, mehr Verantwortung zu übernehmen oder sich stärker an den Besprechungen zu beteiligen. Das ist schon in Ordnung. Sie sollten lediglich darauf achten, dass auch die anderen Teammitglieder noch zu Wort kommen und nicht völlig von Ihrem »Starmitarbeiter« in den Hintergrund gedrängt werden. Im Idealfall beteiligen sich alle Teammitglieder gleich stark – es gibt also keine Unterschiede, was das Engagement anbelangt. Wenn Sie merken, dass einzelne Mitarbeiter die Besprechung dominieren, sollten Sie die anderen um Beiträge bitten.

Kommunikation, Kommunikation und nochmals Kommunikation

Damit ein Team erfolgreich arbeiten kann, ist es auf die Mithilfe aller Mitglieder angewiesen. Aus diesem Grund kann es sich niemand leisten, einfach zu verschwinden, um sich um seine Sachen zu kümmern. Jeder muss den anderen zumindest Bescheid geben, wenn er andere Dinge erledigen muss. Kommunikation ist das A und O der Teamarbeit, sie sollte regelmäßig stattfinden, auch wenn es nur eine kurze Mitteilung ist wie: »Hey, ich habe die Daten im Internet gefunden, wir lagen ganz gut mit unserer Schätzung.« Am besten, man stellt einige Richtlinien für die Kommunikation im Team auf, außer es gibt keinerlei Probleme und Ihr Team arbeitet perfekt zusammen. Sinnvoll sind zum Beispiel wöchentliche Meetings, zweiwöchentlich Updates per E-Mail oder monatliche Telekonferenzen. Wichtig ist, dass Informationen ungehindert fließen können und regelmäßig ausgetauscht werden.

Die Kommunikation innerhalb Ihres Teams kann über Erfolg und Misserfolg entscheiden.

Auf geht's!

Als Teamleiter und Führungskraft müssen Sie Seite an Seite mit Ihrem Team arbeiten. Der Bericht für das geplante Meeting muss noch kopiert werden und Ihre Assistentin ist krank? Na dann kopieren Sie die Unterlagen doch selbst. Wenn Ihre Mitarbeiter sehen, dass auch Sie mit anpacken, werden sie sich doppelt anstrengen.

Sie dürfen sich natürlich nicht ständig von Arbeiten vereinnahmen lassen, für die Sie im Grunde nicht bezahlt werden, doch wenn Not am Mann ist, sollten Sie die Ärmel hochkrempeln und sich ins Zeug legen. Bitten Sie Ihre Mitarbeiter niemals, etwas für Sie zu erledigen, was Sie nicht auch selbst tun würden.

Legen Sie sich ins Zeug

Machen Sie keine halben Sachen, vor allem nicht in Ihrem Job. Ihr Team merkt so etwas nämlich sofort und wird es Ihnen gleich tun. »Na, wenn der Chef eine halbe Stunde zu spät kommt, kann ich das auch!«

Nutzen Sie die Zeit, die Ihnen zur Verfügung steht und geben Sie Ihr Bestes. Wenn Ihnen die Zeit wirklich nicht ausreicht, sollten Sie Ihren Vorgesetzten informieren und um Terminverlängerung bitten. Wenn Sie Überstunden leisten müssen, dann tun Sie das auch! (Wenn das allerdings immer der Fall ist, stehen Sie und Ihr Team kurz vor dem Zusammenbruch – siehe Kapitel 20.)

Wenn Sie und Ihr Team wirklich zu viel Arbeit aufgebrummt bekommen haben – wie zum Beispiel die Überprüfung der URLs von 10.000 Webseiten in einigen Tagen – sollten Sie eine Aushilfskraft einstellen. Fordern Sie nichts Unmögliches von Ihrem Team. Es wird umso mehr leisten können, desto mehr Unterstützung es bekommt.

Die Chemie muss stimmen

Mit diesem geflügeltem Wort ist mehr gemeint als Teamgeist – es steht dafür, dass sich die Teammitglieder umeinander kümmern, sich gegenseitig unterstützen und gut miteinander arbeiten können. Nehmen wir einmal an, dass Mia zur Zeit eine schwere Phase durchmacht, da ein Familienmitglied von ihr schwer erkrankt ist. Auf einmal kommt sie jeden Morgen völlig abgehetzt zu spät zur Arbeit, obwohl das sonst nicht ihre Art ist. Muriel bemerkt, dass Mia meistens nicht einmal Zeit hatte zu frühstücken. Eines Morgens findet Mia eine Tüte mit Leckereien vom Bäcker auf ihrem Schreibtisch – prima Idee, Muriel! Und genau so sollte es auch bei Ihnen laufen!

Wenn die Chemie stimmt, fühlt sich jeder in der Gegenwart seiner Kollegen wohl – das muss jedoch nicht heißen, dass sie immer dieselbe Meinung vertreten. Doch das macht nichts, denn alle wissen, dass sie offen und ehrlich sein können und sich auch mal einen Fehler leisten können, ohne dass sie dafür persönlich angegriffen werden.

Es dauert natürlich eine gewisse Zeit, bis das Team eingespielt ist. Üben Sie keinen Druck auf Ihr Team aus, das verhindert bloß das Gemeinschaftsgefühl.

Ohne Planung und Organisation geht es nicht

Die erfolgreichsten Teams überlassen nichts dem Zufall: Sie planen einfach alles. Außerdem gelten bestimmte Vorschriften, wie welche Aufgaben zu erledigen sind oder wie die Kommunikation ablaufen soll. So kann es zum Beispiel ungeschriebenes Gesetz sein, dass sich die Teammitglieder gegenseitig per E-Mail informieren, sobald sie Erfolge zu vermelden haben, um Informationen auszutauschen oder sich gegenseitig zu inspirieren.

Teams müssen beizeiten festlegen, auf welche Weise ihre Zusammenarbeit erfolgen soll. Am besten, sie erstellen Protokolle für den Entscheidungsfindungsprozess, die Konfliktbeseitigung und Statusberichte.

Bitte denken Sie auch an Kleinigkeiten – wie pünktliches Erscheinen zu Besprechungen oder aktive Beteiligung an Gesprächsrunden, denn gerade darauf kommt es manchmal an.

Feste feiern

Ich kenne ein Unternehmen, in dem die Geburtstage der Mitarbeiter als Teamveranstaltung gefeiert werden. Einer backt freiwillig den ersten Geburtstagskuchen, und das Geburtstagskind verspricht dann im Gegenzug, den Kuchen für die nächste Geburtstagsfeier zu backen. Auf diese Weise kommen alle Mitarbeiter in den Genuss einer Feier mit Kuchen.

Hier ein paar Tipps, wie Sie mit Ihrem Team feiern können:

✔ **Laden Sie Ihr Team als Dankeschön zum Essen ein.** Wenn ein Riesenprojekt nach drei Monaten harter Arbeit endlich fertig ist, ist das doch die Gelegenheit für ein gemeinsames Mittagessen auf Firmenkosten. Sie sollten jeden einladen, der einen Beitrag zu diesem Erfolg geleistet hat, eine kleine Dankesrede vorbereiten und eine nette Zeit miteinander verbringen.

✔ **Schicken Sie Ihren freiberuflichen Mitarbeitern einen Präsentkorb.** Ihr Team hat den engen Termin gerade noch so geschafft? Dann ist ein Geschenkkorb mit frischen Früchten oder regionalen Leckereien doch genau das Richtige, oder? Schließlich möchten auch diejenigen mitfeiern, die zu Hause arbeiten.

✔ **Geben Sie eine Party.** Sie müssen ja nicht das Feinste vom Feinen anbieten. Auch ein Picknick auf der Wiese vor Ihrem Betriebsgelände kann Spaß machen.

✔ **Laden Sie Ihr Team zu einer Veranstaltung ein.** Laden Sie Ihre Mitarbeiter zum Bowling-Abend, einer Sportveranstaltung oder einem Abendessen ein, damit sie mal so richtig Dampf ablassen und sich vergnügen können.

Erfolge gemeinsam zu feiern bindet aneinander. Ob das nun ein Geburtstag, der Abschluss eines Projekts oder ein Feiertag ist, es gibt (fast) immer einen Grund zum Feiern.

Rücken Sie die Firmenmission immer wieder ins Rampenlicht

Der tägliche Alltagstrott kann dazu führen, dass Sie und Ihr Team die Firmenmission aus den Augen verlieren. Das sollten Sie tunlichst verhindern! Wenn Sie feststellen, dass die tägliche Arbeit Sie und Ihr Team erschöpft, sollten Sie sich das große Ziel noch einmal klar machen und sich überlegen, wie Sie alle wieder zu Kräften kommen können.

Nehmen wir einmal an, Sie würden in einem gemeinnützigen Unternehmen beschäftigt sein. Ihre Mitarbeiter werden zunehmend frustriert, da die telefonischen Bitten um Spendengelder kein Ende nehmen wollen. In der Regel ist nur einer von zehn Anrufen erfolgreich. Kein Wunder, dass der Frust nicht ausbleibt, wenn man so oft ein »Nein« zu hören bekommt. In diesem Fall müssen Sie Ihr Team an vergangene Erfolgserlebnisse erinnern – »Wisst Ihr noch, als wir damals gleich 300.000 Euro auf einmal bekommen haben?« – und Ihnen schildern, was Sie mit dem Spendengeld alles finanzieren möchten. Wenn sich Ihre Mitarbeiter dann vorstellen, wie das neue Waisenhaus aussehen wird, bleiben sie sicherlich besser motiviert.

Motivation kennt keine Grenzen

16

In diesem Kapitel

- Wie steht es um Ihre Führungsqualitäten?
- Sicherstellen, dass jeder seinen Platz im Team kennt
- Teilzeitkräfte und freiberufliche Mitarbeiter motivieren
- Internationale Mitarbeiter anfeuern
- Aushilfskräfte anspornen
- Mit Kollegen aus anderen Geschäftsstellen zusammenarbeiten

Nicht jeder Arbeitnehmer leistet seine acht Arbeitsstunden unbedingt im Büro. Mithilfe der modernen Technik können Mitarbeiter auf der ganzen Welt verstreut oder gleich ums Eck für Ihr Unternehmen arbeiten. Als Manager brauchen Sie im wahrsten Sinne des Wortes weitreichende Fähigkeiten, andere zu motivieren.

Die Zusammenarbeit mit Zeitarbeitspersonal und mit Beratern, die auf Projektbasis für Sie tätig sind, ist mittlerweile ganz normal. Auch durch die strategischen Allianzen, die heutzutage zum Alltagsgeschehen zählen, ändert sich so manches: Wer gestern noch zur Konkurrenz zählte, ist heute kurzfristig Ihr bester Geschäftspartner. Doch wie können Sie Mitarbeiter motivieren, die nur für kurze Zeit zu Ihrem Team gehören?

In diesem Kapitel erfahren Sie, wie Sie Mitarbeiter motivieren, die nicht dem traditionellen Bild eines Angestellten entsprechen.

Wenn Sie der Manager einer »alternativen« Mitarbeiterschaft sind, sind Sie vermutlich der Einzige, mit dem diese regelmäßigen Kontakt hat. Aus diesem Grund hat alles, was Sie sagen und tun, mehr Gewicht.

Hinweis: Informationen über Telearbeiter finden Sie in Kapitel 17, in dem es um nichts anderes geht.

Fangen wir mal mit Ihnen an

Die Grundlagen eines effizienten Mitarbeitermanagements gelten für Vollzeit- oder Halbtagskräfte, interne oder externe Mitarbeiter.

- Organisation ist das A und O.
- Ihre Kommunikationsfähigkeiten sind sehr wichtig.
- Sie müssen in der Lage sein, all diejenigen zu motivieren, die für Sie arbeiten.

Die Motivation von Teilzeitkräften, Zeitarbeitspersonal, Telearbeitern oder freiberuflichen Mitarbeitern unterscheidet sich im Wesentlichen nicht von der Motivation des Stammpersonals. Auch für sie müssen Sie ein Arbeitsklima schaffen, das zu Bestleistungen anspornt und ein Anerkennungsprogramm aufstellen.

Mithilfe der nachfolgenden kleinen Übung können Sie beurteilen, wie es um Ihre Motivationsfähigkeiten bestellt ist. Bewerten Sie jede Aussage im Hinblick darauf, ob sie für Sie zutrifft oder nicht. Stufen Sie Ihre Bewertung ab, indem Sie sich Punkte von 0 bis 5 geben, wobei 0 bedeutet, die Aussage trifft überhaupt nicht zu, und 5 Punkte bedeuten, die Aussage trifft absolut zu. Seien Sie ehrlich! Im Zweifelsfall sollten Sie überlegen, wie viele Punkte Ihnen Ihre Mitarbeiter geben würden. Tragen Sie dann diese Zahl ein.

Nach jeder Frage steht in Klammern das Kapitel, das mehr Informationen zu diesem Thema enthält. Immer wenn Sie nur drei oder weniger Punkte haben, sollten Sie im jeweiligen Kapitel nachlesen, wie Sie Ihre Führungsqualitäten verbessern können.

- Ich habe eine klar definierte Vorstellung über die Arbeit meiner Abteilung oder Gruppe, und habe diese Vision all meinen Untergebenen ausführlich erklärt. (Kapitel 2)
- Meine Mitarbeiter kennen meine Wertvorstellungen und wissen, was ich von ihnen erwarte und umgekehrt. Ich gebe mir die allergrößte Mühe, dass meine beruflichen Leistungen und mein Managementstil in Einklang mit diesen Überzeugungen stehen. (Kapitel 11)
- Ich nehme mir genug Zeit, um meinen Mitarbeitern ihre Aufgaben und ihren Wert für das Unternehmen zu erklären und sorge dafür, dass wir gemeinsam die Leistungsvorgaben erfüllen. (Kapitel 10)
- Ich scheue nicht davor zurück, meinen Mitarbeitern Verantwortung zu übertragen und ich gebe ihnen die notwendige Unterstützung, damit sie ihren Job erledigen können. (Kapitel 4)
- Ich habe mein Bestes getan, um ein Arbeitsklima zu schaffen, in dem Spaß an der Arbeit, gegenseitige Unterstützung und ein hohes Leistungsniveau selbstverständlich sind. (Kapitel 11)
- Ich tue alles, was in meiner Macht steht, um die berufliche Karriere meiner Mitarbeiter zu fördern, auch wenn das manchmal bedeutet, dass ich auf einen guten Mitarbeiter verzichten muss, weil er in einen höheren Posten versetzt wird. (Kapitel 11)
- Ich halte meine Versprechen. Ich tue alles Menschenmögliche, damit ich mein Wort halte. (Kapitel 2)

- ✔ Wenn ich meinen Mitarbeitern die Verantwortung für ein bestimmtes Projekt übertrage, lasse ich auch zu, dass sie selbst entscheiden, wie sie vorgehen möchten. Ich mische mich auch dann nicht ein, wenn sie anders arbeiten als ich selbst es tun würde. (Kapitel 10)
- ✔ Wann immer ich mit einem Mitarbeiter ein Gespräch unter vier Augen führe, schenke ich demjenigen meine volle Aufmerksamkeit und bemühe mich, seine Sorgen und Nöte nachzuvollziehen. (Kapitel 7)
- ✔ Ich ermutige meine Leute zu kreativen Problemlösungen und sinnvoller Risikobereitschaft. Meiner Meinung nach lernt man aus Fehlern dazu, und es wäre völlig verkehrt, jemand zu bestrafen, nur weil ihm ein Fehler unterlaufen ist. (Kapitel 8)

Nun addieren Sie bitte alle Punkte.

- ✔ 45 Punkte und mehr: Hervorragende Führungsqualitäten
- ✔ 40 bis 44 Punkte: Exzellent
- ✔ 35 bis 39 Punkte: Gut, könnte aber besser sein
- ✔ Unter 35: Es gibt viel zu tun, packen Sie es an!

Zuständigkeiten und Verantwortung innerhalb des Teams klären

Der Erfolg eines Teams – ob es nun aus firmeninternen oder externen Mitarbeitern besteht – hängt im Wesentlichen davon ab, ob die Mitglieder wissen, welchen Beitrag sie zum Gesamtwohl des Unternehmens leisten. Als Manager sind Sie dafür zuständig, ausnahmslos allen Mitarbeitern klar zu machen, welche Position sie innehaben und wie sie dazu beitragen, die Firmenziele zu erreichen.

Denken Sie einmal über dieses Beispiel nach: Felix sieht sich selbst als einer von 20 Mitarbeitern, die denselben Job verrichten. Er ist sich sicher, dass ihn keiner vermisst, wenn er mal einen Tag krank macht. Doch wenn sich Felix darüber bewusst wäre, dass ein wichtiger Bericht nicht rechtzeitig fertig gestellt werden kann, wenn er nicht zur Arbeit kommt – da er der einzige ist, der Zugriff auf wichtige Daten hat – wäre er gleich viel motivierter, seine Arbeit zu erledigen.

Mitarbeiter müssen wissen, weshalb sie für den Erfolg des Unternehmens wichtig sind. Eine detaillierte Arbeitsplatzbeschreibung ist eine Möglichkeit die Bedeutung eines bestimmten Jobs für das Firmenwohl zu klären. Mithilfe von wöchentlichen Teammeetings kann einem Team gezeigt werden, welche Rolle seine Projekte für den Erfolg des Unternehmens spielen.

Sie müssen für ein Arbeitsklima sorgen, in dem Ihre Mitarbeiter kein Problem damit haben, offen über eventuelle Unsicherheiten oder Zweifel bezüglich Rollen und Erwartungen zu reden. Damit lassen sich jede Menge Konflikte ersparen, und wenn es doch einmal dazu kommt, sollten Zuständigkeiten und Erwartungen der Anfang eines klärenden Gesprächs sein.

Teamarbeit, auch wenn die Mitglieder nicht im selben Raum arbeiten

Teamarbeit entwickelt sich nicht von heute auf morgen. All diese spontanen Essenseinladungen und Überraschungspartys anlässlich des Geburtstages eines Mitarbeiters tragen dazu bei, dass sich das Zusammengehörigkeitsgefühl eines Teams entwickelt. Natürlich spielen Sie als Manager dabei eine große Rolle (siehe Kapitel 15).

Was aber ist mit den Mitarbeitern, die nur halbtags oder zuhause arbeiten? Schließlich können sie gar nicht an diesen Feierlichkeiten teilnehmen oder mal eben in das Büro eines Kollegen gehen, um sich Informationen zu holen.

Sie *können* auch diese Mitarbeiter in Ihr Team integrieren. Mit nur wenig Aufwand lässt sich auch ein Team managen und motivieren, dessen Mitglieder zu völlig unterschiedlichen Zeiten arbeiten – versuchen Sie es doch einmal mit diesen Tipps:

- ✔ **Informieren Sie sich über die Arbeitszeiten sämtlicher Mitarbeiter.** Am besten stellen Sie eine Tabelle mit sämtlichen Arbeitszeiten Ihrer Mitarbeiter im Intranet zur Verfügung oder hängen einen Ausdruck davon am Schwarzen Brett Ihres Teams auf.
- ✔ **Bitten Sie alle Mitarbeiter, deren Arbeitszeiten nicht den üblichen Bürozeiten entsprechen, auf Voice-Mail zu hinterlassen, wann sie erreichbar sind.** Auf diese Weise wissen sowohl Kollegen als auch Geschäftspartner und Kunden, wer wann zu erreichen ist.
- ✔ **Nutzen Sie jede Gelegenheit für ein persönliches Gespräch mit Ihren Mitarbeitern.** Zugegeben, das ist nicht ganz einfach, wenn Sie mit freiberuflichen Mitarbeitern oder Leuten, die zuhause arbeiten, zu tun haben. Sofern möglich, sollten auch diese Mitarbeiter zu Besprechungen mit Vorgesetzten oder Kollegen ins Büro kommen.

In den nächsten Abschnitten erfahren Sie, wie Sie freiberufliche Mitarbeiter, Telearbeiter und Teilzeitkräfte motivieren können. Weiter hinten in diesem Kapitel komme ich noch auf die erfolgreiche Zusammenarbeit mit Zeitarbeitspersonal, internationalen Mitarbeitern und neuen Kollegen aus fusionierten Firmen zu sprechen.

Externe Mitarbeiter

Mittlerweile greift nahezu jedes Unternehmen auf Telearbeiter und freiberufliche Mitarbeiter zurück. Internet und Telefon sorgen für den nötigen Kontakt. Die so genannten *virtuellen*

Unternehmen arbeiten ausschließlich mit Mitarbeitern, die auf der ganzen Welt verstreut sind. Ihre Aufgabe als Manager ist es, dafür zu sorgen, dass sich auch diese Arbeitskräfte als Teil Ihres Teams fühlen.

Hier ein paar Tipps, wie andere Unternehmen das bewerkstelligen:

- ✔ **Erhöhte Aufmerksamkeit der Manager in der Einarbeitungsphase.** Zusätzlich zu den Grundregeln der Zusammenarbeit, der Firmenphilosophie und dergleichen mehr, wird den (neuen) Mitarbeitern vermittelt, wie sie auch in einem virtuellen Unternehmen erfolgreich und effizient miteinander kommunizieren und interagieren.
- ✔ **Externe Mitarbeiter arbeiten in der Anfangsphase erst einmal im Büro.** Auf diese Weise lernt sich die gesamte Belegschaft kennen, und man erfährt Wichtiges über die Firmenkultur. Sie müssen dafür sorgen, dass sämtliche Mitarbeiter Ihren Betrieb kennen, auch wenn sie dafür extra eingeflogen werden müssen. Manche virtuelle Unternehmen planen Gruppenbesprechungen in einem Hotel oder einem anderen Veranstaltungsort, damit sich die Mitarbeiter persönlich kennen lernen.
- ✔ **Mentoren für die externen Mitarbeiter ernennen.** Gerade für externe Mitarbeiter sind Mentoren sehr hilfreich. (Mehr über Mentoren steht in Kapitel 12.) In manchen Unternehmen ist ein Mitarbeiter als Ansprechpartner ständig per E-Mail zu erreichen, um Fragen zu beantworten oder sonstige Hilfestellung zu geben.
- ✔ **Fotos und Biografien aller Mitarbeiter im Intranet, Newsletter oder einem Sonderbericht veröffentlichen.** Auf diese Weise verbindet man mit jedem Namen ein Gesicht und erkennt sich bei einer späteren Begegnung.
- ✔ **Anrufe und E-Mails werden unverzüglich beantwortet.** Externe Mitarbeiter haben nun einmal nicht die Möglichkeit, kurz in Ihrem Büro vorbeizuschauen. Aus diesem Grund ist es sehr wichtig, dass alle Fragen sofort geklärt werden.

Unabhängig von den unterschiedlichen Beschäftigungsformen in Ihrem Unternehmen spielt die Kommunikation eine wesentliche Rolle für die Motivation Ihrer Mitarbeiter und Ihre Effizienz als Manager. Im Grunde gilt, dass umso öfter miteinander kommuniziert werden muss, je größer die räumliche Distanz ist.

Teilzeitkräfte

Ebenso wie Vollzeitkräfte möchten auch Teilzeitkräfte Anerkennung, Karrieremöglichkeiten und Schulungen. Wer Teilzeitkräfte motivieren will, muss jedoch ein bisschen tiefer in die Trickkiste greifen.

- ✔ **Ermuntern Sie Ihre Teilzeitkräfte, Initiative zu zeigen.** Die Tatsache, dass ein Mitarbeiter nur halbtags arbeitet, bedeutet noch lange nicht, dass er keine guten Ideen hätte.
- ✔ **Zeigen Sie Ihren Teilzeitkräften, welchen Beitrag sie für das Firmenwohl leisten.** Nehmen Sie sich die Zeit und erklären Sie ihnen, wie ihre Projekte und Arbeit zum Gesamter-

folg des Unternehmens beitragen. Dies ist vor allem deswegen wichtig, weil sie nicht genauso viel Zeit in Ihrem Betrieb verbringen wie ihre Vollzeitkollegen und deshalb nicht so gut Bescheid über die Firmenziele wissen.

- **Sparen Sie nicht mit Lob.** Natürlich arbeitet eine Teilzeitkraft weniger Stunden als ein Vollzeitbeschäftigter, doch es gäbe diese Stelle nicht, wenn sie nicht von Nutzen für Ihr Unternehmen wäre. Zeigen Sie Ihren Teilzeitkräften, dass Sie ihre Arbeit zu schätzen wissen.
- **Teilzeitkräfte müssen zu Ihrem Team gehören.** Sie sollten Teilzeitkräfte zu sämtlichen Feierlichkeiten einladen, selbst wenn sie auf ihren freien Tag fallen. Es muss klar sein, dass sie jederzeit zu sämtlichen Teamaktivitäten und Partys nach Feierabend willkommen sind.

Mitarbeiter mit flexiblen Arbeitszeiten

Vielleicht hat man sich auch in Ihrem Unternehmen für flexible Arbeitszeiten entschieden, um Fehlzeiten zu reduzieren, Stress abzubauen und den Mitarbeitern ein ausgewogenes Verhältnis zwischen Arbeits- und Privatleben zu ermöglichen, was bedeutet, dass Ihre Mitarbeiter zwar zu den Kernzeiten anwesend sein müssen, sonst aber frei entscheiden können, wann sie kommen und gehen.

Flexible Arbeitszeiten bieten den Vorteil, dass die Mitarbeiter ihre Zeit besser planen können und die Arbeitsmoral steigt. Manchmal leidet jedoch die Kommunikation darunter, dass Ihre Leute zu unterschiedlichen Zeiten kommen und gehen, so dass Sie vielleicht manche Mitarbeiter versehentlich »verpassen«. Es kann auch passieren, dass die Motivation Ihres Teams leidet, wenn sich nicht das gesamte Team regelmäßig trifft.

Um diese Schwierigkeiten zu vermeiden, sollten Sie jede Gelegenheit für Besprechungen mit Ihren Mitarbeitern nutzen. Planen Sie regelmäßige Meetings mit Ihnen sowie dem Team ein. Denken Sie bitte daran, einen Termin festzulegen, zu dem jeder Mitarbeiter kommen kann.

Mit internationalen Mitarbeitern zusammenarbeiten

Externe Mitarbeiter können irgendwo auf der Welt ihren Wohnsitz haben und trotzdem bei Ihrem Unternehmen beschäftigt sein.

Vielleicht haben Sie selbst ja einen Ihrer Mitarbeiter ins Ausland versetzt oder einen Mitarbeiter, der im Ausland lebt, eingestellt. In diesem Fall ist es sehr wichtig, trotz der geografischen Distanz und der kulturellen Unterschiede eine starke Beziehung zu ihnen aufzubauen und zu pflegen. Wenn Sie Manager von Mitarbeitern aus verschiedenen Ländern sind, müssen Sie regelmäßigen Kontakt pflegen und sich um sie kümmern.

Bei internationalen Mitarbeitern unterscheidet man zwischen:

- Mitarbeitern, die vorübergehend ins Ausland versetzt werden.
- Mitarbeitern, die für die Dauer ihres Beschäftigungsverhältnisses im Ausland leben.

Vielen Unternehmen ist klar geworden, dass sie Mitarbeiter benötigen, die dauerhaft im Ausland für sie arbeiten, da nur so sichergestellt ist, dass auch in den Betriebsstätten im Ausland qualifiziertes Personal für sie arbeitet. Auch hier steht und fällt die Motivation mit der Kommunikation.

Wenn Sie ausländische Mitarbeiter beschäftigen, sollten Sie mit kulturellen Unterschieden und Sprachbarrieren rechnen. Manche Verhaltensweisen sind in Ihrer Kultur möglicherweise durchaus akzeptabel, während sie in anderen Ländern einen Affront bedeuten können und damit von mangelndem Respekt zeugen. (Weiter unten finden Sie einige Beispiele dafür.) Sie müssen insbesondere ausländischen Mitarbeitern gegenüber stets freundlich und höflich sein und ihnen den nötigen Respekt erweisen.

Wenn Sie Ihre internationalen Mitarbeiter motivieren möchten, müssen Sie sich zunächst mit deren *Kultur* vertraut machen und wissen, was für sie akzeptabel oder normal ist.

Außerdem sollten Sie bedenken, dass der Stand der Technik in manchen Ländern nicht dem europäischen entspricht. Wenn Sie sich bei der weltweiten Kommunikation mit Ihren Mitarbeitern auf moderne Technologien wie E-Mail oder Videokonferenzen verlassen, sollte sicher gestellt sein, dass sie mit diesen Methoden vertraut sind.

Die Kommunikation funktioniert am besten, wenn unterschiedliche Medien wie zum Beispiel Voice-Mail, E-Mail und Videokonferenzen eingesetzt werden. Verlassen Sie sich bei der Kommunikation über große Entfernungen nicht nur auf ein Medium.

Andere Länder, andere Sitten

Bist du in Rom, sei ein Römer. Dieser Leitspruch gilt nicht nur im Urlaub, sondern auch in der Geschäftswelt. Wenn Sie sich so verhalten, wie es in Ihrem Heimatland üblich ist, in anderen Ländern jedoch gegen die guten Sitten verstößt, werden Sie Ihre dort arbeitenden Mitarbeiter unnötig brüskieren und verärgern, was nicht so einfach wieder gut zu machen ist. Wenn Sie mit Mitarbeitern aus der ganzen Welt zusammenarbeiten oder internationale Geschäftskontakte pflegen, sollten Sie folgende Unterschiede bedenken:

- ✔ Amerikaner brauchen in der Regel eine größere Distanz zu ihrem Gegenüber. Treten Sie ihnen im körperlichen Sinn zu nahe, kann dies als aggressiv empfunden werden.
- ✔ In manchen Ländern wird erst dann über das Geschäft gesprochen, wenn sich alle miteinander bekannt gemacht und ein paar belanglose Höflichkeitsfloskeln ausgetauscht haben. Das gilt vor allem für Geschäftsessen. In Deutschland hingegen kommt man oft recht schnell zur Sache, was in anderen Ländern als unhöflich gilt.

- In Deutschland ist es üblicher, sich mit einer förmlichen Anrede anzusprechen, während es in den englischsprachigen Ländern als ganz normal gilt, sich mit dem Vornamen anzureden, wobei dies keinen Hinweis auf mangelnden Respekt darstellt.
- Vermeiden Sie, sich in der Umgangssprache auszudrücken. Es wird mit Sicherheit Mitarbeiter geben, die zwar Ihre Sprache verstehen, aber bei umgangssprachlichen Ausdrücken ebenso an ihre Grenzen stoßen wie bei Sprichwörtern oder Redewendungen. Versuchen Sie bitte nicht, diese zu übersetzen – das geht nämlich meistens schief. Im Zweifelsfall verhalten Sie sich lieber zu höflich als zu riskieren, unhöflich zu wirken.
- In einigen Ländern sind die Menschen einfach temperamentvoller und neigen eventuell zu kleineren Übertreibungen. Machen Sie sich das klar, vor allem wenn Sie mit Mitarbeitern aus Ländern zusammenarbeiten, in denen das völlig normal und akzeptabel ist.
- In manchen Ländern ist es nicht üblich herumzualbern. Bleiben Sie auf der sicheren Seite und lassen Sie Witze bleiben, denn anstatt eine Situation zu entschärfen erreichen Sie damit womöglich das Gegenteil.
- Persönliche Fragen sind nicht überall gern gesehen. In Deutschland nimmt Ihnen sicherlich keiner übel, wenn Sie sich nach seiner Familie erkundigen, aber in manchen Kulturkreisen gilt eine persönliche Frage als äußerst unhöflich.

Zeitarbeitspersonal integrieren

Zeitarbeitspersonal wird für eine bestimmte Zeit überall dort eingesetzt, wo gerade Not am Mann ist. Immer mehr Unternehmen sind zunehmend auf solche Arbeitskräfte angewiesen. Manche Unternehmen besetzen eine bestimmte Stelle gerne erst einmal mit einer Zeitarbeitskraft, gewissermaßen als Probelauf für ein späteres Angestelltenverhältnis. Außerdem verfügen Zeitarbeitskräfte oft über bestimmte Fertigkeiten, die eine Bereicherung für jeden Arbeitgeber darstellen.

Auch zeitlich befristet beschäftigte Mitarbeiter gehören zu Ihrem Team. Aus diesem Grund kann sich deren Motivation auf die der gesamten Abteilung und auch auf die Produktivität auswirken. Auch wenn diese Mitarbeiter nur befristet für Ihr Unternehmen tätig sind, sollten Sie keinen Unterschied zwischen ihnen und den Angestellten machen.

Wenn Sie feststellen, dass Sie auf Zeitarbeitspersonal zurückgreifen wollen, sollten Sie nicht gleich zum Telefon greifen, um die nächstbeste Vermittlungsfirma anzurufen. Überlegen Sie sich erst mal, was Sie eigentlich brauchen: Welche Arbeiten fallen an, welche Zuständigkeiten und Qualifikation sind dafür erforderlich und wie viel Gehalt soll gezahlt werden? Übrigens, es ist immer gut, wenn Sie schon im Voraus überlegen, in welchen Phasen Sie mehr Leute brauchen.

Stellen Sie nur Zeitarbeitskräfte ein, die in Ihr Team passen und über die nötige Qualifikation verfügen. Erkundigen Sie sich gegebenenfalls über vorhandene Softwarekenntnisse und Berufserfahrung.

Befolgen Sie diese Tipps, um Zeitarbeitskräfte zu motivieren:

- ✔ **Der temporäre Mitarbeiter muss über die erforderliche Qualifikation verfügen.** Teilen Sie Ihren Zeitarbeitskräften nur Aufgaben zu, die sie aufgrund ihrer beruflichen Erfahrung auch erledigen können. Wenn Sie jemanden brauchen, der sich um die Ablage oder Fotokopien kümmert, wäre ein Projektleiter wohl überqualifiziert. Mittlerweile stehen übrigens auch hoch qualifizierte Zeitarbeitskräfte zur Verfügung, sodass auch beispielsweise ein Betriebswirt für die Dauer eines Projekts ausgeliehen werden kann.
- ✔ **Heißen Sie den temporären Mitarbeiter willkommen.** Dazu gehört auch, dass Sie ihn allen anderen Mitarbeitern vorstellen. Nichts demotiviert mehr als tagein, tagaus übersehen zu werden und nicht als wertvolles Teammitglied zu gelten. Denken Sie bitte auch daran, Ihr Team rechtzeitig darauf hinzuweisen, dass demnächst Zeitarbeitskräfte anfangen werden.
- ✔ **Stellen Sie die Zuständigkeiten klar.** Sie müssen die Aufgaben Ihrer temporären Mitarbeiter kennen, noch bevor diese bei Ihnen anfangen. Außerdem muss ein Ansprechpartner für sie verfügbar sein.
- ✔ **Bereiten Sie den Arbeitsplatz vor.** Sorgen Sie dafür, dass alles, was für den neuen Job benötigt wird, auch wirklich vorhanden ist wie zum Beispiel ein Computer, ein Telefon oder gar ein eigenes Büro.
- ✔ **Bieten Sie sich Ihre Hilfe an.** Wer neu anfängt, hat natürlich auch mehr Fragen als das Stammpersonal. Lassen Sie Zeitarbeitskräfte nicht im Regen stehen. Noch besser ist es natürlich, wenn Sie sich schon im Vorfeld überlegen, welche Fragen auftreten könnten.
- ✔ **Weisen Sie die Zeitarbeitskräfte in die Firmenkultur ein.** Auch wenn sie nur für kurze Zeit bei Ihnen arbeiten, müssen sie wissen, wie die Dinge laufen. Teilen Sie Ihnen mit, wo die Kantine ist oder welche Sicherheitsvorschriften beim Verlassen oder Betreten des Firmengebäudes gelten.
- ✔ **Auch Zeitarbeitskräfte brauchen Zuspruch.** Denken Sie daran, dass Sie ihre Hilfe zu einem späteren Zeitpunkt noch einmal brauchen könnten. Wenn sie ausgezeichnete Arbeit leisten, sollten Sie sie dafür loben. Lassen ihre Leistungen zu wünschen übrig, üben Sie konstruktive Kritik.
- ✔ **Behandeln Sie temporäre Mitarbeiter und Stammpersonal gleich.** Sicherlich verlassen Ihre Zeitarbeitskräfte Sie nach einiger Zeit wieder, doch auch sie setzen sich für das Wohl des Unternehmens ein. Wenn sie gute Arbeit leisten sollen, müssen Sie sämtliche Tipps und Tricks dieses Buches über die Motivation von Mitarbeitern anwenden.

Über die Zusammenarbeit mit Geschäftspartnern

Geschäftsverbindungen können aus einem oder mehreren Partnern bestehen, formell und informell organisiert sein. Dazu zählen zum Beispiel auch Sponsoren, (die ein Unternehmen finanziell unterstützen) oder die unentgeltliche Überlassung von Mitarbeitern für gemeinnützige Unternehmen. Das gemeinsame Ziel lautet, dass beide Parteien von dieser Form der Zusammenarbeit profitieren.

Nehmen wir einmal an, dass ein Verlag beabsichtigt, seine Geschäftstätigkeit nicht länger auf das Verlegen von Büchern zu beschränken, sondern im Bereich der Gestaltung von Websites und dem Vertrieb von Tonträgern wie Kassetten und CDs tätig sein möchte. In diesem Fall empfiehlt sich die Zusammenarbeit mit einem Unternehmen, das Erfahrung damit hat. Natürlich sollen beide Parteien davon profitieren: Der Verlag, weil er die Erfahrung macht, in neue Geschäftsbereiche vorzudringen, während die andere Firma zum Beispiel am Umsatz beteiligt wird, die Kundenkartei verwenden darf oder ähnliches.

Diese Zusammenarbeit ist nicht immer einfach. Schließlich haben Sie es dann nicht mit Ihren Mitarbeitern zu tun, sondern mit dem Personal eines anderen Unternehmens, das eigene Verpflichtungen hat oder andere Abläufe gewöhnt ist.

Wenn auch Sie mit Geschäftspartnern arbeiten, sollten Sie diese Tipps beherzigen:

- ✔ **Geben Sie Ihr Bestes.** Wenn Sie mit Mitarbeitern aus anderen Unternehmen zusammenarbeiten, sollten Sie Ihre Projekte noch sorgfältiger bearbeiten als sonst. Unterschätzen Sie nicht, was Sie für einen reibungslosen Ablauf alles brauchen und halten Sie unbedingt Termine ein.
- ✔ **Lassen Sie die Vergangenheit ruhen.** Selbst wenn Ihr jetziger Geschäftspartner früher Ihr schärfster Konkurrent war oder in bestimmten Bereichen sogar heute noch ist, zählt jetzt nur noch eines: Ihre Zusammenarbeit.
- ✔ **Sorgen Sie dafür, dass Sie beide profitieren.** Weisen Sie Ihren Partnern Aufgaben zu, bei denen sie ihre Stärken unter Beweis stellen können und arbeiten Sie gemeinsam an ihren Schwachstellen.
- ✔ **Legen Sie die Ziele fest.** Anderenfalls weiß schließlich niemand, worauf Sie alle hinarbeiten.
- ✔ **Ernennen Sie einen Entscheidungsträger.** Wann immer zwei Unternehmen geschäftlich miteinander zu tun haben und bei Streitigkeiten ein Stillstand droht, ist es sehr wichtig, sich bereits im Vorfeld auf eine Person zu einigen, die in diesem Fall das Sagen hat.

Telearbeiter motivieren

17

In diesem Kapitel

- Was ist Telearbeit eigentlich?
- Ein sinnvolles Motivationsprogramm für Telearbeiter erstellen
- Richtlinien für Telearbeiter aufstellen
- Telearbeiter erfolgreich managen

Da immer mehr Menschen entweder zu Hause oder von unterwegs arbeiten, wird es für Manager und Führungskräfte immer wichtiger, auch diese Mitarbeiter zu motivieren.

Vielleicht hat sich diese Beschäftigungsform auch in Ihrem Unternehmen mehr oder weniger durchgesetzt. Natürlich wissen Sie dann, dass nicht jeder Job in Telearbeit erledigt werden kann. Zunächst muss also festgestellt werden, ob sich alle damit verbundenen Aufgaben tatsächlich von zu Hause erledigen lassen. Ein Mitarbeiter, der auf eine bestimmte, nur auf dem Firmengelände vorhandene Ausrüstung angewiesen ist, um seinen Job erledigen zu können, kann ebenso wenig zu Hause arbeiten wie jemand, der ständigen Kontakt zu seinen Kollegen pflegen muss. Doch selbst wenn die Tätigkeit an sich durchaus von zu Hause aus ausgeübt werden kann, sind Ihre Aufgaben als Manager von Telearbeitern alles andere als einfach. Wie sollen Sie Mitarbeiter motivieren, die nicht ständig anwesend sind? Wie können Sie dafür sorgen, dass sie sich als Teil Ihres Teams fühlen?

Eine von OfficeTeam durchgeführte Umfrage spiegelt die gemischten Gefühle der befragten Führungskräfte wider. Zwar gaben 36 Prozent der Befragten an, dass sich die Produktivität von internen Mitarbeitern und Telearbeitern nicht unterscheidet, doch über ein Viertel (26 Prozent) war der Ansicht, dass sich Telearbeit negativ auf die Arbeitsleistungen auswirkt.

Die in Kapitel 16 vorgestellten Tipps zur Motivation beziehen sich zwar (ebenso wie alle anderen in diesem Buch enthaltenen) auch auf Telearbeiter, doch mit dieser Form der Beschäftigung sind spezielle Probleme verbunden, weshalb Sie in diesem Kapitel das Geheimnis erfahren, wie Sie die Motivation von Telearbeitern aufrecht erhalten.

Also, was ist Telearbeit denn nun?

Mitarbeiter, die regelmäßig außerhalb des Unternehmensgeländes arbeiten, sei es nur für einen Tag oder während der gesamten Arbeitswoche, bezeichnet man als *Telearbeiter*. Sie verrichten dieselbe Arbeit wie ein »normaler« Angestellter, mit dem einen Unterschied, dass sie zu Hause arbeiten oder in einer kleinen Zweigstelle wie zum Beispiel ein Vertriebsleiter, der weitab vom Hauptgebäude des Unternehmens seine Berichte erstellt. Und die Technik macht es möglich von zu Hause oder anderswo auf alle nötigen Arbeitsmittel zuzugreifen.

Obige Definition steht und fällt mit dem Wort »regelmäßig«. Wer nur hin und wieder daheim arbeitet – zum Beispiel, um nebenbei auf sein krankes Kind aufzupassen – zählt nicht zu den Telearbeitern. Man spricht nur dann von Telearbeit, wenn ein Mitarbeiter mindestens einen Tag in der Woche zu Hause arbeitet und das auch so geplant und gewollt ist.

Manche Telearbeiter erscheinen nie im Unternehmen, während andere des öfteren dort arbeiten und nur bestimmte Tage in der Woche von zu Hause aus. Deshalb fällt es Letzteren leichter, sich als aktiver Teil des Teams zu begreifen und gleichzeitig die Vorteile der Telearbeit zu genießen.

Auch Telearbeit muss gut geplant werden

Einem Bericht eines amerikanischen Privatinstitutes zufolge, das die Personalpolitik von Firmen untersucht, boten 28 Prozent der amerikanischen Unternehmen 1999 ihren Beschäftigten die Möglichkeit der Telearbeit. Nur drei Jahre vorher lag dieser Anteil noch bei 19,5 Prozent. Rechnen Sie als Manager damit, in Zukunft auch mit Telearbeitern zu tun zu haben, sofern das nicht schon längst passiert ist.

Nichts ist demotivierender für Mitarbeiter, wenn ihnen etwas genehmigt wurde – in diesem Fall die Telearbeit –, nur um dieses Projekt schon bald wieder einzustellen. Bevor Sie Telearbeit in Ihrem Unternehmen in Aussicht stellen, sollten Sie sich dieses Kapitel gründlich durchlesen. Ein schlecht durchdachtes Programm, das wieder eingestellt werden muss, geht auf Kosten der Motivation Ihrer Mitarbeiter.

Brauchen Sie weitere Informationen?

Unter der Internetadresse `www.ta-telearbeit.de` finden Sie viele nützliche Informationen und einen kompetenten Ansprechpartner für alle Fragen zu diesem Thema. Es lohnt sich in jedem Fall, das Internet nach Beratungsfirmen zu durchsuchen, die Sie über die generellen und arbeitsrechtlichen Aspekte dieser Beschäftigungsform informieren.

Wenn Sie der englischen Sprache mächtig sind und gerne mehr über die Telearbeit erfahren möchten, empfehle ich Ihnen diese Websites:

`www.telecommuting.org`: Diese Homepage wird von dem Unternehmen Telecommuting Knowledge Center (TKC) betrieben. Ziel dieser Firma ist es, Telearbeitern, Verkäufern, Beratern und anderen Interessenten Hilfestellung durch eine Zusammenarbeit zu leisten, von der beide Seiten profitieren. Das Unternehmen bietet unter anderem einen kostenlosen Online-Suchdienst und ein Informationscenter. Alles, was Sie tun müssen, um auf diese Informationen zugreifen zu können, ist sich registrieren zu lassen.

Wer zahlt was?

Nehmen wir einmal an, Sie und Ihre Mitarbeiterin Elisabeth einigen sich darauf, dass Elisabeth ein paar Tage die Woche zu Hause arbeitet. Nun, das Problem ist, dass sie keinen Computer besitzt. Wer übernimmt denn nun die Kosten für die Anschaffung eines Rechners (und anderen Geräten), die Elisabeth für ihre Arbeit zu Hause benötigt?

Leider ist diese Frage nicht ganz so einfach zu beantworten. Telearbeit existiert noch nicht lange genug, als dass es verbindliche Rechtssprechungen und Vorschriften dafür gäbe.

Im Prinzip lässt sich jedoch Folgendes sagen: Ist der Telearbeiter auf bestimmte Geräte angewiesen, um seine Arbeit auch zu Hause erledigen zu können und würde ihm das Unternehmen diese Dinge im Büro zur Verfügung stellen, dann trägt der Arbeitgeber die Anschaffungskosten. Genauso wird es auch mit den Kosten für den Internet-Zugang und eine weitere, ausschließlich beruflich genutzte Telefonleitung gehandhabt.

Natürlich steht es Ihnen frei, mit Ihren Telearbeitern eine andere Lösung zu vereinbaren, zum Beispiel dass die Kosten vom Arbeitgeber und Arbeitnehmer geteilt werden.

Der Übergang

Bevor Sie ein Telearbeitsprogramm starten, sollten Sie eine Besprechung mit allen dafür in Frage kommenden Mitarbeitern abhalten und festlegen, wer wie viele Tage und an welchen Tagen zu Ihnen ins Büro kommen muss. Wie gesagt kann das je nach Job variieren. Der Übergang zur Telearbeit sollte in jedem Fall schrittweise erfolgen.

Geben Sie jedem – sich selbst, Ihrem Vorgesetzten, Kollegen und vor allem Ihren Mitarbeitern – genug Zeit, sich an die neue Arbeitsweise zu gewöhnen. Das Schlüsselwort lautet: Konsequenz. Ihre Mitarbeiter sollten eine Routine entwickeln, an die sie sich auch halten.

Telearbeit muss auf Ihre geschäftlichen Anforderungen zugeschnitten sein, die immer wieder Änderungen unterliegen. Wenn Sie nach einer gewissen Zeit feststellen, dass Sie Ihren Telearbeiter doch häufiger als ursprünglich vereinbart im Büro benötigen, sollten Sie das mit ihm besprechen. Sie beide sollten in der Lage sein, eine Lösung zu finden, mit der Sie beide zufrieden sind.

Versicherungsfragen

Hanna kehrt aus einem Kurzurlaub zurück und muss leider feststellen, dass während ihrer Abwesenheit in ihre Wohnung eingebrochen und der Computer, den sie beruflich nutzt, gestohlen wurde. Wer kommt nun für den Schaden auf?

Nun, es kommt natürlich darauf an, ob Hannas Arbeitgeber eine entsprechende Versicherung für sie abgeschlossen hat, als vereinbart wurde, dass Hanna zu Hause arbeitet. Im Grunde gilt nämlich das Prinzip, dass der Arbeitgeber für die Sicherheit und Gesundheit seiner Mitarbeiter verantwortlich ist und zwar unabhängig von deren Arbeitsort. Allerdings steht in den meisten Versicherungsverträgen der Unternehmen die Klausel, dass nur Gegenstände, die sich auf dem jeweiligen Betriebsgelände befinden, gegen Diebstahl versichert sind. Doch sicherlich gibt es die Möglichkeit, auch das beruflich genutzte Eigentum von Arbeitnehmern, die zu Hause arbeiten, zu versichern.

Zur Klärung dieser Fragen sollten Sie sich an einen Versicherungsmakler oder einen Rechtsanwalt wenden.

Was passiert im Krankheitsfall oder bei einem Arbeitsunfall?

Normalerweise genießen Arbeitnehmer im Krankheitsfall oder bei einem Betriebsunfall Versicherungsschutz. Doch gilt das auch, wenn sie zu Hause arbeiten?

Die Beantwortung dieser Frage ist nicht leicht, da Telearbeiter zwar zu Hause arbeiten, sich zwischendurch aber auch mal um private Angelegenheiten kümmern. Was passiert zum Beispiel, wenn Ihr Mitarbeiter die Treppe herunterfällt und sich das Bein bricht, nachdem er gerade einen geschäftlichen Anruf tätigte und nur schnell mal in die Küche wollte, um nach dem Telefonat eine Tasse Kaffee zu trinken und die Zeitung zu lesen?

Auch hier gilt das Prinzip, dass der Arbeitgeber für die Sicherheit und Gesundheit seiner Angestellten verantwortlich ist. Zur Klärung von versicherungsrechtlichen Fragen sollten Sie sich an einen Rechtsanwalt oder Versicherungsmakler wenden, und zwar bevor Sie die Telearbeit in Ihrem Unternehmen einführen. Nur so können Sie sicher sein, dass Sie sämtliche wichtigen Details zu diesem Thema kennen und auch Ihre Mitarbeiter darüber informieren können.

Betriebsgeheimnisse

Wenn Ihr Unternehmen mit vertraulichen Informationen zu tun hat (und für welche Firma gilt das nicht?) kann Telearbeit ein Sicherheitsrisiko darstellen. Ein Einbruch in das Haus eines Telearbeiters ist vermutlich einfacher durchzuführen als ein Einbruch in das Betriebsgelände. Vermutlich sind die Daten Ihres Unternehmens besser in dem internen Netzwerk geschützt als auf den Computern Ihrer Telearbeiter.

Wenn Ihre Telearbeiter mit vertraulichen Daten arbeiten, sollten Sie sich mit Ihrer IT-Abteilung in Verbindung setzen, um Sicherheitsfragen zu klären. Empfehlenswert ist auch der Abschluss einer Verschwiegenheitsverpflichtung zwischen Ihrem Unternehmen und Ihren Telearbeitern.

Und die Steuern?

Auch wenn Ihre Telearbeiter weithin auf Angestelltenbasis für Sie arbeiten, können sich steuerliche Änderungen ergeben. Weshalb? Aufgrund der Abschreibungsmöglichkeiten für das Büro zu Hause.

Andererseits können Ihre Angestellten keine Ausgaben steuerlich geltend machen, für die der Arbeitgeber aufkommt. Konsultieren Sie also einen Steuerberater oder wenden Sie sich an die Personalabteilung Ihres Hauses. Weitere Informationen zu diesem Thema finden Sie auch in: *Steuern 2002 für Dummies* von Oliver Meves, Markus Meister, Gerhard Krapp, Wolfgang Hohl.

Der Vertragsabschluss

Nachdem Sie über sämtliche in diesem Kapitel angesprochenen Fragen nachgedacht und sich entsprechend schlau gemacht haben, sind Sie nun bereit, die Telearbeit auch in Ihrem Unternehmen einzuführen. Am besten Sie bereiten zusammen mit einem Rechtsanwalt einen entsprechenden Arbeitsvertrag vor.

Darin sollten folgende Punkte enthalten sein:

- ✔ Einteilung der Arbeitszeit
- ✔ Vom Unternehmen bereitzustellende Ausrüstung sowie deren Installation und Wartung.
- ✔ Statusberichte, zum Beispiel: Wie oft soll der Telearbeiter anrufen oder seine Voice-Mail abhören?
- ✔ Dauer des Beschäftigungsverhältnisses, vor allem wenn es erst einmal ein »Probelauf« ist.
- ✔ Verschwiegenheitsklausel

Was können Sie tun, damit Ihre Mitarbeiter auch zu Hause produktiv arbeiten?

Sind Sie der Ansicht, dass sich die Telearbeit für einige Ihrer Mitarbeiter geradezu anbietet, können Sie ihnen bei der Einrichtung eines Büros zu Hause wie folgt helfen:

- ✔ Sofern durchführbar, sollte der Telearbeitsplatz in einem separaten Zimmer eingerichtet werden.
- ✔ Klären Sie, wie sich Ihre Telearbeiter am Telefon melden sollen.
- ✔ Richten Sie Voice-Mail oder einen Anrufbeantworter ein.
- ✔ Weisen Sie darauf hin, dass der Arbeitsbereich abschließbar sein sollte.
- ✔ Überlegen Sie sich, wie die Daten gesichert werden.
- ✔ Machen Sie deutlich, dass der Computer ausschließlich dienstlich genutzt werden darf.
- ✔ Erstellen Sie einen Arbeitsplan und setzen Sie ihn um.
- ✔ Sorgen Sie für technischen Support.
- ✔ Wählen Sie das geeignete Telefonsystem wie zum Beispiel einen ISDN-Anschluss aus.

Noch ein letztes Wort zur Motivation von Telearbeitern

Bei der Motivation von Telearbeitern ist insbesondere Ihre Kreativität gefragt. Hier ein paar Tipps:

- ✔ **Persönlicher Kontakt.** Nutzen Sie jede Gelegenheit dafür, denn das ist der beste Weg, keine Missverständnisse aufkommen zu lassen. Außerdem einigt man sich viel schneller, wenn man sich persönlich gegenüber sitzt.
- ✔ **Mitarbeiterbewertung.** Denken Sie daran, dass Leistungsbewertungen keine bösen Überraschungen enthalten dürfen. Auch für Telearbeiter gilt: Kontinuierliches Feedback das ganze Jahr über ist das Beste, was Sie als Manager tun können.
- ✔ **Arbeitszeiten.** Keine Panik, niemand erwartet von Ihnen, dass Sie die Arbeitszeiten Ihrer Mitarbeiter auswendig lernen, doch Sie sollten eine Liste anlegen, so dass Sie immer wissen, wer wann im Büro ist.
- ✔ **Sorgfältige Arbeitseinteilung.** Bitten Sie Ihre Mitarbeiter, Besprechungen und Anrufe auf die Tage zu legen, an denen sie in Ihrem Unternehmen arbeiten und die Arbeit am Computer zu Hause zu erledigen, wo sie ungestörter arbeiten können.
- ✔ **Gute Planung.** Als Manager sollten Sie besser agieren anstatt zu reagieren. Wenn Sie sich bereits im Vorfeld mit potenziellen Problemen befassen und Einzelheiten klären, können Sie sich Besprechungen, die in letzter Minute einberufen werden müssen, ersparen. Außerdem verpassen Ihre Telearbeiter dann keine kurzfristig angesetzten Termine.
- ✔ **Flexibilität.** Stellen Sie sich darauf ein, dass nicht jeder dafür geeignet ist, zu Hause zu arbeiten, auch wenn es von der Arbeit her eigentlich kein Problem wäre. Manche Mitarbeiter stellen nämlich fest, dass sie ohne den sozialen Kontakt zu ihren Kollegen nicht so gut arbeiten können. Wenn die Telearbeit nicht funktioniert, sollten Sie bereit sein, Ihre Mitarbeiter wieder in Ihrem Unternehmen einzusetzen. Schließlich lässt sich jede Entscheidung wieder rückgängig machen.
- ✔ **Eignung.** Fragen Sie sich bei jedem Mitarbeiter, ob er oder sie motiviert und diszipliniert genug ist, um von zu Hause aus zu arbeiten.

Teil VII

Motivationshemmnisse überwinden

»Was glaubst Du wohl, was der wahre Grund für diese Poster ist?«

In diesem Teil …

Vielleicht haben Sie dieses Buch ja gekauft, weil Sie ganz spezielle Probleme bei der Mitarbeitermotivation lösen möchten. Es geht Ihnen um mehr als Tipps zur Motivation, weil Sie bestimmte Schwierigkeiten überwinden müssen. Keine Angst, in diesem Kapitel werden einige der häufigsten Motivationshemmnisse besprochen, zu denen Personalmangel, chronisches Zuspätkommen, Stress und schwierige Unternehmenssituationen gehören.

Management in Zeiten des Wandels

18

In diesem Kapitel

- Veränderungen richtig verstehen
- Mit Personalmangel umgehen lernen
- Auch Wachstum ist nicht immer einfach
- Fusionen und Firmenaufkäufe bewältigen
- Personalabbau unbeschadet überstehen

Erfolgreiche Unternehmen wachsen und entwickeln sich kontinuierlich weiter. Das kann bedeuten, dass Bestellungen plötzlich noch am selben Tag ausgeliefert werden müssen, der Kundenservice rund um die Uhr verfügbar sein soll oder auf irgendeine andere Art versucht wird, der Konkurrenz einen Schritt voraus zu bleiben. Wandel und Änderungen gehören in der Geschäftswelt zum Alltag, wie auch immer das nun im Einzelnen aussehen mag.

Manche Mitarbeiter akzeptieren diesen Wandel oder freuen sich sogar darüber, während andere schon bei den geringsten Änderungen des Status quo Sturm laufen. Doch auch für änderungswillige Mitarbeiter bedeuten Zeiten des Wandels auch Zeiten der größeren Belastung. Sie können sich bestimmt vorstellen, was dann diejenigen durchmachen, die Änderungen von vornherein skeptisch gegenüber stehen.

In diesem Kapitel erfahren Sie, was Sie in Zeiten des Wandels, zu denen bedauerlicherweise auch so negative Veränderungen wie Personalabbau zählen, tun können. Außerdem können Sie nachlesen, wie Sie Ihren Mitarbeitern in diesen Zeiten beistehen können.

Ein schlechtes Management in Zeiten des Wandels ist für die Motivation absolut tödlich. Die Mitarbeiter müssen das Gefühl haben, dass ihnen nichts vorenthalten wird und das Unternehmen auf sicheren Beinen steht. Sie dürfen nie den Eindruck gewinnen, dass Änderungen keinen Sinn haben und nur aus einer Laune der Firmenleitung heraus durchgesetzt werden.

Änderungen sind normal und sinnvoll

Ob Ihnen das nun gefällt oder nicht: *Alles verändert sich* und das trifft auch auf Sie zu. Sie werden älter und je nach Lebensabschnitt ändern sich Ihre Vorlieben und Ihr Freundeskreis.

Dasselbe gilt auch im übertragenen Sinn im Geschäftsleben. Floriert das Unternehmen, ändern sich seine Ziele und Ansprüche. Ein Start-up-Unternehmen setzt sich in der Anfangsphase wahrscheinlich zum Ziel, zum ersten Mal schwarze Zahlen zu schreiben und sehnt den ersten Monat, in dem ein Profit erzielt wird, sehnlichst herbei. Zehn Jahre später lautet das Ziel dieser Firma vermutlich, die Produktpalette zu erweitern, neue Kunden zu gewinnen und in neue Märkte vorzudringen.

Vielleicht sieht Ihr Unternehmen Änderungen entgegen, da der Konkurrenzdruck beständig steigt oder weil es sich an den technologischen Fortschritt anpassen muss, weil sich die Hierarchieebenen verlagern oder am Personal gespart werden muss. (Mehr zum letzten Punkt erfahren Sie weiter hinten in diesem Kapitel.) Auch Änderungen des Arbeitsmarktes zwingen Unternehmen, Änderungsmaßnahmen zu ergreifen. Als Manager müssen Sie sich an die neue Arbeitnehmerschaft anpassen.

Die vier Phasen des Wandels

In der Regel freundet man sich nur langsam mit dem Gedanken an, dass Änderungen durchgesetzt werden müssen, und es spielt dabei eigentlich keine Rolle, was sich ändert oder wann. Normalerweise durchlaufen wir vier Phasen, wenn wir mit Änderungen konfrontiert werden:

- ✔ **Ablehnung.** Schon bei den geringsten Anzeichen bevorstehender Änderungen geraten viele Menschen in Panik und lehnen diese ab, weil sie entweder der Ansicht sind, sie seien überflüssig oder nicht praktikabel.
- ✔ **Widerstand.** Nachdem die Menschen begriffen haben, dass die Änderungen mit Sicherheit eintreten werden, leisten sie Widerstand. Sie weigern sich beharrlich, den Sinn dieser Änderungen zu sehen. Völlig unabhängig von Ihren Führungsqualitäten oder der sonstigen Kooperationsbereitschaft Ihrer Mitarbeiter gehört die Phase des Widerstands zum Wandlungsprozess. Gute Manager wissen, wie sie ihr Team durch diese Phase leiten. Wenn Sie Probleme damit haben, sollten Sie einschlägige Fachliteratur zu Rate ziehen.
- ✔ **Gedankliche Auseinandersetzung.** In dieser Phase realisieren die Menschen langsam, dass die Änderungen vielleicht doch Sinn machen und setzen sich mit ihren Vor- und Nachteilen auseinander.
- ✔ **Akzeptanz.** In dieser Phase haben die Menschen erkannt, dass die Änderungen funktionieren und sich sogar positiv auswirken. Die Änderungen werden zumindest akzeptiert und gelten somit als neuer Status quo.

Damit Ihre Mitarbeiter gut mit Änderungen umgehen können, müssen sie Vertrauen haben und zuversichtlich sein. Ihre Mitarbeiter müssen sich darauf verlassen können, dass ihnen alles mitgeteilt wird. Wer sich als Teil eines Teams begreift, ist besser für Änderungen gewappnet, weshalb Sie den Teamgeist fördern sollten. Bieten Sie Ihren Mitarbeitern im Bedarfsfall Schulungen an, so dass sie auch in Zeiten des Wandels nichts an ihrer Kompetenz einbüßen.

Versuchen Sie doch einmal, die geplanten Änderungen aus dem Blickwinkel Ihrer Mitarbeiter zu sehen. Inwieweit wirken sich die Änderungen auf sie aus?

Gute Führungsqualitäten, gute Kommunikation, Teamarbeit und Schulungen sorgen dafür, dass sich Änderungen reibungslos und effizient vollziehen.

Besondere Achtsamkeit in Zeiten des Wandels

Wenn Sie eine Veränderung angekündigt haben, müssen Sie sie auch konsequent umsetzen. Ansonsten erwecken Sie den Eindruck, nach Lust und Laune zu handeln. Ein mit Begeisterung angekündigtes Vorhaben, das aufgrund mangelnder Planung oder Unterstützung wieder eingestellt werden muss, führt vermutlich dazu, dass Ihre zukünftigen Änderungspläne bei Ihren Mitarbeitern auf Misstrauen stoßen und keine Unterstützung finden.

Nehmen Sie Änderungen nicht auf die leichte Schulter. Wenn Sie neue Arbeitsmethoden eingeführt haben, kann es leicht passieren, dass Ihre Mitarbeiter verwirrt, ängstlich und unsicher sind. Im schlimmsten Fall leidet darunter die Produktivität Ihres Unternehmens, wenn auch nur vorübergehend. Sie müssen sich absolut sicher sein, dass die von Ihnen beabsichtigten Änderungen diesen Preis auch wert sind.

Hohe Arbeitsmoral ist auch bei Personalmangel möglich

Zeiten des Personalmangels sollten Sie als Manager nicht aus heiterem Himmel treffen. Als Führungskraft müssen Sie wissen, wann es – saisonal bedingt oder aufgrund eines neuen Produkts – zu einer höheren Arbeitsbelastung für Ihre Abteilung kommt.

Planen Sie daher bereits im Vorfeld, welche Anforderungen auf Ihre Abteilung zukommen. Helfen Sie Ihrem Team dabei, sich nicht überarbeiten zu müssen und stellen Sie sicher, dass ausreichend Aushilfspersonal zur Verfügung steht.

Wenn folgende Punkte auf Ihr Unternehmen zutreffen, ist das ein untrügliches Anzeichen dafür, dass zu wenige Mitarbeiter beschäftigt sind:

- ✔ Häufige Fehler oder versäumte Termine
- ✔ Zu viele Überstunden
- ✔ Hohe Fluktuation
- ✔ Häufige Fehltage
- ✔ Gestresste Mitarbeiter

Vermeiden Sie Personalknappheit. Das bedeutet nämlich nichts anderes für Ihr Team als noch mehr Stress, schlechte Kundenbetreuung, höhere Mitarbeiterfluktuation und häufige Fehler.

Vernünftige Personalpolitik

Auch in Sachen Personalpolitik muss Ihre Devise lauten: Lieber agieren als reagieren. Sie müssen über wichtige Daten, Termine und Forderungen bereits im Vorfeld Bescheid wissen. Reicht einer Ihrer Mitarbeiter zum Beispiel seine Kündigung ein, dürfen Sie das nicht mit einem Schulterzucken abtun und weitermachen als wäre nichts geschehen. Überlegen Sie lieber, wer seine Aufgaben übernimmt und bitten Sie diesen Mitarbeiter, seinen Nachfolger einzuarbeiten. Hat er jedoch schon zu einem anderen Arbeitgeber gewechselt, und Ihnen wird klar, dass keiner seinen Job übernehmen kann und auch keine Arbeitsplatzbeschreibung oder kein Handbuch existieren, müssen Sie reagieren – und zwar sofort!

Greifen Sie doch einfach auf Zeitpersonal zurück, wenn die Arbeitsbelastung vorübergehend zu hoch wird oder für ein Projekt bestimmte Fachkenntnisse erforderlich sind, die keiner in Ihrem Team vorweisen kann. Hier ein paar weitere Tipps, was Sie zur Bewältigung von Personalknappheit tun und lassen sollten:

- ✔ Wenn es an allen Ecken und Enden an Personal fehlt, sehen Sie bitte nicht einfach weg, in der Hoffnung, dass Ihre Mitarbeiter mit dieser Unmenge an Arbeit schon irgendwie klar kommen werden.
- ✔ Setzen Sie sich gründlich mit diesem Problem auseinander.
- ✔ Sie müssen flexibel sein, wenn es um die Umsetzung von Änderungen geht.
- ✔ Arbeiten Sie in Stoßzeiten mit anderen Abteilungen zusammen, sofern möglich.
- ✔ Bitten Sie andere Mitarbeiter oder Kollegen um ihre Meinung.
- ✔ Drücken Sie sich nicht vor einer Entscheidung.
- ✔ Stellen Sie einen Plan und Ziele auf.

Zeitpersonal einstellen

Wenn Sie unter Personalmangel leiden, ist es eine gute Idee, Zeitpersonal einzustellen. Zeitpersonal ist nicht nur für Büroarbeiten – Telefondienst, Ablage, Dateneingabe – verfügbar, auch Techniker, Programmierer oder Führungskräfte sind auf diesem Arbeitsmarkt zu finden. Fragen Sie doch einfach bei einem Zeitarbeitsunternehmen nach.

Mehr zu diesem Thema finden Sie in Kapitel 16.

Festangestellten mehr Verantwortung übertragen

Sollten Sie sich überfordert fühlen, weil Sie sich um immer mehr Dinge kümmern müssen, könnten Sie jemandem aus Ihrem Team mehr Verantwortung übertragen. Das erleichtert zum einen Ihren Job und bieten einem anderen die Möglichkeit, vorwärts zu kommen und dazu zu lernen. Sprechen Sie vorher mit diesen Mitarbeitern über ihre Karrierepläne und stimmen Sie die Aufgaben an die jeweilige Qualifikation ab. Mehr zu diesem Thema finden Sie in Kapitel 10.

Schnelles Wachstum geschickt managen

Der Job als Manager ist gerade in Zeiten des Wachstums sehr anspruchsvoll, vor allem, wenn sich die Dinge überstürzen. Nehmen wir einmal an, Sie arbeiten für ein Unternehmen mit 20 Mitarbeitern und sind an flexible Abläufe und relativ lockere Vorgehensweisen gewöhnt. Jeder kennt jeden, Änderungen sind schnell umzusetzen, und wenn nötig, wird auch mal der übliche Ablauf über den Haufen geworfen. Doch nach kurzer Zeit ist aus diesem Kleinbetrieb ein Großunternehmen mit 500 Mitarbeitern geworden, in dem es jede Menge Vorschriften und strikte Arbeitsabläufe gibt und man gerade noch die Leute kennt, mit denen man täglich zusammenarbeitet.

In einem schnell wachsenden Unternehmen trauern die meisten Mitarbeiter den guten alten Zeiten hinterher, vor allem diejenigen, die von Anfang an mit dabei waren. Wenn diese sich allzu laut darüber beschweren, dass früher alles anders – und besser – gehandhabt wurde, kann ihr Unmut die Kollegen anstecken. Bedenken Sie bitte, dass manche Mitarbeiter in kleineren Betrieben besser aufgehoben sind. Nichtsdestotrotz können Sie einiges tun, damit sich alle mit den Änderungen, die ein schnelles Wachstum mit sich bringt, anfreunden können.

Beherzigen Sie diese Tipps, wenn Sie Ihre Mitarbeiter nicht verlieren möchten:

- ✔ Kommunizieren Sie mit Ihnen. Immer und immer wieder.
- ✔ Erläutern Sie Ihren Mitarbeitern, wohin die Reise geht.
- ✔ Erklären Sie, weshalb Änderungen erforderlich sind und wie sie umgesetzt werden.
- ✔ Nutzen Sie jede Gelegenheit, um die Firmenvision und -philosophie zu erläutern.
- ✔ Beziehen Sie Ihr Team in die Planung der Änderungen mit ein.
- ✔ Beantworten Sie ihre Fragen dazu.
- ✔ Achten Sie vor allem auf die Firmenkultur.
- ✔ Stellen Sie sicher, dass sämtliche Mitarbeiter ihre Aufgaben in den Zeiten des Übergangs und auch danach kennen.
- ✔ Teilen Sie Ihren Leuten eigenverantwortlich organisierte Projekte zu.

Fusionen und Akquisitionen managen

In jedem Teil der Welt versuchen Unternehmen, auf globaler Ebene konkurrenzfähig zu bleiben. Aus diesem Grund kommt es zu immer mehr Fusionen und Firmenaufkäufen. Einer von Robert Half International in ganz Amerika durchgeführten Studio zufolge gaben 68 Prozent der befragten Finanzdienstleister an, dass ihrer Ansicht nach es in Zukunft noch mehr Fusionen und Akquisitionen geben wird.

Es gibt mehrere Gründe, weshalb sich Unternehmen für diesen Expansionskurs entscheiden:

- ✔ Sie möchten im Kampf mit der Konkurrenz eine stärkere Position einnehmen
- ✔ Sie möchten effizienter operieren können
- ✔ Sie wollen neue Märkte erobern
- ✔ Sie möchten expandieren

Unbestritten haben Fusionen und Akquisitionen ihre Vorteile, doch die meisten Mitarbeiter stehen diesen Plänen eher skeptisch gegenüber. In solchen Situationen sind Manager gefragt, die alles geben, um aus der Verschmelzung zweier Unternehmen das Beste zu machen.

Wenn Ihr Schreibtisch aufgrund der bevorstehenden Fusion überquillt und Sie kaum noch Zeit für Ihre Mitarbeiter haben – die Sie gerade jetzt brauchen – sollten Sie sich überlegen, ob Sie nicht einen Berater hinzuziehen, der sich auf Fusionen und Akquisitionen spezialisiert hat. Diese Experten können Aufgaben wie die Analyse von Kennzahlen und Prognosen übernehmen oder Sie in komplexen Steuerangelegenheiten beraten. Wenn Sie einen Berater engagieren, bleibt Ihnen genug Zeit, sich in dieser schwierigen Phase um Ihre Mitarbeiter zu kümmern. Nähere Informationen dazu finden Sie in dem Kasten.

Mit Rationalisierungsmaßnahmen umgehen

Bereits in den frühen neunziger Jahren begann der Trend des Personalabbaus, der sich bis heute fortsetzt. Unternehmen entscheiden sich für den Personalabbau, um Kosten zu sparen und den Profit oder die Produktivität zu erhöhen, den Cash-flow und die Entscheidungsfindung zu vereinfachen oder um den Bürokratismus zu reduzieren. Manchmal geht dieser Plan auf und manchmal nicht. Selbst wenn die Massenentlassung die erwünschten Einsparungen erbringen, ist die Belastung für die restliche Belegschaft doch häufig dramatischer als gedacht. Personalabbau geht zu Lasten der Arbeitsmoral, der Produktivität des Unternehmens und der langfristigen Firmenvorhaben. Es versteht sich wohl von selbst, dass ein Personalabbau nur dann realisiert werden sollte, wenn dem Unternehmen wirklich nichts anderes übrig bleibt.

Die Entscheidung, wer denn nun entlassen werden soll, ist alles andere als einfach. Manche Unternehmen kündigen als erstes den Mitarbeitern, die erst kurze Zeit für sie arbeiten, während andere zuerst die schlechtesten Angestellten entlassen. Wie auch immer, Personalabbau ist kein Kinderspiel. Unter Umständen sehen sich Arbeitnehmer und Arbeitgeber vor Gericht wieder, wo um die Ablösesummen gekämpft wird.

Wenn Sie selbst in der misslichen Lage sind, Mitarbeiter entlassen zu müssen, befolgen Sie bitte die nachfolgenden Tipps, um sich und Ihren Mitarbeitern die Sache zu erleichtern:

- ✔ **Setzen Sie sich mit einem Anwalt in Verbindung, der sich auf Arbeitsrecht spezialisiert hat und über Erfahrung mit Personalabbau verfügt.**
- ✔ **Planen Sie den Zeitpunkt der Bekanntgabe sorgfältig.** Überlegen Sie gründlich, wann Sie der Belegschaft mitteilen, dass kein Weg an Entlassungen vorbei führt. Berücksichtigen Sie dabei sämtliche rechtlichen, praktischen und sonstigen Faktoren.
- ✔ **Überprüfen Sie, ob Sie wirklich keine andere Wahl haben als Mitarbeiter zu entlassen.** Besteht keine Möglichkeit, Betriebsabläufe zusammenzufassen oder die Ausgaben zu senken? Überprüfen Sie jede Sparmöglichkeit, Sie werden überrascht sein, wie viele es davon gibt (im nächsten Kasten finden Sie weitere Alternativen zum Personalabbau).
- ✔ **Stellen Sie eine chronologisch sortierte Liste der Mitarbeiter zusammen, die entlassen werden müssen (diese Liste ist natürlich nur für Sie bestimmt).** Auf diese Weise wissen Sie ganz genau, wer bleiben kann, wenn doch nicht so viele Mitarbeiter wie ursprünglich gedacht entlassen werden müssen.

Entscheiden Sie gemeinsam mit anderen Managern, nach welchen Kriterien Mitarbeiter entlassen werden. Auf diese Weise erfahren Ihre Mitarbeiter, dass alle Abteilungen gleichermaßen von der Entlassungswelle erfasst werden und es einigermaßen fair zugeht.

- ✔ **Nachdem feststeht, wer entlassen wird, vereinbaren Sie persönliche Gespräche mit den betroffenen Mitarbeitern.** Bieten Sie ihnen Ihre Unterstützung bei der Suche nach einem neuen Arbeitsplatz an.

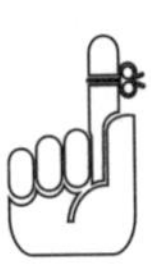

Nach den Entlassungen werden Ihre Mitarbeiter die Auswirkung sehr deutlich spüren. Vermutlich ist die Arbeitsmoral gegen den Nullpunkt gesunken. Sie müssen Ihren Mitarbeitern immer wieder klar machen, dass Sie alles tun werden, was in Ihrer Macht steht, um weitere Entlassungen zu verhindern. Was immer auch passiert, Sie müssen Ihre Mitarbeiter auch und gerade in solchen Situationen motivieren – sonst besteht die Gefahr, dass Sie auch den Rest Ihres Teams verlieren.

Außerdem sollten Sie sich ganz besonders nun um die Aufstiegs- und Karrieremöglichkeiten Ihrer verbliebenen Mitarbeiter kümmern. Mehr Informationen hierzu finden Sie in Teil IV.

Selbst in Krisenzeiten, in denen es zu Massenentlassungen kommt, besteht der Arbeitnehmerschutz unvermindert weiter. Beraten Sie sich in jedem Fall mit Ihrer Rechtsabteilung oder einem Rechtsanwalt. Zu jeder Entscheidung für einen Stellenabbau gehört ein juristischer Rat.

Alternativen zum Stellenabbau

Vermutlich denken auch Sie zuerst an Personalabbau, wenn es um Kostenersparnis geht. Doch es gibt Alternativen! Bevor Sie sich daran machen, reihenweise Kündigungen auszusprechen, die das Leben Ihrer Mitarbeiter und ihren Familien ruinieren können, sollten Sie sich einmal diese Vorschläge durch den Kopf gehen lassen:

- ✔ Besteht die Möglichkeit einer Schulung, sodass bestimmte Mitarbeiter anschließend andere Jobs übernehmen können?
- ✔ Lassen sich durch eine Umstellung der Geschäftsabläufe und Verfahren Kosten einsparen?
- ✔ Fragen Sie bei Ihren Mitarbeitern nach, ob Interesse an verkürzten Arbeitszeiten, einem Halbtagsjob, an Job-Sharing, und so weiter besteht.
- ✔ Sobald jemand in Rente geht, sollten Sie prüfen, ob tatsächlich ein Nachfolger eingestellt werden muss oder ob sich die Aufgaben umverteilen lassen.
- ✔ Bieten Sie Ihren Mitarbeitern die Möglichkeit an, vorzeitig in Ruhestand zu gehen.
- ✔ Greifen Sie auf Zeitpersonal zurück, wenn kurzfristig Personalbedarf besteht, in naher Zukunft jedoch wieder Entlassungen drohen.

Mit schwierigen Situationen fertig werden

19

In diesem Kapitel

- Was kann man gegen chronische Probleme tun?
- Einen Schlussstrich unter ständiges zu spät Kommen und häufiges Fehlen ziehen
- Mitarbeiter zu positivem Denken anleiten
- Gewalt am Arbeitsplatz verhindern
- Mitarbeiter entlassen
- Den Rest der Belegschaft beruhigen

Sie wissen ja selbst, dass der Job eines Managers nicht immer einfach ist. Was ist zu tun, wenn ein Mitarbeiter dauernd zu spät kommt? Was, wenn jemand des Öfteren fehlt und nicht einmal anruft und Bescheid gibt? Wie gehen Sie mit einem Mitarbeiter um, der sich trotz zahlreicher Abmahnungen einfach nicht ändert? Und wie können Sie Ihre Leute motivieren, wenn es in Ihrer Abteilung einen Quertreiber gibt, der Ihre Bemühungen ständig zunichte macht?

In diesem Kapitel erfahren Sie, was Sie in solchen Situationen tun können und welche Verfahren und Vorgehensweisen Sie aufstellen können, die Ihnen, Ihren Angestellten und dem Unternehmen gegenüber fair sind.

Dieses Kapitel beinhaltet auch rechtliche Problemfälle. Denken Sie bitte daran, dass Sie kein Rechtsanwalt sind. Bei Disziplinarverfahren, Kündigungen und Gewalt am Arbeitsplatz sind Sie auf die Unterstützung durch einen kompetenten Rechtsanwalt angewiesen, der die jeweilige Situation und Ihr Unternehmen kennt. Sparen Sie hier nicht an der falschen Stelle!

Wenn Sie mit der Leistung Ihrer Mitarbeiter unzufrieden sind, sollten Sie ihnen das sofort mitteilen. Schieben Sie diese Angelegenheit nie auf die lange Bank!

Regeln aufstellen

Früher oder später kriegen Sie es mit einem schwierigen Mitarbeiter zu tun, egal, wie erfolgreich Ihr Unternehmen ist oder wie gut Sie als Führungskraft sind. Von Ihrer Reaktion hängt es ab, ob sich die Dinge rasch klären lassen oder sich noch alles verschlechtert, da andere

Mitarbeiter sozusagen angesteckt werden, und sich das Fehlverhalten im ganzen Team oder in der gesamten Abteilung ausbreitet.

Es ist zu hoffen, dass Sie im Fall der Fälle niemanden entlassen müssen. Rechnen müssen Sie jedoch damit, daher ist es nur sinnvoll, sich auf diese Situation vorzubereiten, damit Sie wissen, wie Sie vorzugehen haben, so dass der betreffende Mitarbeiter fair behandelt wird.

Als unmittelbarer Vorgesetzter tragen Sie die Verantwortung für einen problematischen Mitarbeiter, das heißt, im Grunde ist sein untragbares Verhalten am Arbeitsplatz Ihr ureigenes Problem. Deshalb sollten Sie sich jetzt die Zeit nehmen und einmal darüber nachdenken, wie Sie in einer solchen Situation vorgehen. Möglicherweise verfügt die Personalabteilung Ihres Unternehmens über Richtlinien. Wenn nicht, sollten Sie gemeinsam welche aufstellen.

Probleme lösen sich nicht von selbst. Es hat keinen Sinn, sie zu ignorieren, denn dadurch machen Sie nur den anderen Mitarbeitern deutlich, dass es Sie nicht kümmert, wenn die Leistungsstandards nicht erfüllt werden, weshalb bald schon alle Mitarbeiter schlechtere Arbeit leisten werden.

Oberstes Prinzip: Fairness

Für sämtliche Vorgehensweisen, die der Disziplinierung von Mitarbeitern dienen, muss ein Prinzip gelten: das der Fairness. Wenn Sie zum Beispiel einem Mitarbeiter mitteilen, dass er sein Verhalten ändern muss, um der drohenden Kündigung zu entgehen, muss er auch eine faire Chance dazu erhalten.

Beherzigen Sie auch diese Tipps:

- ✔ **Machen Sie Ihre Erwartungen deutlich.** Ihre Mitarbeiter müssen wissen, welche Standards sie erfüllen müssen und wie sich ihre Arbeit (oder ihre schlechten Leistungen) auf die Produktivität des gesamten Unternehmens auswirken.
- ✔ **Schildern Sie die Konsequenzen.** Alle Mitarbeiter müssen wissen, was ihnen »blüht«, wenn sie die Leistungsstandard nicht erfüllen.
- ✔ **Sprechen Sie Probleme an, sobald sie auftauchen.** Anderenfalls vermitteln Sie Ihren Mitarbeitern den Eindruck, dass ein bestimmtes Verhalten akzeptiert wird, obwohl das ja gar nicht der Fall ist.
- ✔ **Achten Sie auf die Verhältnismäßigkeit der Mittel.** Was hat der Mitarbeiter denn falsch gemacht? Welche Eintragungen stehen in seiner Mitarbeiterkartei? War er oder sie schon immer Ihr »Sorgenkind« oder ist es das erste Mal, dass seine oder ihre Leistungen zu wünschen übrig lassen?
- ✔ **Ziehen Sie niemanden vor und benachteiligen Sie niemand.** Nur auf diese Weise schützen Sie sich vor langwierigen Prozessen wegen Diskriminierung.
- ✔ **Dokumentieren Sie alles.** Es ist so gut wie unmöglich, dass Sie nach einem halben Jahr noch genau wissen, was Sie bei der Besprechung der Leistungsbewertung zu jedem Mitar-

beiter gesagt haben. Schon aus Gründen der Fairness empfiehlt es sich, sich bei solchen Meetings Notizen zu machen, damit auch später noch klar ist, welche Probleme angesprochen wurden. Außerdem kann es dann nicht vorkommen, dass Sie fälschlicherweise annehmen, ein Mitarbeiter hätte dieses oder jenes gesagt oder getan; und auch Sie selbst sind vor falschen Anschuldigungen geschützt. Kommt es vielleicht sogar zu einem Prozess, ist es immer besser, über Aufzeichnungen zu verfügen.

Die wichtigsten ersten Schritte kennen

Der Umgang mit Problemen will gelernt sein. Es gibt einige Grundregeln, die fast in jeder denkbaren Situation gelten, und natürlich entsprechend angepasst und geändert werden können. In schwierigen Situationen sollten Sie Rücksprache mit der Personal- oder Rechtsabteilung Ihres Unternehmens halten, da vielleicht bereits festgelegt ist, wie sich Vorgesetzte zu verhalten haben. In diesem Kapitel finden Sie noch weitere Tipps, die Sie in bestimmten Situationen nutzen können. Doch nun zunächst zu den allgemeinen Hinweisen:

1. **Teilen Sie Ihrem Mitarbeiter mit, dass sein Verhalten nicht dem gewünschten Standard entspricht.**

   Vereinbaren Sie dafür zunächst ein persönliches Gespräch und fertigen Sie ein Protokoll darüber an.

2. **Ermahnen Sie Ihren Mitarbeiter ein zweites Mal.**

   Hat sich das abgemahnte Verhalten nicht gebessert, vereinbaren Sie einen zweiten Gesprächstermin. Dieses Mal sollten Sie eine Auflistung mitbringen, auf der genau steht, was verbessert werden muss und inwieweit sich das Verhalten negativ auf die laufenden Geschäfte auswirkt.

3. **Die dritte und letzte Abmahnung.**

   Haben die vorherigen Abmahnungen keinen Erfolg gezeigt, sollten Sie die Personalabteilung oder einen Rechtsanwalt um Rat fragen. Manchmal ist eine dritte und letzte Abmahnung üblich, manchmal wird aber zu diesem Zeitpunkt auch gleich die Kündigung ausgesprochen.

4. **Kündigen Sie dem Mitarbeiter.**

Mit Beschwerden umgehen

Die Vorgehensweisen, die den Umgang mit schwierigen Mitarbeitern regeln, sollten auch dem jeweiligen Mitarbeiter die Möglichkeit einräumen, seinen Standpunkt zu verdeutlichen. Anders ausgedrückt, es sollte so etwas wie ein Beschwerdeverfahren geben, das nicht unbedingt besonders bürokratisch und kompliziert sein muss. Auch hier sollten Sie einen Experten um Rat fragen, vor allem dann, wenn Ihre Mitarbeiter gewerkschaftlich organisiert sind und es vielleicht Vorschriften dafür gibt.

Ein wie auch immer geartetes Beschwerdeverfahren sollte sich durch folgende Merkmale auszeichnen:

- ✔ **Freie Wahl der Beschwerdestelle.** Normalerweise ist der direkte Vorgesetzte für Beschwerden seiner Untergebenen zuständig. Doch wenn der Mitarbeiter sich genau über diesen Vorgesetzten beschweren will oder es um eine ernsthafte Angelegenheiten wie sexuelle Belästigung am Arbeitsplatz oder Ausländerfeindlichkeit handelt, sollte es dem Mitarbeiter möglich sein, sich an andere Stellen, zum Beispiel die Personalabteilung, zu wenden.
- ✔ **Reagieren Sie schnell.** Wenn sich jemand mit einer Beschwerde an Sie wendet, sollten Sie rasch handeln. Wer Klagen – insbesondere über mangelnde Sicherheit am Arbeitsplatz, sexuelle Belästigung, Diskriminierung oder Kriminalität – ignoriert, braucht sich über eine Prozessflut nicht zu wundern. Erstatten Sie in so einem Fall unverzüglich Meldung bei der Personal- oder Rechtsabteilung. Denken Sie daran, dem betroffenen Mitarbeiter mitzuteilen, welche Schritte Sie eingeleitet haben, um ihn auf dem Laufenden zu halten.
- ✔ **Bleiben Sie objektiv.** Überprüfen Sie die Ihnen geschilderten Angaben unvoreingenommen. Setzen Sie die Informationen Stück für Stück zusammen, bis Sie wissen, was genau passiert ist. Vorsicht: Denken Sie daran, dass Sie kein Polizist sind. Wenn Sie eine Durchsuchung des Arbeitsplatzes vorhaben, sollten Sie sich erst einmal erkundigen, ob das legal ist.
- ✔ **Schützen Sie Ihre Mitarbeiter vor Repressalien.** Sichern Sie Ihren Mitarbeitern zu, dass keine Strafe droht, wenn sie den vorgeschriebenen Beschwerdeweg einhalten. Machen Sie notfalls auch anderen Führungskräften klar, dass keine Racheakte an Mitarbeitern, die sich über sie beschwert haben, geduldet werden.

Notorische Zuspätkommer

Die Leute ärgern sich über die unterschiedlichsten Dinge, doch fast jeder ärgert sich gleichermaßen über Unpünktlichkeit. Niemand kann es leiden, wenn er auf jemanden warten muss. Wer gewohnheitsmäßig zu spät kommt, eckt überall an.

Für viele Menschen ist die Tatsache, dass sie versetzt werden, ein Zeichen für mangelnden Respekt vor ihrer Person, ihrer Zeit, ihren Gefühlen und dem vereinbarten Treffen – wobei es keine Rolle spielt, ob es sich um eine berufliche oder private Verabredung handelt. Überlegen Sie doch mal: Wenn jemand zu einer Besprechung 15 Minuten zu spät kommt, zu dem sechs Mitarbeiter bestellt wurden, bedeutet das, dass jeder einzelne eine Viertelstunde seiner Zeit verliert, und zusammen macht das immerhin eine Stunde und dreißig Minuten. Kein Wunder, dass Unpünktlichkeit jeden zur Weißglut treibt.

Chronische Unpünktlichkeit ist ein Thema, das Sie in jedem Fall – unabhängig von den Gründen – ansprechen müssen. Natürlich kann es jedem mal passieren, dass er zu einer Besprechung zu spät kommt – auch dem zuverlässigsten, besten Mitarbeiter. Doch in so einem Fall wissen Sie ja, dass es sich um eine Ausnahme, und nicht um die Regel handelt. Anders jedoch, wenn Sie schon damit rechnen, dass bestimmte Mitarbeiter immer unpünktlich sind und Sie sich in Gedanken schon eine Entschuldigung bei Ihrem Vorgesetzten oder den Teammitgliedern überlegen. Dann haben Sie ein ernsthaftes Problem.

Was können Sie gegen chronische Unünktlichkeit unternehmen? Nun, tun Sie etwas, bevor es zur Gewohnheit wird. Selbst wenn Ihr bester Mann zum ersten Mal zu spät kommt, sollten Sie mit ihm darüber reden. Sie brauchen ihm ja nicht gleich die Leviten zu lesen, aber Sie müssen klar machen, dass es Ihnen zumindest aufgefallen ist. Nehmen wir einmal an, dass Martha eines Morgens 15 Minuten zu spät zur Arbeit kommt. Am besten, Sie nehmen sie noch im Laufe des Tages beiseite und fragen nach, ob alles in Ordnung ist. Auf diese Weise kann sie ihr Zuspätkommen erklären, ohne sich gleich angegriffen zu fühlen. Anschließend können Sie ihr eine Antwort geben wie: »Ich dachte mir schon, dass so etwas passiert ist. Denn normalerweise sind Sie für die anderen ein Vorbild in Sachen Pünktlichkeit.« Auf diese Weise machen Sie Martha zwei Dinge klar: Zum einen, dass Sie ihre Unpünktlichkeit bemerkt haben und Sie sich Gedanken um Ihre Mitarbeiter machen und zum anderen, dass sie normalerweise ein leuchtendes Beispiel für ihre Kollegen ist.

Sie selbst sollten Vorbild für Ihre Mitarbeiter sein. Wenn Sie möchten, dass alle um Punkt acht Uhr morgens an ihren Schreibtischen sitzen und arbeiten, gilt das auch für Sie selbst.

Wenn Sie zum ersten Mal mit der Unpünktlichkeit eines Mitarbeiters konfrontiert sind, daraus aber schon nach kurzer Zeit eine unliebsame Gewohnheit wird, haben Sie ein waschechtes Leistungsproblem, das Sie auch als solches behandeln müssen. (Siehe »Regeln aufstellen«, am Anfang dieses Kapitels.)

Wenn Sie die Unpünktlichkeit Ihrer Mitarbeiter ignorieren, signalisieren Sie damit, dass Pünktlichkeit keine Rolle spielt. Und genau das wollen Sie doch unter allen Umständen vermeiden, oder? Wenn Sie hingegen sofort reagieren, machen Sie klar, dass Sie Unpünktlichkeit nicht dulden. Unterschätzen Sie keinesfalls die Gerüchteküche – Sie können darauf wetten, dass ein unpünktlicher Mitarbeiter Ihre Reaktion seinen Kollegen weiter erzählt, und schon bald ist dieses Thema in aller Munde.

Was können Sie gegen häufige Fehltage tun?

Schlimm genug, wenn Ihre Mitarbeiter zu spät kommen, doch was ist, wenn sie erst gar nicht zur Arbeit erscheinen?

Natürlich kann jeder einmal krank werden. Die meisten Mitarbeiter rufen dann an, und entschuldigen sich für ihr Fernbleiben. Doch was, wenn aus Tagen Wochen werden oder jemand über einen längeren Zeitraum immer wieder mal ein paar Tage fehlt? Nun, das ist ganz offensichtlich ein Problem – und Sie sollten unverzüglich etwas dagegen tun.

Erscheint ein Mitarbeiter nicht am Arbeitsplatz und ruft auch nicht an, müssen Sie sofort reagieren. Rufen Sie ihn zuhause an und fragen Sie nach, ob er heute noch kommen wird und weshalb er bislang noch nicht zur Arbeit erschienen ist. Liegt ein Unfall vor oder ist er krank geworden? Bestehen Sie auf einer Arbeitsunfähigkeitbescheinigung eines Arztes, dann wissen Sie auch, wann der Mitarbeiter wieder arbeitsfähig ist. Handelt es sich um einen privaten Unglücksfall wie der Tod eines Angehörigen? Dann sollten Sie Ihre Hilfe anbieten und nachfragen, wann Ihr Mitarbeiter glaubt, wieder arbeiten zu können. Sobald Sie die Gründe für das Fernbleiben eines Mitarbeiters kennen, sollten Sie nochmals betonen, dass Sie unabhängig von den jeweiligen Umständen sofort benachrichtigt werden wollen, wenn jemand verhindert ist.

Negative Einstellungen in positive umwandeln

Wenn Sie möchten, dass Ihr Unternehmen erfolgreich ist, brauchen Sie Mitarbeiter, die ihre Kollegen anspornen und motivieren. Anders ausgedrückt, Ihre Leute müssen eine positive Grundeinstellung haben. Einer kürzlich von Robert Half International durchgeführten Umfrage zufolge gab über ein Drittel der befragten Führungskräfte an, dass Optimismus und positives Denken zu den am meisten geschätzten Eigenschaften von Bewerbern zählen.

Ein einfaches Lächeln hat oft eine ansteckende Wirkung. Genauso verhält es sich auch mit einer negativen Grundhaltung. Manche Menschen machen eigentlich nichts falsch, aber ihre zynische und negative Sichtweise steckt die restlichen Kollegen an. Was können Sie in so einem Fall also tun?

Zuerst sollten Sie mit dem betreffenden Mitarbeiter ein Gespräch unter vier Augen führen und sich erkundigen, ob er vielleicht Probleme hat. So könnten Sie zum Beispiel sagen: »Mir ist aufgefallen, dass Sie in letzter Zeit ziemlich unzufrieden wirken. Hängt das mit Ihrer Arbeit zusammen?« Auf diese Weise bieten Sie ihm die Möglichkeit, Ihnen zu sagen, ob er mit seinem Job, einen Kollegen oder privat Probleme hat. (Mit etwas Glück bekommen Sie nicht alle drei Sachen zu hören!) Ist seine Klage gerechtfertigt, sollten Sie tun, was in Ihrer Macht steht, um ihm zu helfen.

Wenn Sie folgende Tipps beachten, machen sich schon bald Optimismus und gute Laune in Ihrem Unternehmen breit:

- **Nehmen Sie Sorgen und Nöte Ihrer Mitarbeiter ernst.** Beschönigen Sie keine Klagen und sehen Sie die Dinge nicht in einem allzu rosa Licht. Wann immer es möglich ist, sollten Sie den Standpunkt Ihrer Mitarbeiter anerkennen und eventuelle Missverständnisse klären. Vermeiden Sie, verärgert zu klingen und in die Defensive zu gehen. Machen Sie sich klar, dass Ihr Mitarbeiter durchaus berechtigte Kritik üben kann.

- **Suchen Sie gemeinsam nach einer Lösung.** Machen Sie nicht den Fehler, sich die Probleme anderer anzuhören und dann gleich eine Patentlösung zu liefern. Statt dessen sollten Sie Ihre Mitarbeiter dazu anregen, aktiv nach Lösungen zu suchen, wenn Sie Ihnen ein Problem vortragen.

- **Nehmen Sie es mit Humor.** Humor baut Stress und Spannung ab, sofern er nicht mit Sarkasmus verwechselt wird. Humor ist etwas Positives und hat etwas Leichtes, Unbeschwertes an sich und geht niemals auf Kosten anderer.
- **Nehmen Sie sich Zeit für Ihre Leute.** Als Manager sollten Sie immer Ansprechpartner für Ihre Mitarbeiter und jederzeit erreichbar sein. Wenn Ihre Tür offen steht, wissen Ihre Leute, dass sie mit ihren Sorgen und Nöten zu Ihnen kommen können. Wenn sich Vorgesetzte in ihr Büro einsperren und selten Zeit für ihre Mitarbeiter haben, macht sich schnell Angst im Betrieb breit und das Gefühl, dass die zwischenmenschliche Ebene völlig vernachlässigt wird. Das schränkt natürlich die Kommunikation ein – über gute und schlechte Neuigkeiten und Ereignisse.
- **Achten Sie auf Ihre Körpersprache.** Lächeln Sie, schauen Sie Ihren Leuten in die Augen, hören Sie ihnen aufmerksam zu und nicken Sie, um Ihre Zustimmung auszudrücken. Nutzen Sie auch die körperliche Ebene, um Ihren Mitarbeitern Ihre positive Haltung zu demonstrieren.
- **Gestatten Sie Ihren Mitarbeitern, sich im Notfall in ein ungestörtes Eckchen zurückzuziehen.** Erleidet ein Mitarbeiter einen herben Schlag oder steckt er in einer Krise, sollte es ihm möglich sein, ein paar Minuten alleine zu sein. Auf diese Weise kann er seine Emotionen ungestört in den Griff bekommen, und es kommt zu keinen peinlichen Szenen, die ihm später bestimmt leid tun.
- **Lob, Lob, und noch einmal Lob.** Teilen Sie Erfolge mit Ihren Kollegen und Mitarbeitern und loben Sie alle, die dazu beigetragen haben. Wenn jemand eine großartige Präsentation abhält, sollten Sie nicht mit Lob geizen. Wer Worte der Anerkennung hört, fühlt sich gut.

Wenn es Ihnen nicht gelingt, einen missmutigen oder deprimierten Mitarbeiter aufzubauen und sich mittlerweile schon die Kollegen über ihn beschweren, sollten Sie ihnen raten, auf Distanz zu ihm zu gehen. Sagen Sie ihnen, dass Mitleid zwar eine natürliche Regung ist, aber die Gefahr besteht, dass sie sich von seiner miesen Stimmung anstecken lassen, was natürlich nicht im Sinne Ihres Unternehmens ist. Mehr darüber finden Sie unter »Wie Sie Ihren Mitarbeitern in schwierigen Zeiten helfen können« weiter hinten in diesem Kapitel.

Mit Bedrohungen und potenzieller Gewalt am Arbeitsplatz fertig werden

Dieses Thema ist wirklich alles andere als einfach, doch Sie müssen sich trotzdem damit auseinandersetzen. Zum Glück tritt Gewalt am Arbeitsplatz in den meisten Unternehmen nicht auf. Dennoch sollten Sie vorbeugende Maßnahmen ergreifen und Ihre Firma darauf vorbereiten, wie sie im Falle eines Falles zu reagieren hat. Schließlich steht bei diesem Thema viel zu viel auf dem Spiel, als dass man es sich leisten könnte, es zu ignorieren.

Ihr Ziel lautet, Ihren Mitarbeitern einen sicheren und gefahrlosen Arbeitsplatz zu bieten, an dem Gewalttätigkeiten gar nicht erst auftreten. Je nach Unternehmensart können Sie folgende Maßnahmen einleiten, um sich und Ihren Leuten optimalen Schutz zu bieten:

- ✔ Der Zutritt zu den Büroräumen wird durch Zugangscodes, Magnetkarten oder andere Sicherheitsvorkehrungen geschützt.
- ✔ Stellplätze oder Parkhäuser sind gut beleuchtet und werden überwacht.
- ✔ Mitarbeiter können ihre Wertsachen an einem sicheren Ort aufbewahren.
- ✔ Es befindet sich grundsätzlich nur wenig Bargeld in Ihrem Unternehmen.
- ✔ Es gibt Präventivrichtlinien und Regeln für den Notfall.

Diese Maßnahmen beziehen sich auf Gefahren, die von außen drohen. Natürlich sollten Sie Ihre Mitarbeiter auch vor internen Risiken schützen, indem Sie folgende Tipps beachten:

- ✔ **Stellen Sie strikte Regeln zur Gewaltprävention auf.** Machen Sie Ihren Mitarbeitern deutlich, dass bestimmte Verhaltensweisen – körperliche und verbale Drohungen, aggressives Auftreten, verletzendes Verhalten – niemals, unter keinen Umständen, toleriert werden.
- ✔ **Widmen Sie potenziellen Krisensituationen besondere Aufmerksamkeit.** Es besteht immer die Möglichkeit, dass ein Mitarbeiter gewalttätig reagiert, wenn er mit disziplinarischen Maßnahmen konfrontiert, vom Dienst suspendiert oder gar entlassen wird. Damit solche Situationen nicht eskalieren, sollten Sie sich vorher bei einem Experten aus Ihrer Personal- oder Rechtsabteilung erkundigen, was zu tun ist.
- ✔ **Überprüfen Sie Bewerber sorgfältig.** Bevor Sie jemanden einstellen, sollten Sie seine Referenzen überprüfen und bei möglicherweise aufkommenden Verdachtsmomenten erst sämtliche Bedenken ausgeräumt haben, bevor Sie eine Entscheidung treffen.
- ✔ **Bieten Sie Ihren Mitarbeitern professionelle Hilfe an.** Sofern möglich, sollte Ihr Unternehmen die Kosten für staatliche oder private Beratungsstellen übernehmen. Verteilen Sie zum Beispiel die Nummer der Telefonseelsorge oder ermöglichen Sie Ihren Mitarbeitern die Teilnahme an Kursen zur Stressbewältigung oder ähnlichem.

Achten Sie auf diese Signale: Es könnte sich um Vorboten eines Gewaltausbruchs handeln.

- ✔ Alkohol-, Drogen- oder Tablettenmissbrauch
- ✔ Gereiztheit, Fluchen oder Gewaltandrohungen
- ✔ Der Versuch, Waffen mit in die Arbeit zu nehmen.
- ✔ Extremes Verhalten.

Wenn Sie diese Anzeichen bemerken, ist es höchste Zeit, etwas dagegen zu unternehmen. Wenden Sie sich als erstes an einen Experten für das jeweilige Problem.

Vorsicht ist besser als Nachsicht. Zeigt ein Mitarbeiter Gewaltbereitschaft, können Sie ihn sofort entlassen, selbst wenn es noch nicht zu einem tatsächlichen Gewaltausbruch gekommen ist.

Konflikte richtig handhaben

Beginnt ein Mitarbeiter mit Ihnen zu streiten oder beleidigt er Sie in einer Besprechung – zum Beispiel während der Leistungsbewertung –, müssen Sie wissen, wie Sie damit umgehen können. Die folgenden Tipps sollten Sie sich unbedingt durchlesen, damit Sie für so eine unangenehmen und manchmal sogar gefährliche Situation gewappnet sind:

✔ **Hören Sie zu.** Unterbrechen Sie Ihren Mitarbeiter nicht, während er gerade Dampf ablässt. Warten Sie mit Ihrer Erwiderung, bis er sich etwas beruhigt hat.

✔ **Bleiben Sie ruhig.** Die Situation eskaliert nur noch weiter, wenn auch Sie sich in einen Streit hineinsteigern.

✔ **Reagieren Sie nicht automatisch mit Verständnis.** Mitarbeiter bekommen von ihren Vorgesetzten nur allzu oft den Satz zu hören: »Ich kann Sie ja gut verstehen.« Da dies in vielen Fällen überhaupt nicht zutrifft, sollte man es auch besser nicht sagen. Beschwert sich hingegen ein Mitarbeiter zu Recht, sollten Sie Ihr Verständnis für seine missliche Lage klar zum Ausdruck bringen.

✔ **Droht die Situation zu eskalieren, rufen Sie die Polizei.** Wenn Sie befürchten, dass es zu einem Gewaltausbruch kommen kann, sollten Sie unverzüglich die Polizei oder Ihren Sicherheitsdienst rufen. Versuchen Sie in so einem Fall nicht, alleine mit der Situation fertig zu werden und verhindern Sie, dass sich andere Mitarbeiter oder Kollegen einmischen.

Verbale Beleidigungen, die in Drohungen oder aggressive Auflehnung ausarten, sind Grund für eine fristlose Kündigung.

Mitarbeiter entlassen

Die richtige Entscheidung in wirklichen Problemsituationen – wie bei Diebstahl, extrem unangemessenem Verhalten oder jeder Art von Sucht – dürfte Ihnen nicht allzu schwer fallen, da diese Beispiele Extremfälle und eindeutiger Kündigungsgrund sind. Andererseits dürfte es aber auch Situationen geben, in denen die Entscheidung, einen Mitarbeiter zu entlassen, Ihnen ziemliche Magenschmerzen bereitet. Nehmen wir einmal an, in Ihrer Abteilung gibt es eine Mitarbeiterin, deren Verhalten einwandfrei ist und deren Arbeitsstil wunderbar mit der Firmenkultur harmoniert. Leider fehlt es ihr aber an der notwendigen Qualifikation. Sie ist sich dessen sehr wohl bewusst und arbeitet hart daran, dieses Defizit aufzuholen – leider vergebens. Kollegen, die ihr helfend unter die Arme greifen, geraten dadurch mit ihren eigenen Aufgaben in Verzug. Sie haben das Problem bereits vor einiger Zeit bemerkt, wollten ihr aber eine faire Chance geben. Mittlerweile steht jedoch fest, dass sich bedauerlicherweise nichts ändern wird.

Sie sind jetzt an dem Punkt angekommen, an dem Sie mit dem Gedanken spielen, diese Mitarbeiterin zu entlassen. Diese Entscheidung ist immer schwierig, besonders, wenn es sich um jemanden handelt, an dem nichts anderes auszusetzen ist als die mangelhafte Arbeitsleistung. Andererseits müssen Sie auch an Ihr Team denken. Wenn Sie diese Mitarbeiterin trotz ihrer mangelhaften Leistungen behalten, bürden Sie ihren Kollegen noch mehr Arbeit auf und vermitteln außerdem die Botschaft, dass es auf gute Leistungen eigentlich nicht so sehr ankommt.

Vielleicht können Sie die Mitarbeiterin ihrer Qualifikation entsprechend in eine andere Abteilung versetzen. Ist das nicht möglich, müssen Sie sich klar machen, dass es sich nachteilig auf alle anderen auswirkt, wenn sie diese Kraft in Ihrer Abteilung behalten. So hart es klingen mag, aber in diesem Fall ist es besser, wenn sich Ihre Wege trennen.

Als Manager müssen Sie die Tatsache akzeptieren, dass sich manche Dinge auch beim besten Willen nicht zurechtrücken lassen. Wenn Sie einen Mitarbeiter – aus welchem Grund auch immer – mündlich und schriftlich ermahnt, mit der Personalabteilung über ihn gesprochen und auch Ihren Vorgesetzten um Unterstützung gebeten haben, können Sie erwarten, dass sich sein Verhalten bessert. Ist das nicht der Fall und sinkt allmählich die Arbeitsmoral des restlichen Teams, bleibt Ihnen nur eine Möglichkeit: Trennen Sie sich von diesem Mitarbeiter. Mehr darüber finden Sie unter dem Abschnitt» Wie Sie Ihren Mitarbeitern in schwierigen Zeiten helfen können« weiter hinten in diesem Kapitel.

Arbeitsverhältnisse der besonderen Art

Im Gegensatz zu Amerika gibt es in Deutschland viele Gesetze zum Arbeitnehmerschutz. Dort hat der Arbeitgeber fast immer die Möglichkeit, Mitarbeiter nach Gutdünken zu entlassen, während dies in Deutschland so nicht möglich ist. Ausnahmen sind zeitlich befristete Arbeitsverträge, bei denen meistens eine tägliche Kündigung vereinbart wird oder wenn freie Mitarbeiter beschäftigt werden. Sprechen Sie mit Ihrer Rechtsabteilung oder erkundigen Sie sich bei einem Rechtsanwalt, welche Möglichkeiten es noch gibt.

Fristlose Kündigungen

In bestimmten Situationen ist eine fristlose Kündigung eines Mitarbeiters – teilweise sogar ohne vorherige Abmahnung und ähnliche Disziplinarmaßnahmen – möglich. Nachfolgend finden Sie einige Beispiele dafür, doch um auf Nummer sicher zu gehen, sollten Sie sich dennoch mit Ihrer Rechtsabteilung oder einem Rechtsanwalt in Verbindung setzen, wenn Sie eine fristlose Kündigung beabsichtigen.

- ✔ Mündliche Beleidigungen des Vorgesetzten oder obszöne Bemerkungen ihm gegenüber
- ✔ Inkompetenz
- ✔ Auflehnung
- ✔ Körperliche Gewalt oder ihre Androhung
- ✔ Diebstahl
- ✔ Drogen-, Alkohol- oder Medikamentenmissbrauch bei der Arbeit
- ✔ Fälschung von Urkunden und Dokumenten

Vermeiden Sie einen langwierigen und komplizierten Rechtsstreit wegen falscher Anschuldigungen. In den meisten Fällen entscheidet das Arbeitsgericht nämlich für den Arbeitnehmer. Wenn Sie jemand entlassen wollen, sollen Sie an Folgendes denken:

- ✔ **Achten Sie bei Arbeitsverträgen auf Kündigungsfristen**, die Sie dann natürlich einhalten müssen, außer es besteht Anlass für eine fristlose Kündigung.
- ✔ **Richten Sie sich nach den vorgegebenen Leistungsstandards für sämtliche Positionen innerhalb Ihres Unternehmens.** Stellen Sie sicher, dass jeder Mitarbeiter diese Richtlinien kennt und versteht.
- ✔ **Dokumentieren Sie alle Abmahnungen für Leistungsdefizite und alle Disziplinarmaßnahmen**. Sie müssen darauf vorbereitet sein, Abmahnungen und dergleichen nachweisen zu können.
- ✔ **Im Zweifelsfall sollten Sie sich an einen Rechtsanwalt wenden.** Fragen Sie ihn, ob eine Kündigung in einem bestimmten Fall vom rechtlichen Standpunkt aus unbedenklich ist.

Als unmittelbarer Vorgesetzter gehört es zu Ihren Aufgaben, den Mitarbeiter über seine Kündigung zu informieren. (Manchmal übernimmt das auch ein Vertreter der Personalabteilung.) Planen Sie dafür ein Gespräch unter vier Augen ein und teilen Sie ihm oder ihr die Gründe für die Entlassung mit. Jeder Mitarbeiter hat ein Recht darauf, den Kündigungsgrund zu erfahren.

Beachten Sie bei diesem letzten Gespräch folgende Tipps:

- ✔ **Endabrechnung.** Im Idealfall sollten Sie Ihrem Mitarbeiter auf den Cent genau erklären können, mit welcher Schlusszahlung er rechnen kann. Dazu gehören: Gehalt, eventuelle Abfindung, Spesen und sonstige Auslagen und nicht genommene Urlaubstage sowie Überstunden. Es versteht sich wohl von selbst, dass Sie sich vorher in der Lohn- und Gehaltsabteilung darüber informiert haben.
- ✔ **Rückgabe von Firmeneigentum.** Bitten Sie Ihren Mitarbeiter, Ihnen Schlüssel, Magnetkarte, Firmenausweis und ähnliches auszuhändigen. Lassen Sie die Zugangsberechtigung für den Computer löschen, und denken Sie auch daran, sich die firmeneigene Kreditkarte zurückgeben zu lassen.

- ✔ **Abmeldung.** Sorgen Sie dafür, dass die Zahlung von Arbeitgeberanteilen an der Kranken-, Arbeitslosen- und Rentenversicherung eingestellt wird und händigen Sie dem Mitarbeiter die entsprechenden Unterlagen aus.

- ✔ **Beratung.** Wenn es in Ihrem Unternehmen einen Berater gibt, der Mitarbeitern bei einer Entlassung weiterhilft, sollten Sie ihn rechtzeitig einschalten, damit er das persönliche Gespräch übernimmt.

Wie Sie Ihren Mitarbeitern in schwierigen Zeiten helfen können

Eine schwierige Situation muss keine dramatischen Ausmaße annehmen, um sich negativ auf Ihr Team auszuwirken. Schon ein Mitarbeiter, der permanent zu spät zu Besprechungen kommt, stört den Arbeitsablauf, verursacht Stress und verärgert seine Kollegen. Deshalb sollten Sie sich immer auch mit dem Rest des Teams auseinandersetzen, sobald Sie sich um den »Störenfried« gekümmert haben.

Die sinnvollste Vorgehensweise hängt natürlich von den jeweiligen Umständen und den tatsächlichen Auswirkungen auf die anderen Mitarbeiter ab. Wenn Sie Ihr Team über die Kündigungsgründe eines Mitarbeiters informieren, versteht es sich von selbst, dass Sie dabei keine vertraulichen Informationen weitergeben. Schwieriger ist es, wenn Sie mit Ihrem Team über einen problematischen Mitarbeiter sprechen, der weiterhin in Ihrer Abteilung beschäftigt bleibt. Haben Sie ihn beispielsweise wegen übermäßiger Fehltage abgemahnt, ist die Frage, welche Informationen bezüglich Ihrer Gegenmaßnahmen seine Kollegen erfahren dürfen und sollten.

Es ist nie verkehrt, wenn Sie Rücksprache mit der Rechts- oder Personalabteilung halten. Schließlich möchten Sie weder private Dinge ausbreiten noch einen abgemahnten Mitarbeiter dem Gespött seiner Kollegen aussetzen. Holen Sie sich Rat, wie und wem Sie erzählen, was vorgefallen ist.

Aufgrund möglicher rechtlicher Schwierigkeiten oder einfach, weil es Ihnen persönlich unangenehm ist, mit Ihren Mitarbeitern über Personalfragen zu reden, wäre es zwar verständlich, wenn Sie sich zu dieser Situation lieber nicht äußern möchten, doch Schweigen ist in diesem Fall nicht angebracht. Ihre Mitarbeiter erwarten von Ihnen, dass Sie sich fair verhalten und die Firmenpolitik umsetzen. Aus diesem Grunde müssen Sie Ihnen schon mitteilen, wie Sie eine schwierige Lage handhaben.

Sie können nicht erwarten, dass Ihre Mitarbeiter mit Ihnen kommunizieren, wenn Sie es nicht tun. Selbstverständlich müssen Sie auf der anderen Seite die Privatsphäre Ihres »Sorgenkinds« bewahren und ihm den nötigen Respekt entgegenbringen. Es ist schließlich kein Verbrechen, zu spät zu kommen, und sollte daher auch nicht als solches geächtet werden.

Nachfolgend einige Tipps, was Sie tun und lassen sollten, wenn Sie Ihre Mitarbeiter über Ihre Maßnahmen bei Fehlverhalten informieren:

Äußern Sie sich knapp und deutlich. Nennen Sie das Problem beim Namen (»Es gab einige Schwierigkeiten, weil Pam wiederholt krank war«) und teilen Sie mit, dass Sie etwas dagegen unternommen haben (»Ich habe bereits mit ihr gesprochen und sie hat mir versichert, dass es nicht mehr vorkommt«).

- ✔ **Informieren Sie nur diejenigen, die davon direkt betroffen sind.** War das Verhalten oder die mangelhaften Leistungen eines bestimmten Mitarbeiters ausschließlich für das Projektteam ein Problem, sollten Sie auch nur mit diesem Team darüber reden. Teilen Sie den Teammitgliedern mit, dass Sie alles in die Wege geleitet haben, um die Leistung des Mitarbeiters und damit die Produktivität des gesamten Teams zu verbessern. Es ist nicht nötig, dass Sie die gesamte Abteilung oder gar das ganze Unternehmen von Ihrem Problem oder Ihrem Lösungsversuch informieren.
- ✔ **Erzählen Sie allen dasselbe.** Vermeiden Sie es, bestimmte Mitarbeiter detaillierter zu informieren als andere. Dadurch verletzen Sie einerseits die Privatsphäre Ihres schwierigen Mitarbeiters und andererseits sorgen Sie damit nur für böses Blut, da sich manche fragen werden, warum Sie schlechter informiert werden als andere.
- ✔ **Teilen Sie dem Betroffenen mit, was Sie über ihn erzählt haben.** Damit keine Gerüchte entstehen, die Ihr »Sorgenkind« unnötig verletzen und noch mehr Probleme schaffen, müssen Sie ihm mitteilen, was Sie wem über ihn erzählt haben.
- ✔ **Erwarten Sie von Ihren Mitarbeitern besonnenes und reifes Verhalten.** Teilen Sie Ihren Mitarbeitern mit, dass Sie von ihnen ein professionelles Verhalten erwarten. Sie könnten zum Beispiel sagen: »Ich weiß, dass Ihre Arbeit und die kollegiale Beziehung zu Brian unter dieser Angelegenheit nicht leiden wird.« Auf diese Weise stellen Sie klar, was Sie erwarten und dass Sie keinerlei Gemeinheiten gegenüber Brian tolerieren werden.

Vertraulichkeiten weitergeben und das in Sie gesetzte Vertrauen enttäuschen. Wenn einer Ihrer Mitarbeiter aufgrund privater Schwierigkeiten häufig fehlt, muss das unter Ihnen beiden bleiben. Die genauen Ursachen eines Problems (»Bill kommt deshalb so oft nicht in die Arbeit, weil er ziemlichen Ärger mit seinen Kindern hat«) und Ihre Lösungsvorschläge (»Ich bin der Meinung, er sollte sie in eine Therapie schicken«) gehen die anderen Mitarbeiter nichts an.

- ✔ **Die Situation ins Lächerliche ziehen.** In Situationen wie diesen ist Humor ausnahmsweise einmal fehl am Platz. Sich über die Sorgen anderer lustig zu machen ist alles andere als taktvoll oder angemessen. Vermeiden Sie ironische Aussagen wie »Vielleicht sollten wir alle zusammenlegen und Pam einen neuen Wecker spendieren« oder »Erinnert ihr euch noch an Steve? Nun, der wird so bald nicht mehr kommen!«
- ✔ **Die anderen Mitarbeiter im Unklaren lassen.** Wurde ein Mitarbeiter entlassen, müssen seine Kollegen wissen, wie sich das auf sie oder ihre Arbeit auswirkt. Soll seine Arbeit auf den Rest Ihres Teams verteilt werden oder suchen Sie nach einem Nachfolger? Bleibt Ihr »Sorgenkind« jedoch im Team, müssen Sie kurz schildern, was sich ändert, sofern zutreffend. Denkbar ist zum Beispiel, dass derjenige andere Aufgaben zugewiesen bekommt oder in ein anderes Team eingeteilt wird.

- **Das Problem breittreten.** Reden Sie nicht vor allen anderen und in Gegenwart Ihres schwierigen Mitarbeiters über ihn, seine Probleme und Ihre (disziplinarischen) Maßnahmen. Auf diese Weise sorgen Sie für noch mehr Probleme und Konfliktstoff. Umgekehrt dürfen Sie auch nicht den Fehler machen, eine Besprechung für alle Mitarbeiter – außer dem »Sorgenkind« einzuberufen –, da sonst die Gefahr besteht, dass sich anschließend keiner mehr traut, ihm in die Augen zu sehen. Wie sich das auf die Zusammenarbeit auswirkt, brauche ich Ihnen wohl nicht zu sagen. Am besten, Sie rufen diejenigen Mitarbeiter in Ihr Büro, die direkt von den mangelhaften Leistungen oder dem Verhalten eines Kollegen betroffen sind und klären die Angelegenheit in einigen wenigen Worten.
- **Andere einweihen, obwohl es nicht notwendig ist.** Sind ausschließlich Sie von einem Problem betroffen, behalten Sie die Sache am besten für sich. Besteht das Problem beispielsweise darin, dass ein Mitarbeiter Ihre Autorität als Vorgesetzter nicht anerkennt und jede Ihrer Entscheidungen in Frage stellt, ansonsten aber mit allen Kollegen ausgezeichnet zusammenarbeitet, besteht dieses Problem nur zwischen Ihnen beiden und muss deshalb in einem persönlichen Gespräch geklärt werden.
- **Sich bei anderen Mitarbeitern beklagen.** Wenn Sie mit einem Ihrer Leute Schwierigkeiten haben, dürfen Sie sich darüber nicht bei seinen Kollegen beschweren. Es macht einen Riesenunterschied, ob Sie Ihrem Team erklären, dass Sie sich um ein Problem kümmern oder ob Sie Ihren Frust oder Ihre Enttäuschung bei ihm abladen. Selbst eine beiläufige negative Bemerkung Ihrerseits kann dazu führen, dass sich Ihre Leute nicht mehr wohl fühlen oder dass ihre Motivation sinkt. Schließlich befürchtet dann jeder, dass es das nächste Mal ihn treffen könnte.

Wenn Sie in schwierigen Situationen prompt und angemessen reagieren, minimieren Sie die negativen Folgen für den Rest Ihres Teams. Ihre Reaktion entscheidet, ob Sie anschließend die Beziehung der Teammitglieder untereinander oder mit Ihnen kitten müssen oder nicht.

Stress und Erschöpfung vermeiden

20

In diesem Kapitel

- Warum ist Stress so schädlich?
- Die Anzeichen von Stress erkennen
- Das Verhalten ändern
- Der kreative Kampf gegen Stress
- Die Ursachen von Erschöpfungszuständen bekämpfen

Stress und Erschöpfung vermeiden. Stress und Erschöpfungszustände gehören heutzutage zum Arbeitsalltag. Der allgemeine Stellenabbau oder fusionsbedingte Rationalisierungsmaßnahmen, aber auch die ganz normale Alltagshektik bei der Arbeit führen dazu, dass sich die meisten Arbeitnehmer schon fragen, wie es sich wohl anfühlt, nicht unter Dauerstress zu stehen. Dem amerikanischen Institut für Stressforschung (doch, so etwas gibt es wirklich) zufolge finden 78 Prozent aller Amerikaner ihren Job stressig. Kein Wunder, dass auch Sie sich mit diesem Thema auseinandersetzen müssen, wenn sich die Mehrheit der Arbeitnehmer gestresst fühlt.

Stress geht zu Lasten der Arbeitsmoral und der Motivation. Nur in Ausnahmefällen wird ein Mitarbeiter voller Energie und gut gelaunt um acht Uhr morgens ins Büro gehen – trotz des Wissens, dass sein Schreibtisch vor lauter Arbeit überquillt. In Amerika melden sich täglich fast eine Million Arbeitnehmer wegen zu hohen Stresses krank, wie Krankenversicherungsanstalten und Versicherungsträger melden. Jährlich führt das zu einem Produktivitätsverlust in Höhe von 95 Milliarden Dollar.

Als Manager müssen Sie sich mit Stress und seiner Begleiterscheinung – dem so genannten Burnout – befassen. Vergleicht man Stress einmal mit einer Flutwelle, von der man sich fortgerissen fühlt, ist Burnout eher der stete Tropfen, der jedoch letztendlich das Fass zum Überlaufen bringt. Doch wenn Sie nichts gegen den Burnout Ihrer Mitarbeiter tun, verliert selbst Ihr bester Mitarbeiter sein Engagement und zeigt schlechtere Leistungen als gewohnt.

In diesem Kapitel erfahren Sie, wie Sie die ersten Anzeichen von Stress und Burnout erkennen können und wie Sie sich und Ihr Team davor schützen können.

Ein bisschen Stress schadet doch nicht, oder?

Experten definieren Stress als physiologische Reaktion auf *Stressfaktoren*, das heißt auf bestimmte äußere Reize. Anders ausgedrückt umfasst Stress die körperliche, emotionale und seelische Reaktion auf Druck und Belastung.

Auch angenehme Ereignisse können als Stress empfunden werden. Eine Beförderung, eine kräftige Gehaltserhöhung oder die Geburt eines Kindes lösen Stress aus, da die meisten Menschen dann darum kämpfen, mit der neuen Situation fertig zu werden.

Stress muss nicht immer etwas Negatives sein – er kann auch motivieren. Undenkbar, dass Sie bis weit nach Mitternacht über Ihrem Bericht brüten, wenn es da nicht den Druck gäbe, der auf Ihnen lastet. Wer sich gestresst fühlt, kann Dinge erreichen, von denen er nicht einmal zu träumen wagte. Sicher kennen auch Sie aus Zeitungen Berichte über Menschen, die in Stresssituationen wahre Wunder vollbringen, wie zum Beispiel ein Auto hochheben. In der Arbeitswelt kann Stress dazu führen, dass ein Team ein Arbeitspensum von zwei Wochen in lediglich zwei Tagen erledigt. All das ist positiver Stress, der die Konzentration und Motivation fördert.

Außerdem ist zu bedenken, dass nicht jeder Mensch in gleicher Weise auf Stress reagiert. Was für den einen Stress ist, ist für den anderen ein anregender Nervenkitzel. Außerdem gibt es die unterschiedlichsten Arten, mit Stress umzugehen. Denken Sie nur an die Sekretärin, die in Stresssituationen Unmengen von Eis und Schokolade verdrückt, während ihre Kollegin mit dem Computer zu verwachsen scheint, Adrenalin durch ihre Adern fließt und sie die ganze Situation offensichtlich genießt.

Die schlechte Nachricht ist, dass es auch negativen Stress gibt, der zu Frust und Anspannung führt. Auf Dauer führt diese Art von Stress zu Depressionen oder Apathie.

Einige Berufe sind gewissermaßen von Haus aus stressiger als andere. In Tabelle 20-1, die von dem Magazin National Business Employment Weekly erstellt wurde, können Sie die zehn stressigsten Tätigkeiten nachlesen.

Platz	Beruf	Stresspunkte
1	Präsident der Vereinigten Staaten	176,55
2	Feuerwehrmann	110,93
3	Firmenchef	108,62
4	Rennfahrer (Formel I)	101,77
5	Taxifahrer	100,49
6	Chirurg	99,46
7	Astronaut	99,34
8	Polizist	93,89
9	Fußballspieler (Nationalmannschaft)	92,79
10	Fluglotse	83,13

Tabelle 20.1: Die zehn stressigsten Berufe

Was Stress bewirken kann

Stress ist, wie Essig oder Knoblauch, nur in kleinen Dosen bekömmlich und vorteilhaft. Als Dauerzustand wirkt er sich nachteilig auf die Gesundheit und das Wohlbefinden aus. Zu viel Stress senkt die Lebenserwartung aufgrund der körperlichen Belastung, die damit einhergeht. Folgende Folgen von Stress sind wissenschaftlich bewiesen:

- ✔ Erhöhter Puls, Atmung und Blutdruck
- ✔ Trockener Mund
- ✔ Schweißausbrüche
- ✔ Erhöhte Muskelspannung
- ✔ Veränderter Stoffwechsel

Neben diesen körperlichen Folgen bewirkt Stress unter Umständen eine erhöhte Unfallwahrscheinlichkeit, Fehltage, Burnout, niedrigere Produktivität und Motivationsverlust.

In Amerika haben einige Arbeitnehmer, die sich durch ihre Arbeit zu sehr unter Stress fühlten, ihren Arbeitgeber verklagt. Unabhängig davon, ob dies in Deutschland auch möglich ist, sollten Sie Ihren Mitarbeitern nicht zu viel zumuten und sich gelegentlich einmal beraten lassen.

Anzeichen von Stress

Stress baut sich allmählich auf. Und es sind nicht unbedingt schwerwiegende Ereignisse, die ihn verursachen, sondern oft genug Kleinigkeiten, die für sich genommen keine große Belastung darstellen, aber in Summe zu großem Stress führen können. Denken Sie einfach nur an lange Anfahrtswege zur Arbeit. Über lange Zeit gesehen, kann die tägliche Stunde Hin- und Rückweg durchaus in Stress ausarten. Wenn Sie auf körperliche und seelische Stresssymptome achten, können Sie selbst beurteilen, wie stark Sie unter Stress stehen.

Haben Sie das Gefühl, schwach, müde, deprimiert, verwirrt oder in Panik zu sein oder machen Sie sich dauern Sorgen, lassen sich leicht ablenken oder sind ziemlich vergesslich? All das deutet auf Stress hin.

Mithilfe folgender Tipps können Sie Stress für Ihre Mitarbeiter vermeiden oder wenigstens reduzieren:

- ✔ Mitarbeiter sollten nur einen Vorgesetzten haben.
- ✔ Die Arbeitsplatzbeschreibung muss im Detail ausgearbeitet sein.
- ✔ Vermeiden Sie Überstunden oder Wochenendarbeit, sofern möglich.
- ✔ Anerkennung ist das A und O.
- ✔ Räumen Sie Ihrem Team Befugnisse ein.
- ✔ Fördern Sie die Karriere Ihrer Leute.

Hüten Sie sich davor, Ihren Mitarbeitern ständig Überstunden zuzumuten – das ist der direkte Weg zum Burnout. (Mehr zu diesem Thema finden Sie weiter hinten in diesem Kapitel.)

Zahlreiche Überstunden können ein Zeichen von unproduktivem Arbeiten sein. Manche Mitarbeiter brauchen 60 Stunden die Woche für ein bestimmtes Projekt, das andere in 40 Stunden – und meist sogar noch besser – erledigen. Ist das Arbeitsvolumen in beiden Fällen tatsächlich dasselbe, liegt es auf der Hand, dass derjenige, der dafür 60 Stunden benötigt, unproduktiv oder schlecht organisiert arbeitet – oder sogar beides. Dazu kommt noch, dass dieser Mitarbeiter sehr wahrscheinlich auch noch extrem gestresst ist. Wenn Sie feststellen, dass ein bestimmter Mitarbeiter dauernd Überstunden macht, müssen Sie prüfen, ob er das nur tut, um mit seinen Kollegen mithalten zu können, auch wenn ihn das an den Rande eines Zusammenbruchs bringen kann. Fragen Sie sich, ob er für die ihm zugewiesenen Arbeiten überhaupt qualifiziert ist oder schicken Sie ihn in ein Seminar für Zeitmanagement.

Sie müssen aber auch noch darauf achten: Machen Sie klar, dass Sie alle im selben Boot sitzen, wenn Sie doch einmal Überstunden fordern oder jemanden für ein stressiges Projekt einteilen. Ihre Mitarbeiter dürfen nicht glauben, dass ihnen eine kräftige Gehaltserhöhung oder Beförderung winkt, wenn sie sich für ein bestimmtes Projekt ins Zeug legen.

Bitten Sie Ihre Mitarbeiter, über ihre Nasenspitze hinaus an das große Ganze zu denken. Manchmal konzentrieren sie sich ausschließlich auf ihre Projekte und übersehen das Gesamtziel. Achten Sie darauf, dass Ihre Mitarbeiter in der Regel normale Arbeitsstunden haben, ihren Urlaub kriegen und auch mal Pause einlegen können, das hilft, den Wald und die Bäume zu sehen.

Mit Stress fertig werden

Wie man es auch dreht und wendet, ein bisschen Stress gehört wohl zur Arbeit. Ausschlaggebend ist jedoch, wie man damit umgeht. Das Geheimnis liegt darin, dass man seine Reaktionen auf Stress besser in den Griff bekommt – und das gilt für Sie genauso wie für Ihre Mitarbeiter. In manchen Fällen muss man nach einer Lösung suchen, in anderen schlicht und einfach akzeptieren, dass man die Sache nicht mehr unter Kontrolle hat und sie loslassen. Sicher, da haben Sie schon Recht: Das ist leichter gesagt als getan.

Die meisten Menschen versuchen auf die ein oder andere Art, mit Stress fertig zu werden. Zu den häufigsten Verhaltensweisen zählen:

- Sie hoffen, dass der Stress bald vorbei ist.
- Sie suchen Trost oder eine Ersatzbefriedigung.
- Sie lassen es an anderen aus.
- Sie bitten andere um Mithilfe.

Sie müssen Ihren Mitarbeitern klar machen, dass es möglich ist, auch in schweren Zeiten auf der Gewinnerseite zu stehen. Vielleicht sind sie ja der Meinung, dass sie keinen Einfluss auf den Stress in ihrem Leben haben, da sie eben kein Vorgesetzter sind. Doch das stimmt nicht. Ich werde Ihnen in den folgenden Abschnitten zeigen, wie Ihre Mitarbeiter (und Sie selbst) mit Stress fertig werden können.

Machen Sie die Probleme anderer nicht zu ihren eigenen. Lassen Sie doch auch einmal andere die Verantwortung übernehmen. Bitte Sie Ihre helfende Hand an, aber laden Sie sich nicht deren Last auf Ihre Schultern.

Auch gestresste Mitarbeiter können mit ihrer Arbeit zufrieden sein

Selbst wenn Ihre Leute unter erheblichem Stress stehen, muss das nicht zwangsläufig bedeuten, dass sie unglücklich sind. Einer Studie des amerikanischen Instituts für Psychologie zufolge richtet sich die Zufriedenheit im Beruf nach der Art der Arbeit, Stress spielt dafür keine Rolle. Ein Mitarbeiter kann mit seinem Job sehr unzufrieden sein, obwohl von Stress weit und breit nichts zu sehen ist. Andersherum ist es ebenfalls möglich, dass jemand rundum zufrieden ist, obwohl er unter Stress steht.

Und was können Sie daraus lernen? Motivation hat hauptsächlich damit zu tun, dass man seine Aufgabe als erfüllend empfindet. Wer hin und wieder unter Stress steht, trotzdem aber das Gefühl hat, dass es die Mühe wert ist, fühlt sich nicht zwangsläufig unzufrieden. Doch selbst wenn Ihre Leute zufrieden sind, soll das nicht heißen, dass Sie ihnen alles zumuten können – Stress und Burnout gehen früher oder später zu Lasten der Leistungen.

Positiv denken

Das erste, was Sie und Ihre Mitarbeiter in Stresssituationen tun sollten, ist positiv zu denken. Wann immer negative Gedanken Sie zu überwältigen zu drohen, müssen Sie sich zwingen, an die möglichen positiven Folgen zu denken.

Nehmen wir einmal an, dass Ihre Mitarbeiter Angst vor der Zukunft haben, da Ihr Unternehmen fusionieren wird. Zwingen Sie sich, an die positiven Folgen dieser Änderung zu denken und schildern Sie Ihre optimistischen Gedanken dann Ihren Leuten.

Ein anderes Beispiel: Sie müssen sich mit einem wichtigen Kunden, der berühmt-berüchtigt für seine schwierige Art ist, zum Mittagessen treffen. Wenn Sie den Tag mit dem Gedanken beginnen, dass der pure Stress auf Sie wartet, wird Ihr Tag mit Sicherheit auch stressig werden. Betrachten Sie es als Herausforderung, Ihre negative Sichtweise zu überwinden.

Wenn nicht Sie, sondern ein Mitarbeiter Angst vor diesem Treffen hat, sollten Sie ihn beruhigen und ihm erzählen, dass ein Kollege bereits mit diesem Kunden zu tun hatte und überraschenderweise gut mit ihm auskam und ihn sogar dazu brachte, seine Meinung zu ändern.

Reden Sie mit ihm darüber, wie er diesen Sinneswandel erreicht hat. Machen Sie Ihrem Mitarbeiter Mut, indem Sie Ihr Vertrauen in seine Fähigkeiten betonen.

Ihre eigene Einstellung hat großen Einfluss auf Ihre Leute. Schließlich sind Sie ihr Vorgesetzter und geben den Ton an. Wenn Sie gestresst wirken, springt dieser Stress auch auf Ihr Team über.

Wenn Ihre Mitarbeiter nur an den schlimmsten Fall denken können, fragen Sie nach, wie wahrscheinlich er ist und weshalb er eintreten könnte. Anschließend entwickeln Sie einen Plan, der das sicher verhindert.

Wenn sich Ihre Mitarbeiter gestresst fühlen, sollten Sie einmal ein *Stress-Audit* durchführen. Wie das geht? Ganz einfach: Bitten Sie Ihre Leute, die Stressfaktoren auf ein Blatt Papier zu schreiben, ebenso ihre Reaktion darauf und wie sie die Lage entspannen könnten. Liegt zum Beispiel ein größeres Projekt vor ihnen, das garantiert Stress bedeutet, sollte es doch möglich sein, Teilaufgaben neu zu verteilen, zu verschieben oder einer Fremdfirma zu übertragen. Wenn nicht, sollten Sie auf Grundlage der genannten Stressfaktoren überlegen, was Ihre Mitarbeiter tun können, damit jeder diese hektische Zeit gut übersteht.

Hier noch einige weitere Anti-Stressmittel:

- ✔ **Fordern Sie Ihre Mitarbeiter auf, an das zu denken, was sie bislang erreicht haben.** Wenn sie der Ansicht sind, noch gar nichts geschafft zu haben, ist es nicht weiter verwunderlich, wenn sie mutlos und apathisch sind. Erinnern Sie sie an ihre Erfolge oder erstellen Sie eine Tabelle, aus der eindeutig hervorgeht, welche Fortschritte erzielt wurden.
- ✔ **Unterstützen Sie Ihre Leute bei der Einteilung der Arbeit und der Aufstellung eines Zeitplans.** Ein großes Projekt kann abschrecken. Setzen Sie sich mit Ihren Leuten zusammen und teilen Sie die Arbeit in überschaubare Teilprojekte und -ziele auf. Denken Sie dabei auch an Termine und Fristen. Und noch etwas: Wird ein Teilziel erreicht, sollte das ein Grund zum Feiern sein.
- ✔ **Schicken Sie Ihre Mitarbeiter einfach einmal früher nach Hause.** Solche zufälligen, netten Überraschungen haben einen großen Einfluss auf die Motivation Ihrer Mitarbeiter. Oder Sie spendieren ein Mittagessen, wenn ein Termin erreicht wurde.
- ✔ **Erstellen Sie eine Liste mit Dingen, die Spaß machen.** Hängen Sie an einem für alle gut sichtbaren Ort eine Liste auf, in die Ihre Mitarbeiter ihr Lieblingsbuch eintragen sollen, und dann am nächsten Tag ihre Lieblingsfilm, ihr Lieblingsrestaurant und so weiter. Das schafft eine angenehme Atmosphäre und hilft die Spannung abzubauen.

Betriebs- und sonstige Feiern

Wenn Sie Ihre Mitarbeiter arbeitsmäßig nicht entlasten können, können Sie wenigstens ein angenehmes Arbeitsklima schaffen.

Ein mir bekanntes Unternehmen feiert regelmäßig einmal im Monat mit seinen Mitarbeitern – und zwar immer am Freitag. Jedes Mal steht etwas anderes auf dem Programm, vom Eisessen über eine Grillfeier bis hin zu einem gemeinsamen Radausflug. Hier einige Vorschläge, mit deren Hilfe es Ihnen gelingen sollte, Stress und Spannung abzubauen:

✔ **Veranstalten Sie einen Wettbewerb.** Was spricht gegen ein Wettkochen? Eben: Nichts. Sorgen Sie dafür, dass abwechselnd jede Abteilung freitags etwas Leckeres für alle kocht.

✔ **Gründen Sie ein Jogging-Team.** Ein gemeinsamer Lauf in der Mittagspause oder nach Feierabend ist herrlich entspannend.

✔ **Führen Sie einen Gesundheits- und Fitnesscheck im Betrieb durch.** Bieten Sie Ihren Mitarbeitern an, sich zwischendurch mal den Blutdruck, Gewicht, Kondition und ähnliches messen beziehungsweise testen zu lassen.

✔ **Bieten Sie Workshops oder Seminare an.** Zwanglose Mittagessen sind eine gute Gelegenheit, Mitarbeiter über interessante Schulungen zu informieren.

✔ **Gründen Sie einen Buchclub.** Interessierte Mitarbeiter können sich einmal im Monat beim Frühstück treffen, um über neue Bücher zu sprechen.

✔ **Kaufen Sie ein Puzzle für den Aufenthaltsraum.** Sie werden überrascht sein, wie viele Leute damit spielen.

Fast alle Mitarbeiter machen sich Sorgen ums liebe Geld

Ein Fachbereich der Fachhochschule in Virginia kam anhand einer Studie zu folgenden Ergebnissen:

✔ 54 Prozent der Mitarbeiter haben Schulden und machen sich große Sorgen darüber.

✔ 34 Prozent geben an, dass sie einer unter großen oder extremen finanziellen Belastung leiden.

✔ 33 Prozent sagen, dass sich Geldsorgen auf ihre beruflichen Leistungen auswirken.

Sorgen Sie dafür, dass Ihre Mitarbeiter fair bezahlt werden (siehe Kapitel 13). Denkbar ist auch, dass Sie einen Finanzdienstleister bitten, sich für Fragen Ihrer Leute bei einem zwanglosen Mittagessen zur Verfügung zu stellen.

Jeder braucht einmal Urlaub

Ist Ihnen aufgefallen, dass Ihre Mitarbeiter seit geraumer Zeit keine Urlaubsanträge mehr stellen? Es bedeutet nichts Gutes, wenn sie glauben, dass dafür eigentlich keine Zeit sei. Wenn Ihre Mitarbeiter quasi das ganze Jahr über arbeiten, stehen sie unter enormem Stress. Und Dauerstress führt – wie bereits erläutert – zum Burnout, was sich bestimmt nicht mit zwei

Wochen Urlaub kurieren lässt. Sorgen Sie dafür, dass sich Ihre Leute wenigstens ein paar Tage der Ruhe und Erholung gönnen – und das gilt im Übrigen auch für Sie.

Woran erkennt man eine gute Führungskraft? Daran, dass nicht gleich alles zusammenbricht, wenn er oder sie einmal ein paar Tage Urlaub macht.

Wenn Ihre Mitarbeiter Urlaub haben, sollten Sie es tunlichst vermeiden, sie zuhause anzurufen oder von ihnen zu erwarten, dass sie sich im Büro melden. Wer ständig halb im Büro ist, kann sich nicht erholen! Kümmern Sie sich also rechtzeitig um eine Urlaubsvertretung.

Fangen Sie bei sich selbst an

Sie wissen, dass sich Ihre Teammitglieder ein Beispiel an Ihnen nehmen. Wenn Sie optimistisch sind, sind sie es auch. Wenn Sie bereit sind, für ein Projekt Ihr Bestes zu geben, wird sich auch Ihr Team um jeden Preis dem Erfolg verschreiben. Fühlen Sie sich allerdings unter Druck, gerät das gesamte Team unter Stress. Deshalb müssen Sie auf sich selbst aufpassen. Das gilt auch für Workaholics! Denken Sie daran, dass Ihr Team produktiver arbeitet, wenn Sie sich hin und wieder eine Pause gönnen.

Lernen auch Sie, Ihren Stress zu reduzieren. Wie? Ganz einfach: Befolgen Sie die nachfolgenden Tipps. Sie werden sehen, dass schon bald all Ihre Mitarbeiter wissen möchten, wie Sie es geschafft haben, so ruhig zu bleiben – eine gute Gelegenheit für ein Antistressseminar im Freien.

- ✔ **Sie müssen an sich glauben.** Nehmen Sie sich selbst nicht allzu ernst und denken Sie an die guten Dinge in Ihrem Leben.
- ✔ **Nehmen Sie sich Zeit für sich selbst.** Selbst wenn es nur eine Viertelstunde am Tag ist – das genügt, Ihren Stress zu reduzieren.
- ✔ **Machen Sie Entspannungs- und Atemübungen.** Atmen Sie tief durch die Nase ein und zählen Sie dabei bis vier. Anschließend halten Sie den Atem an und zählen wieder bis vier. Zu guter Letzt atmen Sie durch den Mund aus und zählen dabei bis acht.
- ✔ **Achten Sie auf eine gesunde Ernährung.** Auch Ihre Ernährung beeinflusst, wie Sie mit Stress fertig werden. Achten Sie vor allem auf eine ausgewogene Kost.
- ✔ **Sie brauchen ausreichend Schlaf.** Wenn Sie sich die Nächte um die Ohren schlagen, stehen Sie tagsüber neben sich. Es ist ein Trugschluss zu glauben, dass es etwas bringt, nächtelang durchzuarbeiten, schließlich geht das auf Kosten Ihrer Leistungsfähigkeit am Tag. Sie werden feststellen, dass Sie dann fast doppelt so lang für Ihre Routinearbeiten brauchen.
- ✔ **Machen Sie mal Pause.** Kurze Pausen während der Arbeit bewirken wahre Wunder und helfen, Stress abzubauen. Wenn Sie feststellen, dass Ihr ganzes Team gestresst wird, soll-

ten Sie gemeinsam eine Pause einlegen und mal eben um den Parkplatz laufen oder eine Tasse Kaffee trinken oder ähnlich entspannende Dinge tun.

- ✔ **Verbringen Sie Zeit mit einem Haustier.** Die Liebe eines Tiers ist nicht an Bedingungen geknüpft. Haustiere tragen erwiesenermaßen zur Entspannung ihrer Besitzer bei.
- ✔ **Gönnen Sie sich eine Massage.** Bei einer Massage können Sie sich ganz auf sich selbst konzentrieren und es so richtig genießen, sich verwöhnen zu lassen. Übrigens, Massagen dienen Ihrer Gesundheit, da sie ein anerkanntes Mittel zum Stressabbau sind.
- ✔ **Genießen Sie Ihr Leben.** Wenn Sie etwas tun, was Ihnen Spaß macht, werden Sie darüber die Zeit vergessen. Sollte Ihnen tatsächlich nicht einfallen, was Sie gerne tun, denken Sie einfach an Ihre Kindheit zurück. Haben Sie als Kind leidenschaftlich gern Fußball gespielt, könnten Sie doch jetzt in einen Fußballclub eintreten oder eine Betriebsmannschaft zusammenstellen. Oder Sie leihen sich übers Wochenende ein paar schöne alte Filme aus, wenn Ihnen das Spaß macht.
- ✔ **Verbringen Sie Zeit mit Ihren Freunden.** Pflegen Sie Ihre sozialen Kontakte außerhalb der Firma. Gute Freunde helfen Ihnen dabei, sich zu entspannen und dienen damit Ihrer Gesundheit.
- ✔ **Führen Sie Tagebuch.** Wenn Sie Ihre Gedanken ab und zu aufschreiben, werden Ihre Probleme klarer. Wenn Sie Dampf ablassen müssen, sollten Sie es nicht auf Kosten Ihrer Mitmenschen tun. Schreiben Sie es statt dessen auf. Wahrscheinlich fühlen Sie sich anschließend besser, und das Problem scheint nicht mehr unüberwindbar.
- ✔ **Planen Sie Ihren Tag.** Stellen Sie am Abend vorher eine To-do-Liste zusammen und arbeiten Sie die Punkte einzeln ab. (Denken Sie daran, etwas Zeit für unvorhergesehene Störungen einzuplanen.) Dazu gehört auch Ihre Mittagspause. Bitten Sie Ihre Mitarbeiter, es Ihnen gleich zu tun.
- ✔ **Akzeptieren Sie Dinge, die Sie nicht ändern können.** Auch wenn Sie das gerne möchten: Sie können nicht alles steuern. Aus diesem Grund spielt Flexibilität eine so große Rolle.
- ✔ **Schreiben Sie sich Proaktivität auf Ihre Fahne.** Es ist immer besser zu agieren, als zu reagieren. Außerdem haben Sie dann eher das Gefühl, alles unter Kontrolle zu haben.
- ✔ **Sie brauchen eine gehörige Portion Optimismus.** Gehen Sie immer davon aus, dass alles wie am Schnürchen klappt.
- ✔ **Besorgen Sie sich Entspannungskassetten oder -CDs.** Musik hören entspannt – das lässt sich nun mal nicht abstreiten. Dabei spielt es keine Rolle, ob Sie New Age oder Klassik bevorzugen. Diese beiden Musikstile haben eine erwiesenermaßen entspannende Wirkung und reduzieren den Stress.

Mehr Ideen zum Thema Stressabbau finden Sie in Stress *Management für Dummies* von Allen Elkin.

Sportliche Betätigung

Sport dient nicht nur Ihrer Gesundheit und der Ihrer Mitarbeiter, sondern hat auch eine beruhigende Wirkung. Damit sportliche Betätigung auch die gewünschten Resultate erzielt, sollten Sie den Rat von Experten befolgen und sich drei Mal die Woche mindestens 20 Minuten körperlich betätigen.

Vielleicht können Sie die folgenden Übungen in Ihrem Betrieb einführen. Sie sind sehr einfach und können auch am Arbeitsplatz unauffällig durchgeführt werden.

- ✔ Rollen Sie die Schultern vor und zurück.
- ✔ Kreisen Sie mehrmals mit dem Kopf.
- ✔ Legen Sie Ihre Arme in den Nacken und drücken Sie die Ellbogen nach hinten, so dass sich der Brustkorb hebt.
- ✔ Malen Sie mit den Armen große Kreise in die Luft.
- ✔ Spreizen Sie Ihre Finger so weit es geht, um Ihre Hand zu dehnen.

Machen Sie klar, dass Ihre Mitarbeiter jederzeit um Unterstützung bitten können

Wenn Ihre Mitarbeiter zu viel Arbeit aufgebürdet bekommen haben, sollten sie ohne zu zögern um Hilfe bitten. Wenn sie nicht alles selbst erledigen können, sollte das für niemanden bedeuten, dass er unfähig ist. Wenn Ihre Mitarbeiter ehrlich genug sind, und Ihnen rechtzeitig mitteilen, dass sie bestimmte Aufgaben einfach nicht alleine schaffen, können Sie problemlos für Unterstützung sorgen oder auch Zeitmanagementkurse anbieten.

Wenn Sie ein Mitarbeiter um Hilfe bittet, sollten Sie ihm die folgenden Fragen stellen:

- ✔ Was kann ich tun, um Sie zu entlasten?
- ✔ Wie kam es überhaupt dazu?
- ✔ Sollen wir einen Teil Ihrer Verantwortung abgeben oder brauchen Sie konkretere Anweisungen?

Wenn Sie sich selbst überfordert fühlen, sollten auch Sie um Unterstützung bitten oder einige Ihrer Aufgaben an andere delegieren – wobei dasselbe für Ihre Mitarbeiter gelten sollte. Wenn Sie wissen, dass nicht alles auf Ihren Schultern ruht, sieht alles nicht mehr ganz so schlimm aus.

Die realistische Einschätzung der Arbeitsauslastung fördern

Ihre Mitarbeiter müssen ehrlich zu Ihnen sein können. Sie möchten doch ein realistisches Bild von ihrer Auslastung und anderen Situationen, die mit ihrer Arbeit zusammenhängen, oder? Deshalb müssen sie Ihnen ehrliche Auskunft geben können, auch wenn es manchmal nicht das ist, was Sie gerne hören möchten.

Nehmen wir einmal an, Sie bitte eine Mitarbeiterin, ein Sonderprojekt zu übernehmen. Wenn sie das jedoch nur auf Kosten anderer Arbeiten erledigen kann, sollte sie Ihnen das auch sagen können. Vielleicht gehen Sie mit diesen Worten auf sie zu: »Können Sie den Evans-Bericht noch zusätzlich einschieben und trotzdem alle Termine einhalten?« Auf diese Weise hat sie die Möglichkeit, Ihnen so zu antworten: »Wenn ich das Hart-Projekt an Bill abgebe, sollte beides möglich sein.« Schließlich ist es auch nicht in Ihrem Interesse, wenn Ihre Mitarbeiter Projekte annehmen, von denen sie wissen, dass sie keine Zeit dafür haben.

Personalmangel führt zu Stress für jedermann und zu einer schlechteren Qualität der Arbeit.

Stehen Sie Ihren Mitarbeitern zur Seite

Mitarbeiter müssen wissen, dass ihre Vorgesetzten sie unterstützen. Insbesondere in Zeiten des Stress müssen Sie Ihrem Team zur Seite stehen. Wenn Entscheidungen des Topmanagements oder anderer Abteilungen zu Problemen oder unnötigen Projekten führen, ist es Ihr Job, etwas dagegen zu tun.

Humor

Nehmen Sie's mit Humor, denn dadurch wird alles viel erträglicher. Lachen baut Stress bei Ihnen und Ihren Mitarbeitern ab. Einer aktuellen Umfrage von Robert Half International zufolge gaben mehr als 90 Prozent der befragten Führungskräfte an, dass Sinn für Humor eine der Voraussetzungen dafür ist, ins obere Management aufzusteigen.

Humor hilft übrigens auch, Vertrauen aufzubauen, was wiederum zu einer offenen Kommunikation und einem angenehmen Arbeitsklima führt – beides wichtige Elemente des Stressabbaus. Humor baut Spannungen ab, die durch enge Termine oder andere stressige Ereignisse ausgelöst werden.

Mittagspausen haben oberste Priorität

Wenn Sie und Ihre Mitarbeiter täglich die Mittagspause ausfallen lassen, nagt das an der Produktivität. Vielleicht denken Sie, dass Sie dadurch Arbeitszeit gewinnen, doch im Endeffekt verlieren Sie an Effizienz.

Keine Pausen einzulegen ist kontraproduktiv. Ihre Mitarbeiter brauchen eine Pause, nicht nur, um ihren Hunger zu stillen, sondern auch, um Energie zu tanken. Nach der Mittagspause können sie dann wieder frisch gestärkt an ihre Arbeit gehen und manche Dinge möglicherweise aus einer anderen Perspektive betrachten.

Bedauerlicherweise arbeiten nach einer Umfrage von OfficeTeam 19 Prozent von 700 Beschäftigten täglich ohne Mittagspause durch, während das bei 43 Prozent immerhin einmal die Woche vorkommt.

Als Manager müssen Sie dafür sorgen, dass Ihre Mitarbeiter ihre Pause einhalten – vor allem an hektischen Tagen.

Professionelle Hilfe

Wenn Sie den Eindruck haben, dass dem Stress Ihrer Mitarbeiter mit einfachen Mitteln nicht mehr beizukommen ist, sollten Sie ihnen professionelle Hilfe anbieten, bevor sich daraus ein Teufelskreis entwickelt. In manchen Unternehmen gibt es einen Betriebsarzt, der auch mit externen Kollegen zusammenarbeitet.

Der amerikanische Berufsgenossenschaftsverband hat herausgefunden, dass jeder Dollar, der in die Gesundheitsvorsorge von Arbeitnehmern investiert wird, eine »Rendite« von etwa vier bis sieben Dollar bringt, da weniger Arbeitsunfälle passieren und die Arbeitnehmer weniger oft erkranken. Es ist davon auszugehen, dass die Verhältnisse in Deutschland ähnlich sind.

Burnout bekämpfen

In den achtziger Jahren wusste selbst in Amerika kaum einer etwas mit dem Begriff »Burnout« anzufangen, während er heute in aller Munde ist. Unter Burnout versteht man die emotionale Erschöpfung bei gleichzeitiger Unzufriedenheit im Job.

Burnout ist die Folge von langfristigem und übermäßigem Stress, und wirkt sich nachteilig auf die Arbeitsmoral, Kreativität und Mitarbeiterloyalität aus. Menschen, die an Burnout leiden, verlieren ihre Energie und ihre Begeisterung und haben oft das Gefühl, dass eigentlich alles egal ist. Burnout lässt sich nicht durch eine Woche Urlaub kurieren.

Burnout von Stress rechtzeitig unterscheiden

Stress und Burnout sind zwei Paar Stiefel. Man kann unter Stress stehen, braucht deswegen aber nicht unter Burnout leiden. Gestresste Mitarbeiter sind häufig müde, während Burnout zu einer chronischen Erschöpfung führt. Außerdem haben die davon betroffenen Mitarbeiter den Eindruck, sie hätten die Kontrolle verloren, und fühlen sich hilflos und hoffnungslos. Anders ausgedrückt, sie stehen vor dem Rande eines Zusammenbruchs und fehlen dementsprechend häufig.

Achten Sie insbesondere bei Mitarbeitern, die häufig Überstunden leisten auf Anzeichen von Burnout.

Was können Sie tun, um sich und Ihre Mitarbeiter davor zu schützen, bevor es zu spät ist? Stellen Sie sich hin und wieder diese Fragen:

- ✔ Sinken die Leistungen meiner Mitarbeiter, obwohl sich nichts an den Arbeitsstunden geändert hat?
- ✔ Können sich meine Leute entspannen?
- ✔ Sind sie ungeduldiger als sonst?
- ✔ Wirken sie müder als gewöhnlich?
- ✔ Vergessen sie häufig etwas?
- ✔ Sind sie oft krank?
- ✔ Nehmen sie alles bitterernst?
- ✔ Denken sie nur noch an ihre Arbeit?
- ✔ Haben sie keine Zeit mehr für Routinearbeiten?

Weinen oder Wutanfälle können auch Zeichen von Burnout sein, vor allem, wenn ein Mitarbeiter diese Reaktionen sonst so gut wie nie zeigt.

Wenn nur ein einziger Mitarbeiter eine bestimmte Arbeit erledigen kann, und er immer häufiger damit betraut wird, setzen Sie ihn der Gefahr von Burnout aus. Arbeiten Sie andere Mitarbeiter darin ein, um ihn oder sie zu entlasten.

Mit Burnout umgehen

Stellen Sie sich bitte folgende Situation vor: Einer Ihrer Mitarbeiter hält keine Termine mehr ein, wirkt desinteressiert an seinem Job, zeigt keinerlei Begeisterung dafür und braucht plötzlich viel länger für alles. Alles klar, oder? Sie haben es mit jemandem zu tun, der unter Burnout leidet. Was können Sie nun tun?

Machen Sie sich klar, dass es nicht ausreicht, diesen Mitarbeiter eine Woche in den Urlaub zu schicken oder ihm Arbeit abzunehmen. Sie müssen gemeinsam mit ihm oder ihr überlegen, was langfristig dagegen unternommen werden kann. Setzen Sie sich zusammen und hören Sie zu. Sobald die Ursache auf der Hand liegt, leiten Sie die entsprechenden Gegenmaßnahmen ein.

Hier ein paar Tipps, wie Sie vermeiden können, dass Ihre Mitarbeiter eines Tages unter Burnout leiden:

- **Finden Sie heraus, was Ihren Mitarbeitern an der Arbeit Spaß macht.** Anschließend schlagen Sie ihnen vor, sich die positiven Aspekte häufiger vor Augen zu halten. Schließlich haben Ihre Mitarbeiter genau aus diesem Grund überhaupt bei Ihnen angefangen. Manchmal bewirkt es wahre Wunder, wenn man sich auf die Vorteile seines Jobs besinnt.
- **Verteilen Sie die Aufgaben anders.** Wenn ein Mitarbeiter bestimmte Bereiche seiner Tätigkeit mag, andere dafür aber gar nicht, könnten Sie ihm vorschlagen, einen Kollegen entsprechend zu schulen, um die ungeliebten Aspekte seiner Tätigkeit an jemanden abgeben zu können, der diese vielleicht gerne übernimmt. Auf diese Weise kommt keine Langeweile auf, die ebenfalls ein Grund für Burnout sein kann.
- **Reden Sie oft mit Ihren Leuten und seien Sie ehrlich zu ihnen.** Angst und Unsicherheit führen häufig zu Burnout.

Vorschriften und Regeln auf ein Mindestmaß beschränken

21

In diesem Kapitel

- Sinn und Zweck von Bürovorschriften
- Überflüssige Vorschriften streichen
- Benimmregeln fürs Büro durchsetzen
- Mit Problemen fertig werden

Bürovorschriften

Schon allein das Wort veranlasst viele Menschen dazu, sofort das dringende Bedürfnis nach Urlaub zu verspüren. In jedem Unternehmen gibt es bestimmte Vorschriften, die regeln, wie die Dinge laufen und wie mit dem Personal umgegangen wird – ob Ihnen das nun passt oder nicht. Die Art und Weise, wie Sie und Ihre Mitarbeiter durch diese Gewässer segeln, beeinflusst die Motivation und das Arbeitsklima in erheblichem Maße.

In diesem Kapitel zeige ich Ihnen, was Sie als Manager gegen die negativen Aspekte von Vorschriften tun können und wie Sie Ihre Mitarbeiter dazu bringen, sich den Regeln entsprechend zu verhalten.

Strategische und diplomatische Feinheiten

Bürovorschriften regeln, wie bestimmte Dinge im Betrieb abgewickelt werden. Sind Beförderungen nur über die richtigen Beziehungen möglich? Muss das Fähnchen nach dem Wind gerichtet werden, um vorwärts zu kommen? Wenn ja, gibt es in Ihrem Unternehmen wohl jede Menge Vorschriften und ungeschriebene Gesetze, an die Sie sich halten müssen. Werden die Mitarbeiter Ihres Betriebs jedoch aufgrund ihrer Leistungen, ihres Einsatzes und ihrer Ideen befördert, gehören Sie zu den Glücklichen, die nur ein paar bürokratische Hürden überwinden müssen. (Lesen Sie bitte auch das Kästchen: »Wie bürokratisch geht es in Ihrem Unternehmen zu?«, um einschätzen zu können, wie es in dieser Hinsicht um Ihre Firma bestellt ist.)

Selbst wenn Sie feststellen müssen, dass es in Ihrem Betrieb vor allem auf die Einhaltung der Bürovorschriften ankommt, muss Ihre Abteilung nicht notwendigerweise daran ersticken. (Selbstverständlich müssen Sie bei Managementbesprechungen den Regeln entsprechend mitspielen!) Trotz taktischer Allianzen, strategischer Spielchen und Geheimnistuerei können

Sie dafür sorgen, dass Ihr Team nicht darunter leiden muss. Als Manager können Sie den Ausschlag zu diplomatischer Zusammenarbeit geben, die für produktive Kooperation ohne die üblen Spielchen führt.

Wie bürokratisch geht es in Ihrem Unternehmen zu?

Als Manager müssen Sie über die bürokratischen Vorschriften Ihres Unternehmens gut informiert sein, vor allem, wenn Sie möchten, dass die Leistung Ihrer Mitarbeiter durch sie nicht beeinträchtigt wird.

Damit Sie einen Überblick gewinnen, sehen Sie sich zuerst einmal an, wie bestimmte Dinge erledigt werden. Ist es in Ihrem Unternehmen zum Beispiel üblich, dem oberen Management unter der Hand gewisse Informationen zukommen zu lassen, bevor ein neues Projekt offiziell bekannt gegeben wird? Müssen Sie vor jeder Besprechung eine »Vorbesprechung« abhalten, um sich Unterstützung zu sichern? Wenn Mitarbeiter es nur dann wagen, neue Ideen zu verkünden, wenn sie sich vorher rundum abgesichert haben, gibt es in Ihrem Unternehmen eine ausgeprägte Bürokratie und Hierarchie.

Überlegen Sie auch, welche Arbeiten wie zugewiesen werden. Weist ein höher gestellter Manager jemandem ein Projekt zu, vergibt er dann auch die notwendigen Befugnisse, um dieses Projekt reibungslos abzuwickeln? Welche Projekte werden überhaupt delegiert – und welche Hintergrundinformationen erhalten die Projektleiter dann? Wenn Manager und Mitarbeiter, die bestimmte Aufgaben erledigen sollen, kaum Entscheidungsbefugnis haben oder ihnen wichtige Informationen fehlen, müssen sie tief in die Trickkiste greifen oder ihre Beziehungen spielen lassen, um erfolgreich arbeiten zu können.

Wer macht in anderen Abteilungen Karriere und weshalb? Ist Leistung die Voraussetzung für berufliches Weiterkommen? Oder braucht man nur die entsprechenden Beziehungen, um befördert zu werden? Denken Sie daran, dass Beförderungen oder Belohnungen das Verhalten bestärkt, das vom Topmanagement gewünscht wird. Zeichnen sich die Mitarbeiter, die beharrlich die Karriereleiter nach oben klettern, durch ihren Einsatz aus und verdienen mehr Verantwortung oder sind sie nur geschickte Taktiker?

Sorgen Sie dafür, dass sich Ihre Mitarbeiter untereinander kennen lernen

Kennen Sie folgende Situation? Sie sind auf dem Weg zur Arbeit, spät dran und der Wagen vor Ihnen fährt - für Ihr Empfinden - unendlich langsam. Sie hupen, fahren dicht auf und vielleicht fluchen Sie wie ein Bierkutscher. Doch es kommt noch besser. Der langsame Fahrer biegt ebenso wie Sie in den Firmenparkplatz ein, und Sie stellen fest, dass Ihre Lieblingsmitarbeiterin am Steuer sitzt. Nun wird Ihnen alles klar: Sie war erst vor kurzem in einen Autounfall verwickelt und fährt deshalb langsamer und vorsichtiger. Ihnen schießt nur ein Gedanke durch den Kopf: Hoffentlich hat sie nicht bemerkt, dass Sie der Drängler hinter ihr waren.

Ihr »Feind« hat ein Gesicht und eine Persönlichkeit bekommen und Sie erkennen, dass sein Verhalten durchaus nachvollziehbar und Ihre Ungeduld völlig unangemessen war.

Nun übertragen Sie dieses Beispiel auf den Arbeitsplatz. Klar ärgert man sich leicht über einen Kollegen, wenn man sein Verhalten nicht nachvollziehen kann. Doch wenn man sich nicht nur für die Zuständigkeiten, sondern auch für die jeweilige Person interessiert, nimmt man vieles weniger persönlich. Dasselbe gilt natürlich auch für Ihre Mitarbeiter.

Viele Probleme am Arbeitsplatz lassen sich vermeiden, wenn die Mitarbeiter ein freundschaftliches Verhältnis zueinander haben. Wer sich als Freund und Teamkollege versteht, wird anderen mehr Verständnis entgegenbringen und ihm gerne weiterhelfen.

Freundschaftliche Beziehungen können nur dann entstehen, wenn sich auch Gelegenheiten dazu ergeben. Bitten Sie Ihre Leute, die Rolle von Mentoren zu übernehmen oder Kollegen in Tätigkeiten einzuweisen. Bei regelmäßigen Teambesprechungen sollte es um mehr als die Arbeit gehen, was nicht heißen soll, dass Meetings zum gemütlichen Kaffeekränzchen werden. Doch gegen ein paar private Worte zu Beginn ist wirklich nichts einzuwenden.

Die Vorteile hierarchischer Strukturen deutlich machen

Das Durchbrechen der hierarchischen Struktur wird in den meisten Unternehmen schlichtweg nicht geduldet (außer es geht um sexuelle Belästigung am Arbeitsplatz oder Diskriminierung in jedweder Form – wofür in der Regel die Personalabteilung zuständig ist). Bei Problemen sollten sich Ihre Mitarbeiter grundsätzlich zuerst an Sie als ihren Manager oder einen anderen direkten Vorgesetzten wenden. Natürlich sollte derjenige dann entsprechend auf Bitten oder Beschwerden reagieren und diese, falls notwendig, im Namen des Mitarbeiters an das Topmanagement weiterleiten.

Vielleicht empfinden Sie die Regel, dass alles seinen vorgeschriebenen Gang gehen muss, als unsinnige Vorschrift, die Ihre Freiheit und Kreativität einschränkt. Andererseits lassen sich durch die Einhaltung dieser Regel aber Probleme vermeiden. Wenn Ihre Mitarbeiter wissen, dass sie immer mit Ihrer Unterstützung rechnen können, wenn es darum geht, ihr Leistungspotenzial voll auszuschöpfen, werden sie Ihre Autorität als Manager nicht in Frage stellen. Das bedeutet ja nicht, dass Sie zu allem Ja und Amen sagen müssen, doch durch Ihre Position ist sichergestellt, dass Sie objektiv beurteilen, ob eine Anfrage berechtigt ist, und dass Sie alle Hebel in Bewegung setzen werden, damit Ihre Mitarbeiter über die erforderlichen Mittel verfügen, die sie für ihren Erfolg brauchen.

Typische Anzeichen für einen Teamlügner

Bedauerlicherweise haben nicht alle Mitarbeiter, die sich an sie wenden, die besten Absichten. Die Spezies der so genannten Teamlügner setzt alles daran, Karriere zu machen, sich vor der Arbeit zu drücken oder sich andere Vorteile zu verschaffen, auch wenn sie dafür Kollegen anschwärzen muss. Wenn Sie auf diese fiesen Tricks hereinfallen, werden andere Teammitglieder dazu verleitet, diese unfairen Methoden ebenfalls anzuwenden, da sie sehen, dass sie damit Erfolg haben. Hier ein paar Anzeichen dafür, dass Sie es mit einem typischen Teamlügner zu tun haben.

- ✔ **Teamlügner machen vieles madig.** Sie müssen auf der Hut sein, wenn Sie mitbekommen, dass jemand schlecht über seine Kollegen oder das Unternehmen redet.
- ✔ **Teamlügner stehlen die Ideen anderer.** Versucht jemand immer wieder, sich den Erfolg eines Teams ganz allein auf seine Fahne zu schreiben? Hüten Sie sich vor Mitarbeitern, die sich gerne und oft mit fremden Federn schmücken.
- ✔ **Teamlügner brechen ihre Versprechen.** Lassen Sie es nicht einreißen, dass Zusagen zwar gegeben, aber letztendlich nicht eingehalten werden und Sie erst in allerletzter Minute darüber in Kenntnis gesetzt werden. Manchmal ist dies die Folge schlechter Planung, doch es kann auch Absicht sein, vor allem dann, wenn sich der betreffende Mitarbeiter darüber im klaren ist, dass er normalerweise sehr beliebt ist und daher glaubt, er könne sich alles erlauben. Dulden Sie es keinesfalls, dass Versprechen oder Termine nicht eingehalten werden – sonst geben Sie den Weg frei für »Spiele« der übelsten Art.

Ungeschriebene Gesetze

Ungeschriebene Gesetze in einem Unternehmen sind die allgemein anerkannten Verhaltensregeln für bestimmte Situation. So ist es zum Beispiel üblich, zuerst seinen unmittelbaren Vorgesetzten über ein neues Konzept zu informieren, bevor man es weiterentwickelt. Genauso gut kann es eine Regel geben, die besagt, dass Sie nach der Genehmigung, mit diesem Projekt weiterzumachen, sich erst einmal mit dem Experten für das jeweilige Fachgebiet zusammen setzen müssen.

Derartige allgemein durchgesetzte Regeln sind nicht unbedingt schriftlich festgelegt, da sie oft die Summe verschiedener Erfahrungen über längere Zeit darstellen. Aus diesem Grund müssen Sie Ihre Mitarbeiter darüber aufklären, wie die ungeschriebenen Gesetze lauten und was sie bedeuten. Ihr Team muss wissen, was Sie von ihm erwarten. So möchten Sie zum Beispiel, dass die Teammitglieder überarbeitete Kollegen entlasten oder bei größeren Besprechungen keine andere Meinung als Sie vertreten. Nur wenn Ihre Mitarbeiter diese ungeschriebenen Gesetze kennen, lassen sich Missverständnisse und Unsicherheiten vermeiden, die häufig in einen Bürokrieg ausarten.

Mentoren können diese ungeschriebenen Gesetze ihren Schützlingen erklären. (Mehr zum Thema Mentoren steht in Kapitel 12.)

Höflichkeit ist keine leere Floskel

Sorgen Sie dafür, dass sich Ihre Mitarbeiter gegenseitig respektieren, und dieser Grundsatz bei allen Formen der Kommunikation, also auch bei E-Mails, gilt. Das bedeutet, dass in E-Mails dieselbe höfliche Umgangsform gepflegt werden muss, die bei einem persönlichen Gespräche erwartet wird und vertrauliche Informationen auch vertraulich behandelt werden. Weisen Sie Ihre Mitarbeiter darauf hin, dass E-Mails leicht missverstanden werden können und ein persönliches Gespräch, unter vier Augen oder per Telefon, wann immer möglich der Kommunikation über E-Mail vorzuziehen ist. Erinnern Sie Ihre Leute daran, bei hitzigen Debatten erst einmal einen Gang herunter zu schalten, bevor Dinge gesagt oder geschrieben werden, die hinterher wahrscheinlich bereut werden.

Diese Tipps gelten übrigens auch für Sie als Manager, da Sie eine Vorbildfunktion innehaben. Lassen Sie sich bei Besprechungen nicht zu spontanen Gefühlsausbrüchen hinreißen und verschicken Sie keine E-Mails, die missverstanden werden können.

Erst nachdenken, dann handeln

Was immer Sie auch tun bleibt nicht unbemerkt und wird von Ihren Mitarbeitern interpretiert. Wenn Sie sich plötzlich anders verhalten als man es von Ihnen gewohnt ist, kann das leicht zu Missverständnissen führen. Stellen Sie sich vor, Sie gehen in Ihren Lieblingsbuchladen und stoßen rein zufällig auf ein Buch, von dem Sie glauben, dass es einem Ihrer Mitarbeiter gefallen könnte. Sie überlegen nicht lange, kaufen das Buch und schenken es ihm. Wenn Sie Ihr Team regelmäßig mit kleinen Aufmerksamkeiten erfreuen, ist das ja auch kein Problem. Doch was, wenn nicht? Wie kommt Ihr Verhalten wohl bei den anderen Mitarbeitern an? Interpretieren sie es als nette Geste oder als Beweis dafür, dass Sie diesen Mitarbeiter den anderen vorziehen?

Ist der Ruf erst ruiniert, lebt es sich eben nicht ganz ungeniert

Machen Sie Ihren Mitarbeitern klar, dass es neben ihren Leistungen vor allem auf ihren guten Ruf ankommt, welches Ansehen und welchen Einfluss sie innerhalb des Unternehmens genießen. Weisen Sie sie darauf hin, wie wichtig es ist, Versuchungen zu widerstehen, die ihren Ruf schädigen können. Vielleicht möchten Sie ihnen ja einige der nachfolgenden Ratschläge geben:

- ✔ **Ehrlich sein.** Wenn Ihre Mitarbeiter eine Frage nicht beantworten können, ist es in jedem Fall besser, dies zuzugeben und sich dann entsprechend zu informieren.

- **Versprechen halten.** Bitten Sie Ihre Mitarbeiter, keine Zusagen zu machen, wenn nicht sicher ist, dass diese eingehalten werden können. Auf diese Weise können Sie sich auf ihre Zusagen verlassen und werden nicht in allerletzter Minute im Stich gelassen.
- **Termine einhalten.** Sobald Ihre Mitarbeiter feststellen, dass sie einen zugesicherten Termin doch nicht einhalten können, sollten sie Ihnen und ihren Kollegen sofort Bescheid geben.
- **Fehler zugeben.** Wenn Ihnen mal ein Fehler unterläuft, sollten Sie das auch unumwunden zugeben. Und genauso sollten sich auch Ihre Mitarbeiter verhalten. Nehmen Sie Fehler und Pannen mit Humor und vermeiden Sie es, andere dafür zum Sündenbock zu machen.

Lob teilen

Insbesondere als Manager dürfen Sie das Lob für ein erfolgreiches Projekt nicht alleine einheimsen. Nur wenn Sie bereit sind, Erfolge zu teilen, können Sie die negativen Effekte der hierarchischen Kriegsführung auf ein Mindestmaß beschränken. Nutzen Sie jede Gelegenheit, um die Einzelleistungen Ihrer Mitarbeiter hervorzuheben.

Natürlich sollte sich auch keiner Ihrer Leute die Lorbeeren für sich alleine abholen. Berichtet ein Mitarbeiter zum Beispiel über ein bestimmtes Projekt, an dem mehrere beteiligt waren, sollten Sie ihn auffordern, sowohl bei mündlichen als auch bei schriftlichen Präsentationen *wir* anstatt *ich* zu verwenden.

Konflikte ohne Ihre Mithilfe austragen

Wenn zwei Ihrer Mitarbeiter einen Konflikt austragen, sollten Sie sich zunächst zurückhalten und die beiden dazu auffordern, diesen Konflikt aus der Welt zu schaffen. Schließlich wollen Sie nicht die Mama für Ihre Mitarbeiter spielen, oder? Das bedeutet natürlich nicht, dass Sie Ihre Augen vor möglichen Schwierigkeiten verschließen. Sobald durch einen Konflikt die Produktivität sinkt, sollten Sie eingreifen und mit beiden ein ernstes Wort unter vier Augen reden. Ihnen darf es dabei aber nur um die gesunkenen Leistungen gehen. Wenn Ihnen nichts anderes übrig bleibt, als den Schlichter zu spielen, sollten Sie Ihre Mitarbeiter bitten, sich auf messbare Faktoren zu konzentrieren und persönliche Differenzen außen vor zu lassen.

Der Büro-Knigge

Viele Verhaltensweisen, die taktische Spielchen und starre Strukturen am Arbeitsplatz reduzieren helfen, beruhen auf Höflichkeit und gesundem Menschenverstand. Doch je hektischer und stressiger es auf der Arbeit zugeht, desto leichter geraten höfliche Umgangsformen ins Hintertreffen. Nachfolgend finden Sie einige allgemeine Verhaltensregeln zum höflichen Miteinander im Büro, den Büro-Knigge. Selbstverständlich sollten gerade Sie als Führungskraft sich jederzeit daran halten. Vielleicht lesen Sie Ihren Mitarbeitern diese Tipps auch vor.

- ✔ **Erweisen Sie allen Mitarbeitern – vom Vorstand bis zur Aushilfskraft – Respekt.** Ihr Verhalten darf niemals Anlass geben, dass sich andere peinlich berührt oder unwohl fühlen.
- ✔ **Gehen Sie immer davon aus, dass andere ebenso viel Arbeit oder Stress haben wie Sie selbst.** Wenn Sie in Arbeit ersticken, geht das Ihren Kollegen vermutlich ebenso. Denken Sie immer daran, wenn Sie einen anderen um einen Gefallen bitten.
- ✔ **Wenn Ihre Mitarbeiter Informationen von Ihnen brauchen, sollten Sie ihnen Ihre ungeteilte Aufmerksamkeit schenken.** Wenn Sie sich gerade mit einem Mitarbeiter unterhalten, sollten Sie nicht gleichzeitig am Computer arbeiten. Dieser Tipp gilt übrigens sinngemäß auch für Telefonate – es ist einfach unhöflich und außerdem kann man das Klicken der Tasten auch am anderen Ende der Leitung hören.
- ✔ **Kommen Sie immer pünktlich zu Besprechungen.** Sollten Sie sich dennoch einmal verspäten, entschuldigen Sie sich einfach. Ausreden interessieren niemanden.
- ✔ **Feiern Sie mit.** Selbst wenn Sie noch so beschäftigt sind, sollten Sie dennoch die Zeit aufbringen, einem Geburtstagskind Ihre Glückwünsche auszusprechen, wenn in der Abteilung gefeiert wird.
- ✔ **Blicken Sie nicht verächtlich auf andere herab, die etwas nicht so gut können wie Sie selbst.** Teilen Sie Ihr Wissen mit anderen, ohne dabei arrogant zu wirken.
- ✔ **Respektieren Sie die Privatsphäre anderer.** Wenn Sie sich im Büro eines Kollegen oder Mitarbeiters aufhalten und ein Privatgespräch hereinkommt, sollten Sie den Raum verlassen, bevor Sie darum gebeten werden.
- ✔ **Reißen Sie Ihre Mitarbeiter nicht aus wichtigen Projekten heraus.**
- ✔ **Versuchen Sie grundsätzlich, Anrufe oder Mails innerhalb von 24 Stunden zu beantworten.** Wenn Sie das nicht schaffen, sollten Sie sich zumindest dafür entschuldigen.
- ✔ **Wenn Sie eine Nachricht auf einem Anrufbeantworter hinterlassen, geben Sie bitte immer Ihre Telefonnummer, die Uhrzeit und den Grund Ihres Anrufs an.**
- ✔ **Voice-Mails sollten kurz und bündig sein.**
- ✔ **Führen Sie keine Handy-Gespräche in allgemeinen Aufenthaltsräumen.**
- ✔ **Ist ein Fax nicht an Sie adressiert, sollten Sie es auch nicht lesen.** Denken Sie immer daran, dass ein von Ihnen verfasstes Fax jederzeit in fremde Hände gelangen kann.
- ✔ **Ein Fax sollte nicht länger als vier oder fünf Seiten sein.** Umfangreichere Faxe blockieren das Gerät des Empfängers oder lösen womöglich einen Papierstau aus. Wenn es sich mal nicht vermeiden lässt, sollten Sie ein längeres Fax vorher telefonisch ankündigen.
- ✔ **Nicht jeder hat denselben Sinn für Humor.** Erzählen Sie keine schmutzige Witze und sparen Sie sich ironische Bemerkungen, die sehr leicht daneben gehen können.
- ✔ **Ändern Sie unter keinen Umständen Einstellungen an fremden Computern, auch wenn Sie damit nur helfen möchten – außer Sie wurden ausdrücklich damit beauftragt.**

- **Halten Sie sich an die vorgeschriebene Kleiderordnung.** Selbst an Tagen, an denen keine offiziellen Besprechungen geplant sind, sollten Sie sich professionell kleiden. Benutzen Sie Parfüm oder Aftershave sparsam. Manche Menschen sind allergisch gegen die darin enthaltenen Duftstoffe.
- **Vermeiden Sie Diskussionen über bestimmte Themen wie Politik, Sex, Religion und Moralvorstellungen.** Es kann leicht passieren, dass Ihr Gesprächspartner Sie missversteht oder etwas in den falschen Hals bekommt. Reden Sie statt dessen über unverfängliche Themen wie Sport, Kino, Restaurants, Gartengestaltung, Kinder und den jähen Sturz des Euro (schon gut, war ein Witz).
- **Reden Sie Kollegen und Mitarbeiter mit ihren Namen an, anstatt sie mit »Kleine«, »Schätzchen« »Altes Haus« oder ähnlichem zu titulieren.** Damit handeln Sie sich unter Umständen die größten Schwierigkeiten ein.
- **Verschieben Sie private Erledigungen oder Telefonate auf die Mittagspause.**
- **Lassen Sie Ihre Sorgen zuhause.** Wie bereits erläutert, ist eine miese Stimmung extrem ansteckend.
- **Bleiben Sie zuhause, wenn Sie eine Erkältung oder sonstige ansteckende Krankheit ausbrüten.** Wenn es sich nicht vermeiden lässt, dass Sie ins Büro kommen, weisen Sie Ihre Kollegen und Mitarbeiter auf die mögliche Ansteckungsgefahr hin.
- **Nörgeln Sie nicht über Kleinigkeiten.** Wenn Ihre Lieblingsstifte nicht mehr eingekauft werden, sollten Sie Ihren Ärger für sich behalten. Suchen Sie nicht nach Streit und machen Sie sich klar, dass Sie nicht immer das bekommen, was Sie gerne hätten (auch wenn Sie der Boss sind).
- **Nehmen Sie Rücksicht auf andere.** Sie müssen doch nicht unbedingt Knoblauchbrote oder deftig riechenden Käse auf Ihrem Schreibtisch auspacken, oder? Und wenn Sie sich einen Hefter oder das Telefonbuch ausleihen, gehört es sich, diese Dinge wieder zurückzugeben.
- **Im Zweifelsfall sollten Sie sich immer fragen: Wie wäre es, wenn sich jeder so verhalten würde?**

Bei Fehlverhalten sofort einschreiten

Als Manager erfahren Sie unter Umständen nicht als Erster von irgendwelchen Problemen. Schließlich sitzen Sie in Ihrer Position nicht unmittelbar in der Gerüchteküche. Wenn Sie jedoch von inakzeptablem Benehmen erfahren, müssen Sie sofort reagieren. In den folgenden Abschnitten geht es um Verhaltensweisen, die Sie nicht tolerieren dürfen. Außerdem erfahren Sie, was Sie dagegen tun können.

Gerüchten Einhalt gebieten

Tratscht ein Mitarbeiter über einen Kollegen und setzt, sobald Sie den Raum verlassen, Gerüchte über ihn in die Welt, gehen Sie besser nicht davon aus, dass ein Ignorieren dieser Gerüchte der beste Weg ist, sie im Sande verlaufen zu lassen. Das beeinträchtigt die Stimmung und Motivation der anderen Mitarbeiter – vor allem derjenigen, um die sich der Klatsch dreht. Knöpfen Sie sich den Urheber der Gerüchte vor, teilen Sie ihm mit, was Ihnen (konkret) zu Ohren kam und machen Sie unmissverständlich klar, dass ein solches Verhalten nicht toleriert wird. Wenn auch nach diesem Gespräch weiterhin Gerüchte kursieren, sollten Sie den »Übeltäter« schriftlich abmahnen oder ein für solche Fälle vorgesehenes Disziplinarverfahren gegen ihn einleiten.

Was Sie gegen Teamlügner tun können

Cheryl und Hal haben zusammen an einem Projekt gearbeitet. Doch bei der Abschlusspräsentation tat Cheryl so, als wäre der Erfolg alleine ihr Verdienst. Der arme Hal wurde völlig ignoriert und war sehr enttäuscht, traute sich aber nicht, etwas zu sagen.

Situationen wie diese werden Ihnen als Manager nicht immer sofort auffallen, doch wenn Sie darauf aufmerksam werden, müssen Sie unverzüglich scharf protestieren. Wer nicht am Erfolg beteiligt wird, verliert schnell seine Motivation, vor allem, wenn es sich um jemanden handelt, der immer in die Rolle eines »Handlangers« gedrängt wird. Muss derjenige dann noch ständig mit einem Teamlügner zusammenarbeiten, kann ihn dies dazu veranlassen, sich einen neuen Arbeitsplatz zu suchen. Beansprucht also ein Mitarbeiter den Erfolg eines Teams ganz allein für sich, sollten Sie die Leistungen der anderen Teammitglieder sofort – oder in einem Anschlussbesprechung – hervorheben.

Beklagt sich ein Mitarbeiter bei Ihnen darüber, dass ein Kollege ihm die Anerkennung für seine Leistungen stiehlt, er dies aber nicht beweisen kann, bitten Sie ihn darum, in Zukunft seinen Beitrag zu Projekten zu dokumentieren und Sie auf dem Laufenden zu halten. Auf diese Weise wissen Sie schon im Vorfeld, wer welche Beiträge geleistet hat.

Fordern und fördern Sie Ihre Mitarbeiter

Fällt Ihnen auf, dass sich ein Mitarbeiter nicht gerade besonders Mühe gibt, seine Arbeit zu erledigen, dürfen Sie das keinesfalls ignorieren. Dieses Verhalten wirkt sich äußerst destruktiv auf das Arbeitsklima und die Motivation seiner Kollegen aus, vor allem, wenn er damit durchkommt.

Vereinbaren Sie ein persönliches Gespräch mit dem Mitarbeiter, dessen Leistungen zu wünschen übrig lassen. Versuchen Sie zu klären, ob es sich um eine vorübergehende Leistungsschwäche oder um ein typisches Verhaltensmuster handelt. Weisen Sie ihn auf die speziellen Situationen hin, bei denen seine (mangelhafte) Leistung negative Konsequenzen für Sie oder seine Kollegen hatte. Bereiten Sie sich auf dieses Gespräch gut vor, damit die Diskussion auch produktive Ergebnisse erzielt. Konzentrieren Sie sich dabei auf die objektiven Fakten, das heißt, was ist passiert und was war die Folge, anstatt über seine Beweggründe zu spekulieren. Hüten Sie sich vor Aussagen, mit denen Sie die Intelligenz, Kompetenz oder das Engagement des Mitarbeiters in Frage stellen.

Teil VIII

Der Top-Ten-Teil

In diesem Teil ...

Sind Sie bereit für die lustige Seite der Mitarbeitermotivation? In jedem Buch aus der Dummies-Reihe gibt es die Hitlisten mit jeweils zehn Tipps, Tricks und Strategien, die alle auf humorvolle und witzige Weise vorgestellt werden. Ich möchte Ihnen auch einige Unternehmen vorstellen, die ihre Mitarbeiter auf äußerst kreative Weise motivieren und dabei nahezu nichts unversucht lassen. Außerdem lernen Sie zehn Mitarbeitercharaktere kennen und erfahren, wie Sie diese motivieren können. Eine weitere Hitliste enthält zehn Tipps, wie Sie Ihre Mitarbeitet dazu anhalten, sich gegenseitig zu motivieren. In diesem letzten Teil kommt der Spaß nicht zu kurz, aber dennoch enthält er viele nützliche Informationen.

Zehn und mehr Motivationstechniken von sieben fantastischen Unternehmen – zum Nachmachen geeignet!

22

In diesem Kapitel

- Dutzende motivierender Ideen
- und einige recht ausgefallene Vorschläge

In jedem Unternehmen sollten unterschiedliche Motivationstechniken und Managementstile versucht werden, da es keine Universaltechnik gibt, die immer und überall dieselbe Wirkung zeigt. Sie müssen die Ziele Ihres Unternehmens ebenso berücksichtigen wie die Bedürfnisse Ihrer Mitarbeiter und dann Ihr eigenes Erfolgsrezept kreieren. Um Ihrer Kreativität Auftrieb zu geben, zeigt Ihnen dieses Kapitel am Beispiel verschiedener Unternehmen, welche einzigartigen Möglichkeiten diese einsetzen, um ihre Mitarbeiter zu Höchstform auflaufen zu lassen.

Mitarbeiterzufriedenheit wird bei Container Store groß geschrieben

Für die Firmenleitung von Container Store, Amerikas führendem Einzelhändler für Ablage- und Regalsysteme, ist die Mitarbeiterzufriedenheit neben der Profitabilität des Unternehmens und dem Kundenservice eines der wichtigsten Unternehmensziele. Dem Einsatz der beiden Geschäftsführer Kip Tindell und Garrett Boone ist es zu verdanken, dass Container Store schon zwei aufeinanderfolgende Jahre vom Magazin *Fortune* in die Liste der beliebtesten Arbeitsstätten Amerikas aufgenommen wurde.

Container Store greift dafür jedoch nicht auf Zaubertricks zurück. Vielmehr ist die Mischung aus gesundem Menschenverstand, speziell zugeschnittenen Mitarbeiterschulungen und progressiver Gewinnbeteiligungen der Grund dafür, dass jährlich lediglich 24 Prozent der Mitarbeiter ihre Stelle wechseln, obwohl der Durchschnitt in dieser Branche bei 73,6 Prozent liegt.

Kip und Garrett – wie sie von sämtlichen Mitarbeitern des Unternehmens genannt werden – sieht man oft beim Abstauben der Regale oder beim Tragen von Paketen im Lager. Ihr Engagement und Einsatz für das Wohl ihrer Kunden wirkt sich positiv auf die Mitarbeiterrekrutierung aus, wobei natürlich nur Bewerber eine Chance haben, die die Leidenschaft der Firmenchefs für den Kundendienst teilen.

Nach der Einstellung werden neue Mitarbeiter von The Container Store im ersten Arbeitsjahr 235 Stunden lang geschult. (Die durchschnittliche Schulungsdauer in der Einzelhandelsbranche liegt bei sieben Stunden.) Sämtliche Mitarbeiter werden kontinuierlich geschult, wobei sich der Schulungsinhalt an den jeweiligen Anforderungen und dem Mitarbeiter selbst orientiert. Damit das Personal bestens über die Produkte des Unternehmens Bescheid weiß, arbeiten die Schulungsleiter in den 22 Geschäftstellen Vollzeit und erklären jede einzelne Produkteigenschaft. Den Mitarbeitern werden außerdem die Geheimnisse eines erfolgreichen Kundenservice beigebracht, zum Beispiel, dass man bei der Suche nach optimalen Lagerungslösungen so flexibel wie möglich sein muss, um den Kunden auch wirklich zufrieden zu stellen.

Die offene Kommunikation ist oberste Priorität. Sämtliche Mitarbeiter werden über die täglichen Umsatzzahlen und andere finanzielle Daten informiert. Für die Mitarbeiter des Vertriebszentrums wird einmal im Halbjahr eine Leistungsbewertung durchgeführt, regelmäßiges Feedback und Diskussionen sind selbstverständlich.

Die Gehälter und Löhne sowie die Bonusprogramme des Unternehmens sind sehr großzügig, das heißt, sie liegen dem Magazin *Fortune* zufolge erheblich über dem Branchendurchschnitt. Für Mitarbeiter, die Kinder haben, wurden die so genannten »Mutti«- und »Vati«-Schichten eingeführt. Der Personalrabatt liegt bei 40 Prozent.

Und die Folgen? Mitarbeiter gaben bei einer Umfrage des amerikanischen Instituts für beliebte Arbeitsstätten Kommentare wie »TCS ist meine Familie« oder »Ich werde immer bei TCS arbeiten«.

Bei der Förderung der Mitarbeiter macht Synovus Financial keine halben Sachen

Schon drei Jahre in Folge steht Synovus Financial auf den oberen zehn Plätzen der vom Magazin *Fortune* jährlich erstellten Liste der besten Arbeitgeber Amerikas. Im Jahr 2000 wurde der Finanzdienstleister in die Liste der besten Unternehmen für berufstätige Mütter aufgenommen. Ein Blick auf die vom Unternehmen initiierte Mitarbeiterförderung, bei der auch ein ausgewogenes Verhältnis von Privat- und Berufsleben im Vordergrund steht, zeigt, weshalb es diese Auszeichnungen zu Recht verliehen bekam.

Synovus investiert viel Zeit und Geld in die Förderung und Karriere seiner Mitarbeiter. Über ein eigens dafür konzipiertes Schulungsprogramm (PDE) werden 11.000 Teammitglieder darin unterwiesen, in einer teamorientierten Arbeitsumgebung zu arbeiten. Service – gleichermaßen auf Kunden und Teammitglieder ausgerichtet – wird groß geschrieben. Synovus bevorzugt einen dezentralisierten Managementstil, wodurch den Mitarbeitern ein hohes Maß an Eigenverantwortung gewährt wird. So können die Mitarbeiter einer Geschäftsstelle selbst festlegen, welche Kundenpolitik auf ihre Kunden am besten zugeschnitten ist.

Jedes Teammitglied nimmt an dem drei-Stufen-Programm RIGHT STEPS zur Leistungsbewertung teil. In der ersten Stufe legen Supervisor und Mitarbeiter die Erwartungen fest und einigen sich darauf, wie sich die Fortschritte des Mitarbeiters messen lassen. Der zweite Schritt beinhaltet die ausführliche Kommunikation über den Fortschritt sowie eventuelle Änderungen und den aktuellen Stand der Dinge. In der dritten Stufe wird beurteilt, ob der Mitarbeiter der Leistungsprognose entsprochen hat. Ziel dieses Mitarbeiterprogramms ist es, die beruflichen Karrierepläne mit den tatsächlichen Aufgaben und den Firmenzielen in Einklang zu bringen.

Bei Synvus steht die Karriere der Mitarbeiter an erster Stelle, was sich auch daran zeigt, dass ein firmeigenes Institut (The Leadership Institute) gegründet und ein speziell für Führungskräfte abzielendes Mitarbeiterprogramm entwickelt wurde. Mitarbeiter, die über Managerpotenzial verfügen, werden am betriebseigenen Institut darin ausgebildet, wie sich die Vision des Unternehmens in Techniken umsetzen lässt, die Mitarbeiter motivieren und ihnen ein hohes Maß an Eigenverantwortung übertragen.

In dem viertägigen Schulungsprogramm »Grundlagen der Mitarbeiterführung« erfahren die Teamleiter, wie sich die Erwartungen der Firmenleitung an die Führungskräfte – zum Beispiel »Lebe unsere Werte«, »Unser Geschäft managen«, »Anderen zum Erfolg verhelfen« und »Visionen teilen« – im Arbeitstalltag umsetzen lassen.

Die Mitarbeiterschulungen sollen aber auch die familienfreundliche Politik des Unternehmens weiter verbessern. So lernen die Manager mindestens eine Woche lang im firmeninternen Institut, wie sich flexible Arbeitszeiten, Jobsharing, Telearbeit und Halbtagsstellen umsetzen lassen.

Zusätzlich zu den flexiblen Arbeitszeiten unterstützt Synovus frisch gebackene Eltern, die einen Anspruch auf bezahlten Urlaub haben, was in Amerika völlig außergewöhnlich ist. Außerdem haben Eltern und Großeltern Anspruch auf 20 Stunden bezahlten Sonderurlaub, damit sie an den schulischen Aktivitäten ihrer Kinder teilnehmen können.

Die Frauenquote bei Synovus liegt übrigens bei stattlichen 60 Prozent.

Southwest Airlines - die etwas andere Fluggesellschaft

Southwest Airlines ist in Amerika für die außergewöhnliche Firmenkultur bekannt, bei der Spaß und Witz der Mitarbeiter im Mittelpunkt stehen. Doch auch die finanzielle Lage der Fluggesellschaft mit Hauptsitz in Dallas ist beeindruckend. Das Unternehmen schreibt seit seiner Gründung 1971 jedes Jahr schwarze Zahlen, und der Aktienwert ist beträchtlich gestiegen.

Natürlich besteht zwischen beiden Tatsachen ein Zusammenhang. Der ganze Erfolg des Unternehmens lässt sich auf seinen Gründer, Herb Kelleher, zurückführen, der einen Schlussstrich unter die konventionelle Firmenkultur gesetzt hat. Bei ihm steht nämlich der *Mitarbeiter* an erster Stelle.

In ihrem Buch *Nuts! Southwest Airlines' Crazy Recipe for Business and Personal Success* (in etwa: Verrückt! Southwest Airlines aberwitziges Rezept für persönlichen und beruflichen Erfolg) (Broadway Books) führen die Autoren Kevon und Jackie Freiberg folgende Grundpfeiler der Firmenphilosophie von Southwest Airlines auf:

- ✔ Die Mitarbeiter sind die Nummer eins.
- ✔ Mitarbeiter behandeln die Firmenkunden so wie sie selbst von ihren Vorgesetzten behandelt werden.
- ✔ Alle Mitarbeiter beachten die goldene Regel »Was du nicht willst, dass man dir tu', das füg' auch keinem andren zu«.
- ✔ Ein gewisses Maß an Respektlosigkeit geht in Ordnung.
- ✔ Southwest ist ein Dienstleistungsunternehmen, das in der Luftfahrt tätig ist.
- ✔ Der Charakter eines Menschen lässt sich kaum ändern. Deshalb ist bei der Einstellung eines neuen Mitarbeiters sein Charakter ausschlaggebend, alles andere lässt sich lernen.
- ✔ Die Arbeit muss Spaß machen.

Denken Sie nun nicht, dass diese wohlklingenden Grundsätze leere Worte sind. Mithilfe innovativer Praktiken setzt Southwest Airlines diese Prinzipien tatsächlich in die Tat um.

Die Mitarbeiter werden regelmäßig über ihr Unternehmen und ihre Arbeit befragt. Jährlich trifft sich das so genannte Firmenkulturkomitee, das sich aus 127 Mitarbeitern aus allen Unternehmensbereichen zusammensetzt, mit dem stellvertretenden Firmenchef, um über die Mitarbeiter betreffenden Themen und die Hauptaufgaben des Unternehmens zu diskutieren. Lösungen zu besprochenen Themen wie Stressbewältigung oder die Einarbeitung neuer Mitarbeiter werden dann in kleineren Teams umgesetzt.

Alle Mitarbeiter dürfen sich mit ihren Fragen, Vorschlägen oder Beschwerden auch direkt an den Firmenchef Kelleher wenden. Das Management geht auf jedes Schreiben ein.

Mitarbeiterförderung ist ein weiterer Bereich, der bei Southwest ernst genommen wird. Jeder neue Mitarbeiter bekommt einen Mentor zugeteilt und durchläuft ein umfangreiches Schulungsprogramm. Mitarbeitern, die sich beruflich weiterbilden möchten, stehen unterschiedliche Seminare und Kurse zur Verfügung.

Auch bei den Löhnen und Gehältern zeigt sich, was Southwest seine Mitarbeiter wert sind. Neben Gewinnbeteiligung und großzügigen Aktienoptionen bietet das Unternehmen seiner Belegschaft eine umfassende Krankenversicherung, Freiflüge für die Mitarbeiter und ihre Familienangehörigen und ein attraktives Bonusprogramm bei geringen Fehltagen.

Abschließend noch der Kommentar eines Mitarbeiters von Southwest, der an einer vom amerikanischen Institut für beliebte Arbeitsstätten durchgeführten Umfrage teilnahm: »Sie behandeln die Mitarbeiter mit Respekt, sie zahlen gut und sie fördern eigenverantwortliches Arbeiten.«

Bei Hewlett-Packard gelten noch immer die »Werkstattregeln«

Bei jedem Gespräch über progressive Lohnnebenleistungen und außergewöhnliche Sonderprämien fällt früher oder später der Name Hewlett-Packard. Dieses Unternehmen hat die Firmenkultur gewissermaßen erfunden. Der berühmte HP-Way, der die Überzeugungen und Vision seiner Firmengründer Bill Hewlett und Dave Packard widerspiegelt, ist immer noch Eckstein der Firmenpolitik.

Hewlett-Packard hat diese Regeln erst neulich überarbeitet, um technische Neuerungen und veränderte Absatzmärkte mit einzubeziehen. Zu den neuen Werkstattregeln gehören so inspirierende Konzepte wie »Glaub' daran, dass du die Welt verändern kannst« und »Radikale Ideen sind keine schlechten Ideen«. Die Mitarbeiter werden dazu aufgefordert, »Werkzeug und Ideen zu teilen und ihren Kollegen zu vertrauen« und »neue Arbeitsmethoden zu ersinnen«. Sie werden daran erinnert, dass »der Kunde entscheidet, was gute Arbeit ist« und dass sie »überzeugt sein müssen, dass wir gemeinsam alles erreichen können.«

Das Unternehmen setzt diese und andere grandiose Ideen in nützliche und messbare Lohnnebenleistungen und Bonussysteme für die Mitarbeiter um. Das umfangreiche Lohnsystem sorgt im wahrsten Sinne des Wortes dafür, dass sich die harte Arbeit und Loyalität der Mitarbeiter lohnen. Zusätzlich zu einem attraktiven Grundgehalt können die Mitarbeiter Gewinnbeteiligungen bis zu 15 Prozent ihres Gehalts, leistungsbezogene und umsatzbezogene Prämien verdienen. Außerdem können sie Aktien mit einem Rabatt von 15 Prozent beziehen, und Topverkäufer erhalten Aktienoptionen.

Des Weiteren fördert Hewlett-Packard die private Altersvorsorge der Mitarbeiter und bietet steuerlich vergünstigte Kapitalanlagen, zu denen je nach Betrag eine gestaffelte Beitragszuzahlung von HP erfolgt.

Auch in Sachen Urlaub geht Hewlett-Packard neue Wege. Mit dem ersten Arbeitstag wird ein Arbeitsstundenkonto eröffnet, das es bei einem späteren Guthaben ermöglicht, stunden-, tages- oder wochenweise bezahlten Urlaub zu nehmen.

Berufliche Karriere fördern und Erfolge feiern

Great Plains Software Inc., ein Hersteller von Computerprogrammen für Businessmanagement mit Sitz in Fargo, North Dakota, hat eine Reihe umfassender Programme entwickelt, die auf die kontinuierliche Mitarbeiterförderung abzielen.

Das Unternehmen übernimmt die Kosten für die berufliche und fachliche Weiterbildung seiner Belegschaft oder den zweiten Bildungsweg. Außerdem haben die Mitarbeiter die Möglichkeit, an online-Kursen und herkömmlichen Seminaren teilzunehmen. Das Angebot umfasst Kurse zur fachlichen Weiterbildung, Förderung der Führungsqualitäten, Zeit- und Projektmanagement, globale Firmenkultur und Präsentationsfähigkeiten. Über ein spezielles Computerprogramm kann das Unternehmen protokollieren, wie viele Stunden ein Mitarbeiter an Seminaren und Kursen teilgenommen hat.

Für neue Mitarbeiter gibt es ein dreimonatiges Einarbeitungsprogramm, das ihnen die Firmenkultur und die Arbeitsabläufe nahe bringt.

Das Engagement des Unternehmens in Sachen Mitarbeiterförderung wird durch weitere Programme ergänzt, die der Anerkennung beruflicher Leistungen dienen. So gibt es tägliches Lob in Form von netten Botschaften wie zum Beispiel »Ohne Sie sind wir nichts«, wodurch für kontinuierliches Feedback gesorgt wird. Einzelne Mitarbeiter, aber auch Teams werden bei vierteljährlich stattfindenden Betriebsfeiern und dem jährlichen Tag der Pioniere, an dem herausragende Mitarbeiter von ihren Kollegen nominiert werden, formell geehrt. So werden die unterschiedlichsten Titel vergeben, die besondere Leistungen im Bereich Kundendienst, Qualitätssicherung, kontinuierliche Fortbildung, herausragende Führungsqualitäten, Kameradschaft und innovative Konzepte würdigen.

Natürlich gibt es noch weitere Formen der Anerkennung. Mitarbeiter, die mindestens 20 Stunden in der Woche arbeiten, haben einen Anspruch auf Aktienoptionen. Die Höhe der Löhne und Gehälter wird regelmäßig an die Vergleichzahlen aus derselben Branche und die Marktlage angepasst.

Außerdem haben die Mitarbeiter alle sieben Jahre Anspruch auf einen zusätzlichen vierwöchigen Bildungsurlaub.

Kleinigkeiten machen einen großen Unterschied

Natürlich wissen die meisten Arbeitnehmer Zusatzleistungen ihres Arbeitsgebers wie Zuschüsse für die private Altersvorsorge oder eine Betriebsrente zu schätzen, doch oftmals sind es die kleinen, relativ kostengünstigen Aufmerksamkeiten, die für den Ruf eines fürsorglichen Unternehmens sorgen, dem das Wohl seiner Mitarbeiter am Herzen liegt.

CDW, ein Computervertrieb, beherrscht die Kunst der kleinen Aufmerksamkeiten meisterhaft.

Durch eine Vielzahl einzigartiger Vergünstigungen fühlen sich die Mitarbeiter auf der Arbeit fast so wohl wie Zuhause.

Sämtliche Mitarbeiter des Hauptsitzes in Illinois kommen in den Genuss eines Zuschusses für die Verpflegung in der firmeninternen Cafeteria. Arbeiter der zweiten Schicht erhalten ein Abendessen. Jeden Dienstag und Donnerstag gibt es kostenlos Gebäck, frisches Obst und andere Leckereien zum Frühstück. Jeden Tag können die Mitarbeiter kostenlos Kaffee, Tee und Kakao in der Kantine ordern – selbstverständlich mit Bedienung. In den Sommermonaten gibt es sogar Eis.

CDW ist ein ausgewogenes Verhältnis von Berufs- und Privatleben sehr wichtig, weshalb es eine betriebseigene Kindertagesstätte und einen Fitnessraum gibt. Die Mitarbeiter brauchen nicht einmal das Betriebsgelände verlassen, um ihre Kleidung aus der Reinigung zu holen.

Das jährlich stattfindende Betriebspicknick und die Jahresurlaubsparty verstärkt das Zusammengehörigkeitsgefühl der Belegschaft. Die Personalabteilung wurde in »Kollegen Service« umbenannt und spiegelt so die mitarbeiterorientierte Firmenphilosophie wider.

Als sich die Firma zum führenden Vertriebshändler für Computer entwickelte, spendierte sie ihren Mitarbeitern einen dreitägigen Urlaub für zwei Personen zu einem beliebigen Urlaubsziel innerhalb der Vereinigten Staaten. Selbstverständlich wird harte Arbeit und Einsatz der Mitarbeiter durch ausgeklügelte Prämiensysteme und Sonderzahlungen belohnt.

Ein Hauch von Silicon Valley in Minnesota

BORN, ein Beratungsunternehmen mit Sitz in Minneapolis, Minnesota, das sich auf Technik und E-Business spezialisiert hat, ist äußerst kreativ, wenn es darum geht, Mitarbeiter zu rekrutieren, zu halten und zu belohnen.

Schon bei der Mitarbeiterrekrutierung werden die Weichen dafür gestellt, dass das Unternehmen später als gute Arbeitsstätte gilt. Bei BORN sind fünf Vorstellungsgespräche mit unterschiedlichen Vertretern des Unternehmens an der Tagesordnung. Wichtig bei der Auswahl ist nicht nur, dass die Bewerber über entsprechende Qualifikationen verfügen, sondern auch, dass sie an einem langfristigen Arbeitsverhältnis interessiert sind. Der Einstellungsprozess dauert bis zu zehn Wochen. Bereits dort Beschäftigte erhalten eine Provision in Höhe von umgerechnet knapp 1.000 Euro, wenn ihre Empfehlung zu einer Neueinstellung geführt hat.

Unmittelbar nach ihrer Einstellung erhalten die neuen Mitarbeiter umgerechnet etwa 300 Euro Kleidergeld, Aktienoptionen in Höhe von 1.250 Euro und einen neuen Laptop. Doch das ist nur der Anfang. Alle Mitarbeiter von BORN haben die Möglichkeit, ihren Urlaub in firmeneigenen Ferienwohnungen zu verbringen, die an verschiedenen Urlaubsorten in Amerika zur Verfügung stehen. Mitarbeiter, die einen Familienurlaub oder einen Wochenendtrip planen, können im Intranet nach freien Domizilen suchen.

Doch das ist immer noch nicht alles: Familien, die ein Kind adoptieren möchten, erhalten einen Zuschuss in Höhe von 2.500 Euro. Außerdem können die Mitarbeiter aus Minneapolis auf Firmenkosten einen dreitägigen Kurzurlaub im Brainerd Ressort verbringen (Mitarbeiter anderer Filialen haben natürlich einen vergleichbaren Urlaubsanspruch). Berufstätige Eltern können ihre Kinder in der betrieblichen Kindertagesstätte unterbringen. Außerdem bietet das Unternehmen seinen Mitarbeitern Eintrittskarten für Sportereignisse und Konzerte.

Doch auch damit ist es immer noch nicht genug. Jedes Jahr wird ein Mitarbeiter jeder Zweigstelle von BORN für seine außergewöhnlichen Leistungen anerkannt und darf sich dann Waren im Wert von 1.250 Euro bestellen.

Zur Feier von BORNs zehntem Betriebsjubiläum wurden alle 1.200 Mitarbeiter samt Partner und Kinder zu einem Seefest auf dem Grundstück von Firmengründer Rick Born eingeladen. Zwei Tage lang wurde gefeiert, und zu den Festlichkeiten gehörte ein Feuerwerk, ein

Streichelzoo für die Kinder, freies Essen, Auftritte von Rockstars aus den siebziger Jahren, Ponyausritte und freier Eintritt für Camp Snoopy im Einkaufszentrum *Mall of America*.

Doch es geht nicht nur um Spiel und Spaß. BORN hat Unsummen in die Karriereplanung und Mitarbeiterförderung investiert. Mitarbeiter können am betriebseigenen Bildungszentrum (BORN University) einen einzigen technisch orientierten Kurs belegen oder sogar einen Universitätsabschluss über die Universität von St. Thomas nachholen. Außerdem gibt es ein Mentorenprogramm, bei dem die Mitarbeiter unter der Anleitung erfahrener Kollegen ihr Wissen vertiefen können.

Die Mühe und die damit verbundenen Kosten zahlen sich aus. In einer Branche, in der die durchschnittliche Mitarbeiterfluktuation bei 60 Prozent liegt, hat es BORN geschafft, diese Zahl auf unter ein Drittel dieses Durchschnittswerts zu senken.

Fast zehn Websites zur Mitarbeitermotivation

23

In diesem Kapitel

- Schneller und (fast) kostenloser Zugriff auf nützliche Informationen
- Berufsverbände

Wenn Sie immer noch denken, dass Sie mehr gute Ratschläge zum Thema Mitarbeitermotivation brauchen könnten, obwohl Sie dieses Buch schon fast fertiggelesen haben, können Sie sich jetzt getrost entspannen. Das Internet bietet jede Menge nützlicher Informationen. In diesem Kapitel finden Sie zehn (okay, acht) Websites, die ich Ihnen ans Herz legen möchten, sofern Sie der englischen Sprache mächtig sind. Wenn nicht, geben Sie doch einfach das Stichwort »Mitarbeitermotivation« in einer Suchmaschine ein und lassen sich überraschen, wie viele Informationen Sie auch in deutscher Sprache finden. Viel Vergnügen!

The Economics Press

`www.epinc.com`

The Economics Press ist ein Dienstleistungsunternehmen mit Schwerpunkt Mitarbeitermotivation. Auf seiner Homepage haben Sie Zugriff auf alle möglichen Informationen über Schulungen und Mitarbeitermotivation. Sie können sich dort kostenlos in ein E-Mail-Verzeichnis eintragen und erhalten dann regelmäßig Nachrichten über:

- ✔ »Bits & Pieces«, dahinter verbergen sich inspirierende Zitate
- ✔ »Sites & Insights«, eine Empfehlung anderer Websites sowie Tipps zur Mitarbeitermotivation
- ✔ »Success Online«, hier bekommen Sie jeden Montag und Donnerstag eine motivierende Mail.

Fast Company

`www.fastcompany.com`

Die Website des Unternehmens Fast Company steckt voller interessanter Informationen. Die Site bietet Zugriff auf die jeweils aktuelle Ausgabe des Magazins *Fast Company*, und es besteht die Möglichkeit eines kostenlosen Probeabonnements. Außerdem finden Sie hier interaktive

Tools, Expertenaussagen und Tipps zu Themen wie Teamleitung oder die Vorbereitung Ihrer Mitarbeiter auf Veränderungen.

Incentive Marketing Association

www.incentivemarketing.org

Doch, das können Sie mir schon glauben: Es gibt tatsächlich ein Unternehmen, das sich dafür einsetzt, Mitarbeitern Anreize zu schaffen. Zur Incentive Marketing Association (IMA) gehören Werbeagenturen, Berater, Distributoren und Wirtschaftsverlage. Außerdem bietet IMA Schulungen für Unternehmen an, die die so genannten Incentive-Programme für die Motivation ihrer Mitarbeiter einsetzen möchten.

Auf ihrer Homepage finden Sie unter anderem viele Tipps, wie Sie selbst ein solches Programm entwickeln können.

Society for Human Resource Management

www.shrm.org

Auf der Website der Society for Human Resource Management finden Sie viele Tipps zu Personalfragen wie zum Beispiel die neuesten Entwicklungen und Trends. Besuchen Sie doch auch einmal das Informationszentrum und die Bücherei. Außerdem haben Sie unter www.shrm.org/hrmagazine Zugriff auf das HR Magazin.

National Association for Employee Recognition

www.recognition.com

Wenn Sie auf der Suche nach offiziellen Stellungnahmen zum Thema Anerkennung von Mitarbeitern sind, sollten Sie der Homepage der National Association for Employee Recognition (NAER) mal einen Besuch abstatten. Dieser gemeinnützige Verband wurde mit dem einzigen Ziel gegründet, sich für die Anerkennung von Arbeitnehmern einzusetzen.

Auf dieser Homepage finden Sie Artikel über Anerkennungsformen und Informationen über eine Mitgliedschaft in diesem Berufsverband. Außerdem gibt es dort einen Kalender, der an alle wichtigen Ereignisse im Zusammenhang mit der Anerkennung der Belegschaft, erinnert.

Workforce

www.workforce.com

Diese übersichtliche Website ist ein wahre Goldgrube an nützlichen Informationen, zum Beispiel über Motivation und andere interessante Themen aus der Arbeitswelt wie Vergütung, Personal, Trends und Zuschüsse. Außerdem können Sie über die Online-Suchfunktion nach sämtlichen Artikeln zu einem bestimmten Thema suchen. Hier haben Sie eine ganze Bibliothek auf Ihrem Computer zur Verfügung.

Natürlich können Sie auf dieser Site einen kostenlosen Newsletter abonnieren und werden dann wöchentlich von *Workforce* über neue Artikel informiert. Wenn Sie nähere Informationen zu einem bestimmten Artikel wünschen, brauchen Sie nur auf den dort angegebenen Link zu klicken, und schon werden Sie wieder auf die Site von *Workforce* geleitet.

Workplaceissues.com

www.workplaceissues.com

Auf dieser Homepage finden Sie viele Informationen über alle möglichen arbeitsplatzbezogenen Themen. Hier erfahren Sie, wie Sie Ihre Mitarbeiter noch stärker motivieren und ihnen Anerkennung zollen können. Auch hier besteht die Möglichkeit, kostenlose wöchentliche Tipps zum Thema Motivation zu abonnieren, so dass Sie nicht jede Woche selbst nachgucken müssen, ob die Site etwas Neues enthält – andererseits werden Sie das vielleicht unbedingt tun wollen!

Goalmanager.com

Goalmanager.com

Sie brauchen ein paar Tipps, wie Sie Mitarbeiter aus Ihrer Branche motivieren können? Sie möchten gerne wissen, wie es anderen Unternehmen gelingt, erfolgreiche Teams aufzubauen und einen tollen Anreiz nach dem anderen zu schaffen? Dann ist diese Site ein Muss für Sie. Außerdem finden Sie Informationen über sämtliche Ereignisse, die in nächster Zeit stattfinden und mit Motivation zu tun haben, sowie Neues zum Thema Incentive Programm und Ratschläge zu interessanten Themen wie man Verkaufsziele erreichen oder die Produktion erhöhen kann.

Zehn unterschiedliche Mitarbeitercharaktere - und wie Sie diese motivieren können

24

In diesem Kapitel

- Alle Mitarbeiter – von der redseligen Sekretärin bis zum Besserwisser –motivieren

Sie wissen natürlich, dass jeder Mitarbeiter andere Fähigkeiten, Begabungen, Erfahrungen und unterschiedliches Wissen besitzt. Zudem besitzt jeder Ihrer Mitarbeiter aber auch eine ganz eigene Persönlichkeit und spricht auf völlig unterschiedliche Motivationsreize an. Natürlich kann auch ich Ihnen keine vollständige Liste mit sämtlichen Persönlichkeitstypen anbieten, mit denen Sie im Laufe Ihrer Tätigkeit als Manager zu tun haben werden, doch die am häufigsten anzutreffenden Typen stelle ich Ihnen nun vor.

Jedermanns Kumpel

Sicherlich kennen Sie ihn, denn er ist in fast jedem Unternehmen vertreten. Er kommt zwar pünktlich zur Arbeit, doch an seinem Schreibtisch finden Sie ihn erst sehr viel später. Zu Beginn seines Arbeitstages hält er nämlich erst einmal ein ausgiebiges Schwätzchen mit den Kollegen in der Kaffeeküche. Und den Rest des Tages über ist er eigentlich überwiegend in den Büros seiner Kollegen anzutreffen und braucht für ein Gespräch, in dem in fünf Minuten alles gesagt wäre, eine halbe Stunde. Ein so redseliger Zeitgenosse könnte möglicherweise der Chefkoch Ihrer Gerüchteküche sein.

Nun, wie sollten Sie mit diesem Typ umgehen? Als erstes stecken Sie ihm höhere Ziele. Sobald er mit ein oder zwei Sonderaufgaben beschäftigt ist, bleibt ihm weniger Zeit für seine Klatsch- und Tratschbesuche.

Wenn diese Vorgehensweise nichts nützt, sollten Sie sich diesen Mitarbeiter mal vorknöpfen und ein ernstes Wörtchen mit ihm reden. Teilen Sie ihm mit, dass es Ihrer Aufmerksamkeit nicht entgangen ist, dass er jede Gelegenheit zu einem ausgiebigen Schwätzchen nutzt, Sie prinzipiell zwar nichts gegen einen kurzen Plausch haben, aber darauf achten müssen, dass die Produktivität nicht unter den Privatgesprächen leidet. Weisen Sie ihn darauf hin, dass er sich durch seine »Redseligkeit« seine Karrieremöglichkeiten beschneidet, da er bei etwas mehr beruflichem und weniger sozialem Engagement mehr Verantwortung übernehmen könnte.

Der »unterforderte« Typ

Dieser Mitarbeiter kommt immer erst in letzter Minute zur Arbeit, bleibt niemals freiwillig länger, selbst wenn er weiß, dass das Team einen wichtigen Termin einhalten muss, und erledigt seine Aufgaben stets mit minimalem Aufwand. Er macht immer genau das, was von ihm verlangt wird, niemals mehr oder weniger. Hin und wieder gibt es jedoch Situationen, in denen er absolute Bestleistungen zeigt und Sie als Vorgesetzter sich fragen, warum dies die Ausnahme und nicht die Regel ist.

Wie können Sie jemanden motivieren, der seine Arbeit zwar gut erledigt, aber eigentlich viel besser sein könnte? Als erstes müssen Sie den Grund für sein Verhalten herausfinden. Wenn jemand nur hin und wieder seine Fähigkeiten unter Beweis stellt und ansonsten nicht mehr tut als unbedingt erforderlich, kann es sein, dass er sich in seinem Job unterfordert fühlt. Wenn Sie höhere Erwartungen an ihn setzen, kann ihn das motivieren. Vielleicht haben Sie aber auch festgestellt, dass er nur bei bestimmten Projekten über sich hinauswächst und plötzlich eine kreative Idee nach der anderen hat – ein eindeutiges Zeichen, dass eine Versetzung die beste Lösung wäre. Oder Sie übertragen ihm die Leitung kleinerer Projekte, bei denen er sich vorher ins Zeug gelegt hat. Gibt es in einer anderen Abteilung eine Stelle, die besser für ihn geeignet ist und ihn stärker herausfordert? Sie müssen herausfinden, weshalb jemand überwiegend »auf Sparflamme kocht« und ihn dann entsprechend fordern und fördern.

Der Besserwisser

Dieser Mitarbeitertyp arbeitet schon viele Jahre für Ihr Unternehmen. Er weiß alles und kann alles und zögert keine Sekunde lang, es immer wieder zu betonen. Klar, dass man ein- und dieselbe Tätigkeit auf unterschiedliche Weise erledigen kann, doch dieser Mitarbeiter ist davon überzeugt, dass seine Methode die einzig richtige ist. Bei Teambesprechungen hat er grundsätzlich auf alles eine Antwort parat, und er hält mit seiner Geringschätzung für anderslautende oder innovative Vorschläge nicht hinter dem Berg.

Natürlich entsprechen nicht alle Besserwisser diesem Klischee. Die beste Taktik, mit ihm umzugehen, ist jedoch dieselbe, egal, ob jemand auf subtilere Art und Weise oder so plump wie oben beschrieben vorgeht. Sie müssen anerkennen, dass diese Menschen in der Regel über ein fundiertes Wissen verfügen und gleichzeitig dafür sorgen, dass sie sich zum Teamplayer entwickeln. Loben Sie diese Mitarbeiter für das, was sie gut können und fordern Sie sie dazu auf, ihr Wissen auf kreative Weise, zum Beispiel für innovative Lösungen von wiederkehrenden Problemen, zu nutzen und lassen Sie sie immer an Brainstorming-Sitzungen teilnehmen.

Finden Sie heraus, ob Interesse an bestimmten Schulungen besteht, damit sie ihr Wissen noch vertiefen können. Sorgen Sie dafür, dass sie ihre Kollegen an ihren neuen Kenntnissen teilhaben lassen, zum Beispiel durch offizielle Gruppenübungen oder in Teambesprechungen. Auf diese Weise ist sichergestellt, dass Wissen geteilt wird und jeder davon profitiert. Eine prima Idee ist es auch, wenn Sie diesen Mitarbeiter zum Mentor für neue Kollegen oder Berufsanfänger machen.

Der »Ich-komm'-immer-zu-kurz«-Typ

Manche Mitarbeiter empfinden die Beförderung ihrer Kollegen als völlig ungerecht, da sie der festen Überzeugung sind, dass sie selbst endlich an der Reihe wären, ganz unabhängig davon, ob sie über die erforderlichen Kenntnisse oder Erfahrungen verfügen.

Wenn Sie es mit einem Mitarbeiter zu tun haben, der davon überzeugt ist, dass ihm *jetzt* eine Beförderung zustünde, sollten Sie eine Besprechung mit ihm vereinbaren. Fragen Sie ihn, welche Position ihm denn zusagen würde und bitten Sie ihn, die Hauptaufgaben in dieser Stelle zu klären. Anschließend treffen Sie sich erneut und besprechen seine Rechercheergebnisse. Verfügt er wirklich über die nötigen Kenntnisse? Die Wahrscheinlichkeit ist hoch, dass er sich vor seiner Beförderung noch weitere Kenntnisse aneignen muss. Damit können Sie ihm erläutern, was er tun sollte, um sich seine Beförderung tatsächlich zu *verdienen* (mehr zum Thema Karriereplanung steht in Kapitel 11).

Der ewige Pessimist

Für diesen Mitarbeitertyp ist jeder Tag ein schlechter Tag, da irgendetwas immer schief läuft: Mal ist es der Stau im morgendlichen Berufsverkehr, mal ist der Kaffee ausgegangen oder das Meeting hat einfach zu lang gedauert. Ein neues Projekt bedeutet schlicht und einfach mehr Arbeit, während es bei einem neuen Kollegen der Mehraufwand in dessen Einarbeitungsphase ist. Die Prämie zum Jahresende ist wie immer zu knapp bemessen. Diesem Mitarbeiter kann man es einfach nicht Recht machen, da er bei allem nur die negativen Seiten sieht.

Nun, wie gehen Sie mit einem solchen Miesepeter um? Richtig! Sie sprechen mit ihm über sein Verhalten. Erklären Sie ihm, dass das ganze Team unter seinem Pessimismus leidet und machen Sie deutlich, dass er nur die negativen Seiten, nicht aber die Realität wahrnimmt. Loben Sie ihn für seine Ehrlichkeit, wenn er zugibt, dass ihn eine bestimmte Situation überfordert. Vor allem aber müssen Sie Vorbild sein. Ihr Verhalten kann und wird sich auf seines auswirken.

Der wandelnde Ellenbogen

Für manche Mitarbeiter ist jedes Projekt ein neuer Konkurrenzkampf und jeder Fehler ein willkommener Anlass, einen Kollegen zum Sündenbock zu machen. Jede Äußerung wird als Angriff gegen die eigene Person gewertet und wehe, wenn einmal nicht so viel zu tun ist. Dann wird dieser Typ nämlich noch schlimmer.

Wie können Sie jemanden motivieren, der ständig im Konkurrenzkampf mit all seinen Kollegen steht, der sich beim geringsten Anlass aufregt und jede Kleinigkeit als persönlichen Angriff wertet? Überschütten Sie solche Mitarbeiter mit Arbeit. Je mehr er zu tun hat, umso weniger Zeit bleibt ihm, sich Gedanken über seine vermeintlichen Konkurrenten zu machen.

Vielleicht lässt sich dieser Kampfgeist in ein erfolgreiches Verkaufstalent ummünzen? Teilen Sie im mit, dass er seine Fähigkeiten besser für die wahre Konkurrenz nutzen soll.

Der Bummler

Beobachtet man diesen Mitarbeitertyp, kommen Begriffe wie »träge« oder »unerträglich langsam« in den Sinn. Selbst wenn derjenige eine Uhr besitzen sollte, wird er sie wohl niemals tragen, da Zeit keine Rolle für ihn zu spielen scheint. Der Bummler arbeitet im Schneckentempo, kommt zu Meetings grundsätzlich zu spät und lebt im Grunde genommen in seiner eigenen kleinen Welt. Ganz sicher kein Hauch von Führungsqualitäten!

Wie können Sie nun so einen Bummler motivieren? Machen Sie in aller Deutlichkeit klar, wie wichtig eine zügige Bearbeitung von Projekten und Aufträgen ist. Erklären Sie ihm, weshalb ein Termin vorgegeben ist, und welche Folgen eine Verzögerung hat. Wenn er einen Termin versäumt, müssen Sie die Auswirkung auf das restliche Team verdeutlichen.

Die geborene Führungskraft

Carla benimmt sich wie eine Teamleiterin, obwohl sie gar keine ist. Wahrscheinlich hat sie sich schon in der Schule ständig zu Wort gemeldet, wurde zur Klassensprecherin gewählt und übernimmt ganz allgemein gerne das Kommando.

Wie können Sie einen Menschen wie Carla motivieren? Diese angeborenen Führungsqualitäten sollten Sie nicht als Bedrohung empfinden. Nutzen Sie sie statt dessen für Ihre Zwecke. Fordern Sie Mitarbeiter diesen Schlags auf, sich aktiv an Teambesprechungen zu beteiligen (obwohl Sie damit vermutlich Eulen nach Athen tragen!) und übertragen Sie ihnen leitende Funktionen oder die Rolle eines Mentors.

Der verunsicherte Zweifler

Dieser Mitarbeiter hat das Gefühl, nie etwas richtig zu machen. Er sucht sie ständig in Ihrem Büro auf, um sich Ihren Segen für die eine oder andere Vorgehensweise abzuholen, obwohl sie mindestens einmal die Woche stundenlang seine Projekte mit ihm besprechen und keine seiner Fragen unbeantwortet lassen. Er hat enorme Angst davor, einen Fehler zu machen oder etwas zu tun, was in bei seinen Kollegen oder dem Management unbeliebt macht, dass ihn seine Unsicherheit und Ängste förmlich lähmen.

Nun, was können Sie in diesem Fall tun? Vermutlich geben Sie ihm ständig Feedback, und das sollten Sie auch weiterhin tun. Eines sollten Sie jedoch tunlichst vermeiden: Sagen Sie ihm nicht, was er zu tun hat, sondern bringen Sie ihn so weit, seine eigenen Entscheidungen zu treffen. Macht er seine Sache gut, loben Sie ihn überschwänglich, während Sie bei einem Fehler oder Missgeschick seinerseits nur klar machen, was er daraus lernen kann. Machen Sie ihn ja nicht zum Sündenbock! Wenn es Ihnen gelingt, diesen Mitarbeiter dazu zu bewegen, Risiken einzugehen, ohne dass er Repressalien befürchten muss, wird er seine Ängste mit der Zeit überwinden.

Das Energiebündel

Olivia ist das typische Energiebündel, sie ist impulsiv und steckt voller innovativer Ideen. Sie trifft grundsätzlich spontane Entscheidungen, ohne lange darüber nachzudenken. Sie mag keinen »Verwaltungskram«, doch es gelingt ihr mühelos, mit vielen unterschiedlichen Projekten zu jonglieren. Sie langweilt sich schnell, blüht an einem hektischen Bürotag aber richtiggehend auf.

Verstärken Sie die Begeisterung eines solchen Mitarbeiters für seinen Job, und machen Sie gleichzeitig klar, wie wichtig es ist, Entscheidungen gut abzuwägen. Bitten Sie ihn, Ihnen seine Gründe für eine bestimmte Entscheidung darzulegen und fragen Sie nach, ob er sich genauso entschieden hätte, wenn er erst mal ein paar Stunden darüber nachgedacht hätte. Teilen Sie ihm mit, dass Sie es gut finden, dass er seine Termine einhält, dass es aber garantiert nichts schaden würde, wenn er erst über eine Sache nachdenkt, bevor er handelt.

Außerdem sollten Sie für Abwechslung in seiner Arbeit sorgen. Möglicherweise ist er genau der richtige Kandidat für brandeilige Projekte, da er unter Zeitdruck zur Höchstform aufläuft.

Hört dieser Mitarbeiter zu oft ein entschiedenes Nein von Ihnen, geht das auf Kosten seiner Motivation und seiner Leistungen.

25

Zehn Möglichkeiten, wie sich Ihre Mitarbeiter gegenseitig motivieren können

In diesem Kapitel

- Motivation zur Teamsache erklären

Ein Mensch allein kann alles ändern - vor allem, wenn es sich um den Chef handelt. Auch als »Einzelkämpfer« dürfen Sie Ihren Einfluss auf die Arbeitsmoral Ihrer Mitarbeiter nicht unterschätzen. Und nun sollten Sie diesen positiven Einfluss gedanklich mal zehn nehmen, damit Sie ein Bild davon erhalten, was passiert, wenn sich in einem Team alle gegenseitig unterstützen. Wenn das ganze Team zusammen hilft und sich umeinander kümmert, haben Sie Ihr Ziel erreicht: ein dynamisches Arbeitsklima.

Je mehr Sie sich dafür einsetzen, dass sich Ihre Mitarbeiter gegenseitig motivieren, um so leichter wird sich jeder auf seine Aufgaben und Verantwortung besinnen und auch langfristig über die nötige Energie verfügen. Durch die enge Zusammenarbeit eines Teams schöpft es gewissermaßen aus sich selbst Kraft. In diesem Kapitel möchte ich Ihnen zeigen, wie Sie Ihr Team dazu bringen können, sich gegenseitig zu motivieren.

Das Wir-Gefühl

Damit sich Mitarbeiter gegenseitig motivieren können, müssen sie es vor allem auch *wollen*. Sehen sich Teammitglieder als Konkurrenten und sind sie neidisch auf den Erfolg eines Kollegen, werden sie ihn wohl kaum unterstützen. Ihre Aufgabe als Manager ist also, für ein Wir-Gefühl im Team zu sorgen. Gehen Sie doch ab und zu mal zusammen Essen. Sorgen Sie dafür, dass man sich umeinander kümmert und den anderen verstehen möchte. Es sollte für alle selbstverständlich sein, sich für Hilfe beim anderen zu bedanken. Schaffen Sie eine Atmosphäre des gegenseitigen Respekts, sowohl auf der persönlichen als auch auf der beruflichen Ebene. Zeigen Sie durch kleine Aufmerksamkeiten, dass »alle im gleichen Boot sitzen« - das hilft auch im Büroalltag.

Das Bild vom großen Ganzen verinnerlichen

Wenn Ihre Mitarbeiter die Gesamtziele Ihres Unternehmens kennen und wissen, was Ihre Abteilung dazu beitragen kann und welche Rolle sie persönlich dabei spielen, dürften sie selbst motivierter sein und dazu bereit, andere zu motivieren. Dann wissen sie nämlich auch, was von ihnen – und ihren Kollegen – erwartet wird und es dürfte allen leichter fallen, Prioritäten zu setzen oder zu verschieben und anderen zu Hilfe zu eilen. In ihrem Job geht es dann nicht mehr ausschließlich darum, das zu tun, was man eben tun muss, sondern um das, was das Team erreichen soll. Nähere Informationen darüber stehen in Kapitel 2.

Offen und oft miteinander reden

Wichtig ist, nicht nur das große Ganze zu kennen, sondern auch die Details. Nehmen Sie sich immer Zeit, Fragen Ihrer Mitarbeiter zu beantworten. Wenn möglich, sollte ein reger Gedanken- und Informationsaustausch innerhalb Ihres Teams stattfinden. Außerdem sollten Sie sofort auf mögliche Ängste und Sorgen Ihrer Leute eingehen und auch Erfolge möglichst bald feiern. Schieben Sie das nicht auf die lange Bank. Wenn ein Mitarbeiter Zweifel an einem bestimmten Ziel äußert, müssen Sie sofort reagieren, denn nur so können Sie vermeiden, dass die Motivation Ihres Teams auf Dauer leidet.

Wird jemand befördert, sollten Sie die restlichen Kollegen sofort per E-Mail darüber informieren. Man freut sich nämlich eher über den Erfolg eines anderen, wenn man selbst einbezogen wird.

Teambesprechungen sind das A und O

Teambesprechungen dienen den unterschiedlichsten Zwecken, doch hauptsächlich dienen sie der Kommunikation untereinander. Bei regelmäßigen Besprechungen werden nicht nur wichtige Informationen, wie die Auswirkung der neuen Firmenpolitik auf die einzelnen Stellen im Unternehmen, ausgetauscht, sondern jedem Teammitglied die Möglichkeit geboten zu erfahren, an was die Kollegen gerade arbeiten. So kann jeder den anderen persönlich und beruflich besser kennen lernen. Fragen, die die ganze Gruppe betreffen, lassen sich gemeinsam klären, Probleme können zusammen aus der Welt geschaffen werden und man kann gemeinsam auf die vergangene Arbeitswoche mitsamt den aufgetretenen Schwierigkeiten zurückblicken. Je ausgeprägter das Wir-Gefühl, umso wahrscheinlicher ist es, dass sich Ihre Leute gegenseitig aufbauen und unterstützen.

Informationen teilen

Wenn jemand etwas gut kann, sollte es ganz normal sein, dass er sein Wissen mit dem Rest des Teams teilt. Bitten Sie Ihre besten Mitarbeiter, ihr Wissen über wichtige Projekte anderen zur Verfügung zu stellen oder ihnen ihre Kniffe und Tricks zu verraten. Sorgen Sie dafür, dass sich neue Informationen wie ein Lauffeuer im Team verbreiten, am schnellsten geht das natürlich per E-Mail. Je offener die Kommunikation, umso unwahrscheinlicher werden Konkurrenzkämpfe und umso effizienter wird die Arbeit des Teams.

Gehen Sie mit gutem Beispiel voran

Mit Ihrem Verhalten steht und fällt die Zusammenarbeit Ihres Teams. Ihre Mitarbeiter werden sich so verhalten, wie sie es von Ihnen gelernt haben. Wenn Sie möchten, dass sich Ihre Leute gegenseitig unterstützen, müssen Sie das auch tun – bei Ihren Kollegen im Management. Selbst wenn Ihre Leute nicht dabei sind, wird sich Ihr Verhalten herumsprechen, und sie werden merken, dass Ihre Worte kein reines Lippenbekenntnis sind, sondern dass Sie tatsächlich tun, was Sie sagen. Außerdem lernen Sie auf diese Weise viel darüber, andere zu motivieren, da Sie es immer wieder am eigenen Leib erfahren. Bieten Sie doch einfach mal dem Abteilungsleiter an, ihm zu helfen, wenn er im Stress steht. Schicken Sie Ihren Kollegen E-Mails mit wichtigen Informationen. Anders ausgedrückt, seien Sie Vorbild für alle anderen.

Lob, Lob und nochmals Lob

Anerkennung und Motivation lassen sich nicht trennen. Wenn Sie mit der Arbeit Ihrer Mitarbeiter zufrieden sind, lassen Sie sie es wissen. Nutzen Sie Teambesprechungen dafür, klarzumachen, welches Verhalten erwünscht und welches nicht geduldet ist. Wenn Ihre Leute mitbekommen, dass ein Kollege für seine Hilfsbereitschaft und Unterstützung gelobt wird, werden sie es ihm gleich tun. Mehr über Anerkennung und Lob finden Sie in Kapitel 14.

Brainstorming

Berufen Sie bei Problemen eine Brainstormingsitzung ein. Damit signalisieren Sie nämlich, dass jeder davon betroffen ist und dass keinesfalls einer alleine dafür zuständig ist, Lösungen zu erarbeiten. Das Ziel dieser Sitzungen muss lauten, ihrem Team die Gelegenheit zu bieten, sich auf kreative und zwanglose Weise auszutauschen.

Nicht vergessen: die Mentoren

Wenn Sie dafür sorgen, dass ein erfahrener Mitarbeiter einem neuen Kollegen zur Seite steht, erreichen Sie damit drei Ziele. Erstens, zeigen Sie den neuen Mitarbeitern, dass Ihnen etwas an deren Karriere liegt. Zweitens, verschaffen Sie dem Mentor ein Erfolgserlebnis, weil er erfährt, dass Sie mit seinen Leistungen höchst zufrieden sind. Somit ist es für alle etwas ganz Selbstverständliches, sich gegenseitig zu unterstützen und sich auf die Hilfe der Kollegen verlassen zu können. Und zu guter Letzt ist damit nicht nur dafür gesorgt, dass die beiden Wissen teilen, sondern auch dafür, dass sie sich gegenseitig motivieren. Mehr zum Thema Mentoren finden Sie in Kapitel 12.

Stichwortverzeichnis

Z